“十二五”普通高等教育本科国家级规划教材

全国优秀教材
二等奖

地理信息系统教程

Dili Xinxi Xitong Jiaocheng

（第二版）

汤国安　主编

汤国安　刘学军　闾国年　盛业华　王　春　张海平　编著

U0275199

高等教育出版社·北京

内容提要

本书是在第一版基础上的修订版本,在基本理论、方法和技术上都有明显的更新和改进。

本书全面、系统地阐述了地理信息系统的基础理论与应用发展,内容包括地理信息系统基本概念、地理空间数学基础、空间数据模型、空间数据结构、空间数据组织与管理、空间数据采集与处理、空间数据查询与度量、GIS基本空间分析、数字地形分析、空间统计分析、地理信息可视化及地理信息传输与服务。书中配有专业术语和复习思考题。

为了方便读者使用和学习,本书还配有电子教案(PPT)、彩色图片等内容。

本书可作为高等学校地理类、测绘、环境、规划、地质、海洋、气象等专业的本科生和研究生教材,也可供相关方面的科研工作者阅读参考。

图书在版编目(CIP)数据

地理信息系统教程/汤国安主编.—2版.—北京:
高等教育出版社,2019.9(2024.8重印)
ISBN 978-7-04-052355-3

Ⅰ.①地…　Ⅱ.①汤…　Ⅲ.①地理信息系统-高等学校-教材　Ⅳ.①P208.2

中国版本图书馆 CIP 数据核字(2019)第 168576 号

策划编辑　杨俊杰　　　责任编辑　杨俊杰　　　封面设计　张雨微　　　版式设计　张　杰
插图绘制　于　博　　　责任校对　张　薇　　　责任印制　赵义民

出版发行　高等教育出版社	网　　址　http://www.hep.edu.cn
社　　址　北京市西城区德外大街 4 号	http://www.hep.com.cn
邮政编码　100120	网上订购　http://www.hepmall.com.cn
印　　刷　北京市白帆印务有限公司	http://www.hepmall.com
开　　本　850mm×1168mm　1/16	http://www.hepmall.cn
印　　张　21	版　　次　2007 年 4 月第 1 版
字　　数　530 千字	2019 年 9 月第 2 版
购书热线　010-58581118	印　　次　2024 年 8 月第 8 次印刷
咨询电话　400-810-0598	定　　价　45.00 元

本书如有缺页、倒页、脱页等质量问题,请到所购图书销售部门联系调换
版权所有　侵权必究
物　料　号　52355-00
审图号：　GS(2019)3478 号

地理信息系统教程

（第二版）

汤国安

1　计算机访问 http://abook.hep.com.cn/1232775，或手机扫描二维码、下载并安装 Abook 应用。

2　注册并登录，进入"我的课程"。

3　输入封底数字课程账号（20位密码，刮开涂层可见），或通过 Abook 应用扫描封底数字课程账号二维码，完成课程绑定。

4　单击"进入课程"按钮，开始本数字课程的学习。

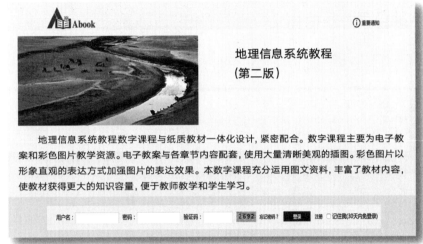

地理信息系统教程数字课程与纸质教材一体化设计，紧密配合。数字课程主要为电子教案和彩色图片教学资源。电子教案与各章节内容配套，使用大量清晰美观的插图。彩色图片以形象直观的表达方式加强图片的表达效果。本数字课程充分运用图文资料，丰富了教材内容，使教材获得更大的知识容量，便于教师教学和学生学习。

课程绑定后一年为数字课程使用有效期。受硬件限制，部分内容无法在手机端显示，请按提示通过计算机访问学习。

如有使用问题，请发邮件至 abook@hep.com.cn。

扫描二维码
下载 Abook 应用

第二版前言

地理信息系统(GIS)既是跨越地球科学、空间科学和信息科学的一门应用基础学科,又是一项工程应用技术。它是以地理学、测绘学的基本理论与方法为基础,在计算机软硬件的支持下,研究空间数据的采集、处理、存储、管理、分析、建模和显示的相关理论、方法和应用技术,以解决复杂的规划、决策和管理等问题。GIS理论与技术自20世纪60年代发展至今,科学内涵逐步深化,技术水平日臻完善,解决实际问题的能力不断提升。时至今日,GIS在与其他学科的交融与自身的发展过程中,已经发生了日新月异的变化。在学界和业界的共同努力下,已经形成了良好的发展生态。自20世纪90年代中期以来,我国地理信息系统高等教育快速发展,对GIS专业教材的需求逐年增加。本书的第一版是作者在多年从事GIS相关科研与教学工作的基础上,特别是根据作者2004年完成"国家级精品课程地理信息系统"建设的经验完成编写的。全书力求有选择性地吸收地理信息科学与技术的最新成果,并使教材在科学性、系统性、实用性、简洁性与易读性方面有所突破。本书适合作为我国高等学校本科生、研究生的GIS专业基础理论教材。

本次教材的修订是在回顾过去十年GIS学科大发展过程中在本领域新理论、新方法和新技术等方面取得的新成果基础上完成的。修订过程中,在继承原版内容原真性的基础上,在结构体系和内容组织方面做了较大调整和进一步地完善。具体内容上,结合当前GIS发展现状与未来趋势,也做了一定的更新。

全书共分11章。第1章系统阐述了地理信息的基本概念、组成、功能、与其他学科的关系、应用范畴、学科发展历程及未来发展趋势;第2章简要介绍了地理空间的数学基础,主要内容包括地球参考系统、地图投影与坐标转换、空间尺度及地理格网;第3章从空间认知的角度讲述了空间数据模型,同时介绍了空间实体及空间关系等概念;第4章介绍了空间数据结构的概念及常用的数据结构;第5章介绍了空间数据库的设计、空间数据组织与管理、空间数据检索与查询等方面的技术;第6章介绍了空间数据与属性数据的采集、拓扑与编辑、数据变换与重构、拼接与压缩、数据质量相关理论,同时简述了数据入库的主要流程;第7章介绍了空间度量、叠置分析、缓冲区分析、窗口分析和网络分析等GIS基本空间分析方法;第8章介绍了数字高程模型的基本概念和建立步骤,随后从基本坡面因子、特征地形因子、水文因子和可视域等方面论述数字地形分析的主要内容和研究方法;第9章介绍了GIS空间统计分析的基本概念、基本统计量、探索性数据分析、空间数据常规统计与分析、空间插值、空间统计与空间关系建模等六个方面内容;第10章侧重介绍空间信息可视化的一般原则和主要表现形式;第11章简要介绍了地理信息传输的发展历程、服务方式、网络GIS及地理信息网络服务等内容。每章内容都有复习思考题供参考。

本书的出版,获得了"国家级精品资源共享课程""江苏省高校品牌专业建设工程项目"和

"江苏省地理信息资源开发与利用协同创新中心建设项目"的经费资助,还得到了国内外诸多专家与同行的帮助和支持。本书由汤国安负责全书的内容体系设计和统稿。在编撰过程中,南京师范大学的杨昕、李发源、熊礼阳老师,以及博士生杨先武、那嘉明等同学参与了本书的校稿工作,在此一并表示衷心的感谢。

汤国安

2018 年 7 月

第一版前言

地理信息系统(GIS)是在计算机软、硬件系统支持下,对整个或部分地球表层的有关地理分布数据进行采集、储存、管理、运算、分析、显示和描述的技术系统。GIS理论与技术自20世纪60年代发展至今,科学内涵逐步深化,技术水平日臻完善,解决实际应用问题的能力不断提高。自20世纪90年代中期以来,我国地理信息系统高等教育快速发展,对GIS专业教材的需求逐年增加。本书是作者在多年从事有关GIS科研与教学经验的基础上,特别是根据作者2004年完成"地理信息系统国家精品课程"建设的基础上完成编写的。全书力求有选择地吸收地理信息科学与技术的最新成果,并使教材在科学性、系统性、实用性、简洁与易读性等方面有所突破。适合作为我国高等院校本科生、研究生的GIS专业基础理论教材。

全书共分12章。第1章系统阐述了地理信息的基本概念、功能、组成、类型、应用范畴、发展历程;第2章简要介绍了地理空间的数学基础;第3章从空间认知的角度讲述了空间数据模型,同时介绍了空间实体及空间关系等概念;第4章介绍了空间数据结构的概念及常用的数据结构;第5章介绍空间数据库在数据管理组织方式、空间索引、空间查询语言等方面的技术和特点;第6章介绍了空间数据与属性数据的采集与处理,数据质量评价与控制相关理论,同时简述了数据入库的主要流程;第7章介绍了空间数据查询类型和方式以及空间度量的主要参数和基本原理;第8章介绍了叠置分析、缓冲区分析、窗口分析和网络分析等GIS基本空间分析方法;第9章详细介绍了数字高程模型的基本概念和建立步骤,随后从基本坡面因子、特征地形因子、水文因子和可视域等方面论述数字地形分析的主要内容和研究方法;第10章介绍了常用统计量、数据特征分析、分级统计分析、空间插值和空间回归分析5方面内容;第11章侧重介绍空间信息可视化的基本形式和技术;第12章简要介绍了地理信息传输的发展历程及服务模式。每一章都配有复习思考题供参考。

本书的出版,获得了"教育部国家精品课程建设项目"、"江苏省高等教育教学改革研究项目"和"南京师范大学本科生能力建设工程项目"的经费资助,还得到了国内外诸多专家与同行的帮助和支持。本书由汤国安和刘学军负责全书的内容体系设计和统稿,南京师范大学博士研究生李发源、杨昕、罗明良、董有福、赵卫东、葛珊珊、硕士研究生李俊、刘敏、叶蔚、肖晨超、贾旖旎、卞璐、任政、任志峰、周毅、詹蕾、陶旸、朱雪坚、张勇、贾敦新等均参与了本书编写的部分工作,在此一并表示衷心的感谢!

汤国安

2006年11月于南京师范大学仙林

目　　录

第1章　概论 ……………………………… 1

1.1　GIS 基本概念 ………………………… 1

1.1.1　信息与地理信息 ……………… 1

1.1.2　信息系统 ……………………… 3

1.1.3　地理信息系统 ………………… 3

1.1.4　地理信息系统外延 …………… 5

1.2　GIS 的组成 …………………………… 6

1.2.1　硬件系统 ……………………… 6

1.2.2　软件系统 ……………………… 7

1.2.3　空间数据 ……………………… 8

1.2.4　地学模型 ……………………… 10

1.2.5　应用人员 ……………………… 10

1.3　GIS 功能 ……………………………… 11

1.3.1　基本功能需求 ………………… 11

1.3.2　GIS 的基本功能 ……………… 12

1.3.3　GIS 应用功能 ………………… 14

1.4　GIS 与其他学科的关系 ……………… 15

1.4.1　与相关学科关系 ……………… 15

1.4.2　与其他信息系统区别与联系 … 17

1.5　GIS 应用范畴 ………………………… 18

1.6　地理信息系统发展历程 ……………… 20

专业术语 ……………………………………… 23

复习思考题 …………………………………… 23

第2章　地理空间数学基础 ……………… 24

2.1　地球空间概述 ………………………… 24

2.1.1　地球形状与地球椭球 ………… 24

2.1.2　坐标系统 ……………………… 26

2.1.3　高程基准 ……………………… 29

2.2　空间数据投影 ………………………… 31

2.2.1　地图投影的基本问题 ………… 31

2.2.2　地图投影的分类 ……………… 33

2.2.3　常用地图投影概述 …………… 35

2.2.4　地图投影的选择 ……………… 37

2.3　空间坐标转换 ………………………… 38

2.3.1　空间坐标转换基本概念 ……… 38

2.3.2　空间直角坐标的转换 ………… 38

2.3.3　投影解析转换 ………………… 39

2.3.4　数值拟合转换 ………………… 40

2.4　空间尺度 ……………………………… 40

2.4.1　观测尺度 ……………………… 41

2.4.2　比例尺 ………………………… 41

2.4.3　分辨率 ………………………… 42

2.4.4　操作尺度 ……………………… 43

2.5　地理格网 ……………………………… 43

2.5.1　地理格网标准 ………………… 44

2.5.2　区域划分标准 ………………… 45

2.5.3　国家基本比例尺地形图标准 …… 47

专业术语 ……………………………………… 49

复习思考题 …………………………………… 49

第3章　空间数据模型 …………………… 50

3.1　地理空间与空间抽象 ………………… 50

3.1.1　地理空间与空间实体 ………… 50

3.1.2　空间认知和抽象 ……………… 51

3.2　空间数据的概念模型 ………………… 52

3.2.1　对象模型 ……………………… 53

3.2.2　场模型 ………………………… 54

3.2.3　网络模型 ……………………… 55

3.2.4　时空模型 ……………………… 55

3.2.5　多维模型 ……………………… 57

3.2.6　概念模型的选择 ……………… 58

3.3　空间数据的逻辑模型 ………………… 59

3.3.1　逻辑模型的设计 ……………… 59

3.3.2 逻辑模型的表示 ·············· 61
3.4 空间数据与空间关系 ·········· 64
3.4.1 空间数据类型及其表示 ·········· 64
3.4.2 空间关系 ·············· 68
专业术语 ·············· 72
复习思考题 ·············· 72

第4章 空间数据结构 ·········· 74
4.1 矢量数据结构·············· 74
4.1.1 实体数据结构 ·········· 74
4.1.2 拓扑数据结构 ·········· 75
4.1.3 网络数据结构 ·········· 79
4.2 栅格数据结构 ·············· 81
4.2.1 完全栅格数据结构 ·········· 82
4.2.2 压缩栅格数据结构 ·········· 82
4.2.3 链码数据结构 ·········· 86
4.2.4 影像与切片金字塔数据结构 ·········· 87
4.3 矢量数据与栅格数据的融合与
转换 ·············· 88
4.3.1 栅格数据与矢量数据结构的
比较 ·············· 88
4.3.2 矢栅一体化数据结构 ·········· 89
4.3.3 矢量数据与栅格数据结构的
转换 ·············· 90
4.4 镶嵌数据结构 ·············· 92
4.4.1 Voronoi 数据结构 ·········· 92
4.4.2 TIN 数据结构 ·········· 94
4.5 多维数据结构 ·············· 95
4.5.1 多维数据的特征 ·········· 95
4.5.2 多维数据结构 ·········· 96
专业术语 ·············· 99
复习思考题 ·············· 99

第5章 空间数据组织与管理 ·········· 100
5.1 空间数据库概述 ·············· 100
5.1.1 数据库基础 ·········· 100
5.1.2 空间数据库 ·········· 101
5.2 空间数据库设计 ·········· 102
5.2.1 空间数据库的设计内容 ·········· 102
5.2.2 空间数据库的设计步骤 ·········· 103

5.3 空间数据特征与组织 ·············· 104
5.3.1 空间数据的基本特征 ·········· 104
5.3.2 空间数据组织 ·········· 106
5.3.3 属性数据组织 ·········· 109
5.4 空间数据管理 ·············· 111
5.4.1 矢量数据的管理 ·········· 111
5.4.2 栅格数据的管理 ·········· 113
5.4.3 时空大数据管理 ·········· 115
5.4.4 空间数据库引擎 ·········· 117
5.5 空间数据检索 ·············· 118
5.5.1 空间数据索引概述 ·········· 118
5.5.2 空间数据索引算法 ·········· 118
5.5.3 空间数据库查询语言 ·········· 122
专业术语 ·············· 124
复习思考题 ·············· 124

第6章 空间数据采集与处理 ·········· 125
6.1 概述 ·············· 125
6.1.1 数据源分类 ·········· 125
6.1.2 数据源特征 ·········· 126
6.1.3 空间数据采集与处理的基本
流程 ·············· 128
6.2 数据采集 ·············· 130
6.2.1 空间数据采集 ·········· 130
6.2.2 属性数据的采集 ·········· 138
6.3 数据编辑与拓扑关系 ·········· 141
6.3.1 数据编辑 ·········· 141
6.3.2 拓扑关系 ·········· 143
6.4 数学基础变换 ·············· 146
6.4.1 几何纠正 ·········· 146
6.4.2 坐标变换 ·········· 148
6.4.3 栅格数据重采样 ·········· 150
6.5 数据重构 ·············· 151
6.5.1 数据结构转换 ·········· 151
6.5.2 数据格式转换 ·········· 152
6.6 图形拼接 ·············· 155
6.7 数据压缩 ·············· 157
6.8 数据质量评价与控制 ·········· 158
6.8.1 空间数据质量的相关概念 ·········· 158
6.8.2 空间数据质量评价 ·········· 160

6.8.3　空间数据的误差源及误差传播 ··· 161
6.8.4　误差类型分析 ················· 162
6.8.5　空间数据质量的控制 ········· 163

6.9　数据入库 ·························· 164
6.9.1　数据入库流程 ··············· 164
6.9.2　元数据及其作用 ············· 166

专业术语 ······························· 167
复习思考题 ···························· 167

第7章　GIS 基本空间分析 ········· 169

7.1　空间分析概述 ···················· 169
7.1.1　空间分析的概念 ············· 169
7.1.2　空间分析的类型 ············· 170

7.2　空间对象的基本度量方法 ······· 171
7.2.1　几何度量 ····················· 172
7.2.2　距离量算 ····················· 175
7.2.3　方向量算 ····················· 177

7.3　叠置分析 ·························· 178
7.3.1　矢量数据的叠置分析 ········· 178
7.3.2　栅格数据的叠置分析 ········· 181

7.4　缓冲区分析 ······················ 185
7.4.1　矢量缓冲区分析 ··············· 185
7.4.2　栅格缓冲区分析 ··············· 187

7.5　窗口分析 ·························· 190
7.5.1　窗口分析概述 ··············· 190
7.5.2　分析窗口的类型 ············· 191
7.5.3　窗口分析的类型 ············· 192

7.6　网络分析 ·························· 193
7.6.1　矢量网络分析 ··············· 194
7.6.2　栅格网络分析 ··············· 199

专业术语 ······························· 200
复习思考题 ···························· 200

第8章　DEM 与数字地形分析 ······· 201

8.1　基本概念 ·························· 201
8.1.1　数字高程模型 ··············· 201
8.1.2　数字地形分析 ··············· 202

8.2　DEM 建立 ························· 203
8.2.1　DEM 建立的一般步骤 ········· 203
8.2.2　格网 DEM 的建立 ············· 203
8.2.3　TIN 的建立 ·················· 204

8.2.4　等高线的建立 ··············· 206
8.2.5　DEM 内插方法 ··············· 206

8.3　数字地形分析 ···················· 208
8.3.1　基本因子分析 ··············· 208
8.3.2　地形特征分析 ··············· 215
8.3.3　流域分析 ····················· 219
8.3.4　可视性分析 ·················· 220
8.3.5　黄土高原建模与分析 ········· 222

专业术语 ······························· 226
复习思考题 ···························· 226

第9章　GIS 空间统计分析 ········· 227

9.1　空间统计概述 ···················· 227
9.1.1　基本概念 ····················· 227
9.1.2　主要分析内容 ··············· 228

9.2　基本统计量 ······················ 228
9.2.1　代表数据集中趋势的统计量 ··· 228
9.2.2　代表数据离散程度的统计量 ··· 230
9.2.3　代表数据形态的统计量 ······· 232
9.2.4　其他统计量 ·················· 233

9.3　探索性空间数据分析 ············· 233
9.3.1　基本分析工具 ··············· 234
9.3.2　检验数据的分布 ············· 238
9.3.3　寻找数据的离群值 ··········· 238
9.3.4　全局趋势分析 ··············· 239
9.3.5　空间自相关与空间关系建模 ··· 240

9.4　空间数据常规统计与分析 ········ 242
9.4.1　空间数据分级统计分析 ······· 242
9.4.2　空间数据分区统计分析 ······· 247
9.4.3　样方统计与核密度估计 ······· 249

9.5　空间数据插值 ···················· 251
9.5.1　整体内插 ····················· 252
9.5.2　局部分块内插 ··············· 253
9.5.3　逐点内插法 ·················· 257

9.6　空间统计分析与空间关系建模 ··· 259
9.6.1　空间分布特征统计 ··········· 259
9.6.2　空间分布模式挖掘 ··········· 261
9.6.3　空间关系建模与探测 ········· 263

专业术语 ······························· 265
复习思考题 ···························· 265

第 10 章　地理信息可视化 ·············· 267

10.1　地理信息可视化概述 ·········· 267

10.1.1　可视化与信息可视化 ········ 267

10.1.2　地理信息可视化 ··········· 267

10.1.3　地理信息可视化的意义 ····· 268

10.2　地理信息输出方式与类型 ···· 269

10.2.1　地理信息输出方式 ········· 269

10.2.2　地理信息系统输出产品类型 ····· 271

10.3　可视化的一般原则 ············· 274

10.3.1　符号的运用 ··············· 274

10.3.2　注记运用 ·············· 279

10.3.3　图面配置 ·············· 281

10.3.4　制图内容的一般安排 ····· 284

10.4　可视化表现形式 ············· 288

10.4.1　专题地图显示 ············· 288

10.4.2　等值线显示 ············· 290

10.4.3　分层设色显示 ············· 291

10.4.4　地形晕渲显示 ············· 291

10.4.5　剖面显示 ·············· 293

10.4.6　立体透视显示 ············· 293

10.4.7　三维景观显示 ·············· 296

10.4.8　时空数据显示 ·············· 299

10.4.9　虚拟现实技术 ·············· 300

10.4.10　三维动态漫游 ············· 302

专业术语 ·························· 303

复习思考题 ······················ 303

第 11 章　网络 GIS 与地理信息
服务 ················· 304

11.1　GIS 的平台网络化与应用
服务化 ···················· 304

11.2　网络地理信息系统 ············· 305

11.2.1　广义网络地理信息系统 ····· 305

11.2.2　狭义网络地理信息系统 ····· 308

11.3　地理信息的网络服务 ·········· 311

11.3.1　地理信息的网络服务模式 ····· 311

11.3.2　地理信息的网络服务内容 ····· 312

专业术语 ·························· 316

复习思考题 ······················ 316

参考文献 ·························· 318

第1章 概 论

当今信息技术突飞猛进，信息产业空前发展，信息资源爆炸式扩张。多尺度、多类型、多时态的地理信息，是人类研究和解决土地、环境、人口、灾害、规划、建设等重大问题时所必需的重要信息资源。系统论、信息论、控制论的形成，计算机技术、通信技术、遥感技术等空间技术、自动化技术的应用，为信息资源的科学管理展示了广阔的前景。地理信息系统顺时而生，它是集计算机科学、信息科学、地理学、测绘学、遥感、环境科学、城市科学、空间信息科学等为一体的新兴边缘学科。地理信息系统的迅速发展不仅为地理信息现代化管理提供了契机，而且有利于其他高新技术产业的发展。本章系统阐述地理信息的基本概念、功能、组成、类型、应用范畴和发展历程。

1.1 GIS 基本概念

全书配套
电子教案

1.1.1 信息与地理信息

1. 数据和信息

数据（data）是人类在认识世界和改造世界过程中，定性或定量描述事物和环境的直接或间接原始记录，是一种未经加工的原始资料，是客观对象的表示。数据可以以多种方式和存储介质存在，前者如数字、文字、符号、图像等，后者如记录本、地图、胶片、磁盘等，不同数据存储介质和格式可相互转换。

信息（information）是用文字、数字、符号、语言、图像等介质来表示事件、事物、现象等的内容、数量或特征，从而向人们（或系统）提供关于现实世界新的事实和知识，作为生产、建设、经营、管理、分析和决策的依据。信息具有客观性、适用性、可传输性和共享性等特征。

信息来源于数据，是数据内涵的意义和对数据内容的表达和解释。信息是一种客观存在，而数据是对客观对象的一种表示，其本身并不是信息。数据所蕴含的信息不会自动呈现，需要利用一种技术，如统计、解译、编码等进行解释，才会呈现出来。信息是数据的表达，数据是信息的载体。

2. 地理数据和地理信息

地理信息（geographic information）是有关地理实体和地理现象的性质、特征和运动状态的表征和一切有用的知识，它是对表达地理特征和地理现象之间关系的地理数据的解释。而地理数据是与地理环境要素有关的物质的数量、质量、分布特征、联系和规律等的数字、文字、图像和图形等的总称。

地理数据(geographic data)具有空间上的分布性、时间上的序列性、数量上的海量性、载体的多样性和位置与属性的对应性等特征。空间上的分布性是指地理信息具有空间定位的特点,先定位后定性,并在区域上表现出分布式特点,其属性表现为多层次,因此地理数据库的分布或更新也应是分布式。时间上的序列性指地理信息随着时间呈现变或不变的特性。数量上的海量性反映地理数据的巨大性,地理数据既有空间特征,又有属性特征。另外,地理数据还随时间的变化而变化,具有时间特征,因此数据量巨大。尤其是随着全球对地观测计划不断发展,人们每天都可以获得上万亿 Mb 的关于地球资源、环境特征、人类活动的数据。这必然对数据处理和分析带来很大的压力。载体的多样性指地理信息的载体有地理实体和地理现象的文字、数字、地图和影像等符号信息载体,以及纸质、光盘、硬盘等物理介质载体。前者是主要载体。对于地图来说,它不仅是信息的载体,也是信息的传播媒介。地理实体和地理现象具有明确的位置特征和属性特征,两者之间是相互对应和关联的,也就是说二者相互依赖,缺一不可,有位置则有属性,反之亦然。

地理信息作为信息的一种,具备信息的基本特征,即信息的客观性、信息的适用性、信息的可传输性和信息的共享性,但就其本身而言,地理信息还具备一些独特的特性。地理对象或地理现象的数据描述包括空间位置、属性数据(简称属性)及时域数据三部分。

(1)空间位置:空间位置数据描述地理对象所在位置,这种位置既可以根据大地参照系定义,如大地经纬度坐标,也可以定义为地物间的相对位置关系,如空间上的相邻、包含等。

(2)属性数据:属性数据有时又称非空间数据,通常在二维空间的定位基础上,按照专题来表达多维和多层次的属性信息。这为地理环境中的岩石圈、大气圈、水圈、生物圈及其内部的复杂交互作用进行综合的研究提供了可能性,为地理环境多层次属性数据的研究提供了方便。

(3)时域数据:时域数据是指地理数据采集或地理现象发生的时刻或时段。时域数据对环境模拟分析非常重要,正受到地理信息系统学界越来越多的重视。

3. 地理信息的特征

作为信息的一种,地理信息具备信息的基本特征,即信息的客观性、信息的适用性、信息的可传输性和信息的共享性;但从其本身而言,地理信息还具有一些独特的特性,它们包括:

(1)空间相关性:任何地理事物都是相关的,并且在空间上相距越近则空间相关性越大,空间距离越远则空间相关性越小,同时地理信息的空间相关性具有区域性特点。

(2)空间区域性:空间区域性是地理信息的天然特性,不仅体现在数据上的分区组织,而且在应用方面也是面向区域的,即一个部门或专题必然也是面向所管理或服务的区域的。

(3)空间多样性:在不同地方或区域上,地理数据的变化趋势是不同的,地理信息的空间多样性意味着地理信息的分析结果需要依赖于其位置,才能得出合乎逻辑的解释。地理信息的空间多样性也体现在不同区域对地理信息的需求也不一样,特别是对于地理信息服务,信息的生产、信息的存储和信息的使用安排需要考虑不同地方对信息的需求不同。

(4)空间层次性:地理信息的空间层次性首先体现在同一区域上的地理对象具有多重属性,例如,某地区的土壤侵蚀研究,相关因素包括该地区的降雨、植被覆盖、土壤类型等;其次是空间尺度上的层次性,不同空间尺度数据具有不同的空间信息特征。

1.1.2 信息系统

1. 信息系统

信息系统(information system)是具有采集、管理、分析和表达数据能力的系统。在计算机时代信息系统都部分地或全部地由计算机系统支持,并由计算机硬件、软件、数据和用户四大要素组成。另外,智能化的信息系统还包括知识。

计算机硬件包括各类计算机处理及终端设备;软件是支持数据信息的采集、存储加工、再现和回答用户问题的计算机程序系统;数据则是系统分析与处理的对象,构成系统的应用基础;用户是信息系统所服务的对象。

信息系统的基本特征是其对数据的加工和信息提取能力。一个信息系统的优劣应当根据它所提供的信息质量和容量来判断,而这又取决于信息系统中的数据分析功能和数据分析模型。智能化的信息系统是当今信息系统的发展趋势。

2. 信息系统的类型

信息系统根据数据处理对象的不同类型可分为空间信息系统和非空间信息系统,前者主要处理带有位置特征的数据(包括属性数据),而后者只有一般的事务性数据(不含空间特征);从应用层次上区分,信息系统有事务处理系统、管理信息系统、决策支持系统等系统。地理信息系统在处理对象上属空间信息系统,在应用层次上则属决策支持系统。

1.1.3 地理信息系统

1. 地理信息系统定义

地理信息系统(geographic information system,GIS)有时又称为"地学信息系统"或"资源与环境信息系统"。美国学者 Parker 认为,"地理信息系统是一种存储、分析和显示空间和非空间数据的信息技术"。Michael Goodchild 把地理信息系统定义为"采集、存储、管理、分析和显示有关地理现象信息的综合系统"。加拿大的 Roger Tomlinson 认为"地理信息系统是属于从现实世界中采集、存储、提取、转换和显示空间数据的一组有力的工具"。俄罗斯学者 Trofimov 把地理信息系统定义为"一种解决各种复杂的地理相关问题,以及具有内部联系的工具集合"。

GIS 是一种特定的十分重要的空间信息系统,是在计算机软、硬件系统支持下,对整个或部分地球表层(包括大气层)的有关地理分布数据进行采集、储存、管理、运算、分析、显示和描述的技术系统。地理信息系统处理、管理的对象是多种地理实体和地理现象数据及其关系,包括空间定位数据、图形数据、遥感图像数据、属性数据等,用于分析和处理在一定地理区域内分布的地理实体、现象及过程,解决复杂的规划、决策和管理问题。不同的人、不同部门和不同应用目的,对其认识也不尽相同。地理信息系统具有学科和技术的双重性质。这里将其定义为:地理信息系统既是跨越地球科学、空间科学和信息科学的一门应用基础学科,又是一项工程应用技术,它是以地学原理为依托,在计算机软硬件的支持下,研究空间数据的采集、处理、存储、管理、分析、建模、显示和传播的相关理论方法和应用技术,以解决复杂的管理、规划和决策等问题。

2. 地理信息系统的内涵

通过上述地理信息系统的定义可得出 GIS 的基本内涵如下:

① GIS 的物理外壳是计算机化的技术系统,它又由若干个相互关联的子系统构成,如数据采集子系统、数据管理子系统、数据处理和分析子系统、图像处理子系统、数据产品输出子系统等,这些子系统的结构及其优劣程度直接影响着 GIS 的硬件平台的功能和效率、数据处理的方式和产品输出的类型。

② GIS 的操作对象是空间数据,即点、线、面、体这类有空间位置和空间形态特征并且能够很好地表达地理实体和地理现象的基本元素。空间数据的最根本特点是每一个数据都按统一的地理坐标进行编码,实现对其定位、定性和定量的描述,这是 GIS 区别于其他类型信息系统的根本标志,也是其技术难点之所在。

③ GIS 的技术优势在于它的数据综合、模拟与分析评价能力,可以得到常规方法或普通信息系统难以得到的重要信息,实现地理空间过程演化的模拟和预测。

④ GIS 与测绘学和地理学有着密切的关系。大地测量、工程测量、矿山测量、地籍测量、航空摄影测量和遥感技术为 GIS 中的空间实体提供各种不同比例尺和精度的定位数;电子测速仪、全球定位技术、解析或数字摄影测量工作站、遥感图像处理系统等现代测绘技术的使用,可直接、快速和自动地获取空间目标的数字信息产品,为 GIS 提供丰富和更为实时的信息源,并促使 GIS 向更高层次发展。地理学是 GIS 的理论依托。有的学者断言,"地理信息系统和信息地理学是地理科学第二次革命的主要工具和手段。如果说 GIS 的兴起和发展是地理科学信息革命的一把钥匙,那么,信息地理学的兴起和发展将是打开地理科学信息革命的一扇大门,必将为地理科学的发展和提高开辟一个崭新的天地"。GIS 被誉为地学的第三代语言——用数字形式来描述空间实体。

3. 地理信息系统基本特征

与一般信息系统相比,地理信息系统具有如下的基本特征:

(1)数据的空间定位特征:地理数据的三要素中,除属性和时域特征外,空间位置特征是地理数据有别于其他数据的本质特征。一般信息系统仅包括属性和时域特征,而只有空间位置特征是地理数据所特有的,没有位置的数据不能称为地理数据。地理信息系统要具有对空间数据管理、操纵和表示的能力。

(2)空间关系处理的复杂性:地理信息的属性数据或属性信息,是除空间位置及关系外的所有的描述地理对象或人文属性的定性或定量的数据信息,这相当于一般信息系统所处理的数据和信息。或者说,GIS 中的属性信息处理就相当于一个普通的事务性信息处理系统。由此可以看出,地理信息系统除要完成一般信息系统的工作外,还要处理与之对应的空间位置和空间关系,以及与属性数据的一一对应处理。图形操作本身就是一个比较复杂的问题,何况在处理空间问题的同时还要处理属性数据。因此,GIS 中的空间数据处理的复杂性是一般信息系统中前所未有的技术难题。空间关系处理的复杂性的另一技术难点是数据的管理。一般事务性数据都是定长数据,而空间数据是不定长的,例如,一个多边形,少则三个顶点,多则成百上千个顶点。而且新的空间数据及其关系在空间分析过程中能不断地产生。存储和管理这些空间数据是设计 GIS 数据库必须面对的问题。

（3）海量数据特征：地理信息系统海量数据特征来自两个方面，一是地理数据，地理数据是地理信息系统的管理对象，其本身就是海量数据；二是来自空间分析，GIS 在执行空间分析的过程中，不断地产生新的空间数据，这些数据也具备海量数据特征。地理信息系统的海量数据，带来的是系统运转、数据组织、网络传输等一系列的技术难题，这也是地理信息系统比其他信息系统复杂的又一个因素。

1.1.4　地理信息系统外延

GIS 是计算机、测绘、地理等学科的综合体，在短短几十年的发展过程中，GIS 在定义、术语和内涵等运用上，呈现出很大的弹性，具体体现在以下几个方面：

1. 地理信息系统术语

地理信息系统简称 GIS，多数人认为是 geographic information system（地理信息系统），也有人认为是 geo-information system（地学信息系统）等（表 1.1）。澳大利亚称为 land information system，在我国通常称为 resource and environmental information system，另外还有从学科、技术、系统等角度给出 GIS 的全称。实际上，尽管 GIS 在全称上有所区别，但基本上都强调了：① GIS 处理的是空间数据和空间信息；② 处理过程是基于计算机的；③ 强调学科的综合和空间数据的继承处理。由此可看出，GIS 一词本身并不重要，重要的是对 GIS 内涵的理解。

表 1.1　GIS 的同义词

美国术语	地理信息系统（geographic information system）
欧洲术语	地理信息系统（geographic information system）
测绘专业（加拿大术语）	地球信息科学（geomatique）
基于技术的术语	地学相关的信息系统（georelational information system）
基于学科的术语	自然资源信息系统（natural resources information system） 地球科学或地质信息系统（geoscience or geological information system）
非地理学术语	空间信息系统（spatial information system）
基于系统的术语	空间数据分析系统（spatial data analysis system）

如上所述，由于学科背景、应用目的，以及应用部门的差异，GIS 在全称上不尽相同，这也导致对 GIS 所做出的定义也不同。当前对 GIS 的定义一般有四种观点：即面向数据处理过程的定义、面向专题应用的定义、面向工具箱的定义和面向数据库的定义。面向数据处理过程的定义是从 GIS 的数据流程角度来定义 GIS，即将 GIS 定义为对空间数据的采集、存储、管理和分析的技术系统；面向专题应用的定义是在面向过程定义的基础上，强调 GIS 所处理的数据类型，如土地利用 GIS、交通 GIS 等；面向工具箱的定义是基于软件系统的，认为 GIS 是处理复杂地理空间数据工具的集合；面向数据库的定义则是在面向工具箱的定义的基础上，更加强调分析工具和数据库间的连接，GIS 是空间分析方法和数据管理系统的结合。

2. GIS中"S"含义的演变

在地理信息系统的简称"GIS"中,"S"的含义包含两层意思:一是系统(system),这是从技术层面的角度论述地理信息系统,即面向区域、资源、环境等规划、管理、分析和处理地理数据的计算机技术系统,但更强调的是其对地理数据的管理和分析能力;另一则是科学(science),表示的是广义上的地理信息系统,常称之为地理信息科学,是一个具有理论和技术的科学体系。例如,早期的《国际地理信息系统》杂志(*International Journal of Geographic Information System*)现已改名为《国际地理信息科学》杂志(*International Journal of Geographic Information Science*),美国测绘学会刊物《地图学与地理信息系统》(*Cartography and Geographic Information System*)也改名为《地图学与地理信息科学》(*Cartography and Geographic Information Science*)。

我国在高校 GIS 专业的设置方面,也经历了从地理信息系统到地理信息科学的演变。本科原名为"地理信息系统"的专业,于教育部下发的《普通高等学校本科专业目录(2012 年)》文件中,正式被更名为"地理信息科学",属于地理科学类下的二级学科。

遥感等信息技术、互联网技术、计算机技术等的应用和普及,"S"一词的含义也发生了变化,地理信息系统已经从单纯的技术型和研究型逐步向地理信息服务层面转移(图 1.1)。如导航需要催生了导航 GIS 的诞生,著名的搜索引擎 Google 也增加了 Google Earth 功能,GIS 成为人们日常生活中的一部分指日可待。在这一层面上,"S"一词代表着服务(service)。

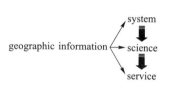

图 1.1　GIS 名词演绎

当同时论述 GIS 技术、GIS 科学和 GIS 服务时,为避免混淆,一般用 GIS 表示技术,GIScience 或 GISci 表示地理信息科学,GIService 或 GISer 表示地理信息服务。

作为地理信息系统概论型教材,本书从技术层面,即从系统的角度阐述 GIS 的基本理论和技术方法,对地理信息系统的定义也采用目前较为通用的面向数据处理过程的定义,其简称 GIS 即地理信息系统。

1.2　GIS 的组成

GIS 功能的实现需要一定的环境支持,GIS 运行环境包括计算机硬件系统、软件系统、空间数据、地学模型和应用人员五大部分(图 1.2)。其中,计算机硬件系统和软件系统为 GIS 建设提供了运行环境;空间数据反映了 GIS 的地理内容;地学模型为 GIS 应用提供解决方案;应用人员是系统建设中的关键和能动性因素,直接影响和协调其他几个组成部分。

1.2.1　硬件系统

计算机硬件是计算机系统中的实际物理装置的总

图 1.2　GIS 的组成

称,是 GIS 的物理外壳。它可以是电子的、电的、磁的、机械的、光的原件或装置。系统的规模、精度、速度、功能、形式、使用方法甚至软件都与硬件有极大的关系,受硬件指标的支持或制约。

　　GIS 的硬件系统主要包括输入设备、处理设备、存储设备和输出设备 4 部分,如图 1.3 所示。一些情况下可能还需要一些与网络相关的硬件设备。其中处理设备、存储设备和输出设备与一般信息系统并无差别,但由于 GIS 处理的是空间数据,其数据输入设备除了常规的设备外,还包括空间数据采集的专用设备,如全球定位系统(GPS)、全站仪、数字摄影测量仪等,如图 1.4 所示。

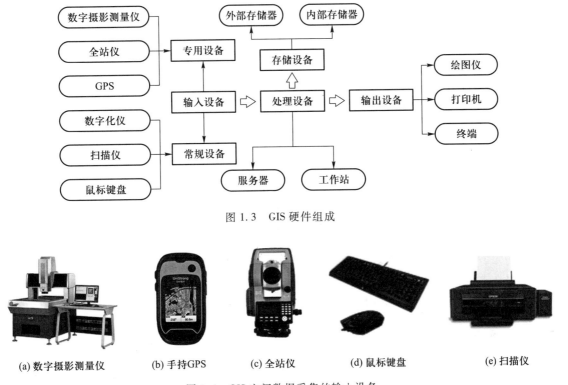

图 1.3　GIS 硬件组成

7

(a) 数字摄影测量仪　　(b) 手持GPS　　(c) 全站仪　　(d) 鼠标键盘　　(e) 扫描仪

图 1.4　GIS 空间数据采集的输入设备

1.2.2　软件系统

　　软件系统是指 GIS 运行所必需的各种程序,通常包括 GIS 支撑软件、GIS 平台软件和 GIS 应用软件三类,如图 1.5 所示。其中 GIS 支撑软件是指 GIS 运行所必需的各种软件环境,如操作系统、数据库管理系统、图形处理系统等。GIS 平台软件包括 GIS 功能所必需的各种处理软件和扩展开发包。GIS 应用软件一般是在 GIS 平台软件的基础上,通过二次开发所形成的具体的应用软件,一般是面向应用部门的。

1. GIS 支撑软件

　　任何 GIS 软件都需要一个基础的运行环境。小到各种移动终端的 GIS Apps,大到 PC 端的各

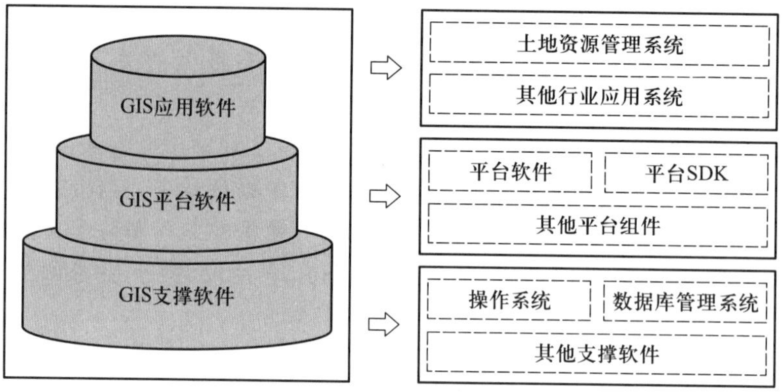

图 1.5　GIS 软件组成

类 GIS 平台,都离不开操作系统的支持。空间数据的存储和管理也通常使用发展成熟的大型数据库管理系统。例如,常用的操作系统包括移动端的安卓、IOS,PC 端的 Windows、Linux 和 OS 等;GIS 数据的存储管理,通常也需要依赖于大型的企业级数据库,GIS 常用的数据库系统有 Oracle、Microsoft SQL Server 和 PostSQL 等。此外,可能还需要一些用于支撑 GIS 运行的其他支撑软件。

2. GIS 平台软件

GIS 功能的复杂性和需求的多样性决定了其平台软件在 GIS 中的重要地位。最为典型的 GIS 平台如国外的 ArcGIS 商业平台、QGIS 开源平台等;国内的有 SuperMap 和 MapGIS 等商业平台。这些大型 GIS 平台的主要表现形式为基础应用程序和软件开发包。这些 GIS 平台都必须运行或部署在支撑软件之上,主要用于完成各种 GIS 任务,其中,软件开发包可以扩展和定制满足特定领域业务需求的应用型 GIS 软件。

3. GIS 应用软件

GIS 的应用行业非常广泛。基础平台软件提供的功能并不能满足各行业对 GIS 的业务需求。这就需要 GIS 开发人员基于某个 GIS 平台已有的功能和开放的接口,结合某个行业的具体业务需求开发出符合行业需要的 GIS 应用系统。如与不动产相关的审批系统、与国土相关的土地资源管理系统、与城市规划相关的辅助决策系统及与地名相关的地名管理与信息化服务系统等。

1.2.3　空间数据

数据是 GIS 的核心内容,有人将它称之为 GIS 的血液。地理空间数据是指以地球表面空间位置为参照的自然、社会和人文景观数据,可以是图形、图像、文件、表格和数字等(图 1.6),由系统的建立者通过数字化仪、扫描仪、键盘或其他通信系统输入 GIS,是系统程序作用的对象,是 GIS 所表达的现实世界经过模型抽象的实质性内容。不同用途的 GIS,其地理空间数据的来源、种类和精度也各不相同。地理空间数据主要包括带有空间位置信息的数据、与空间

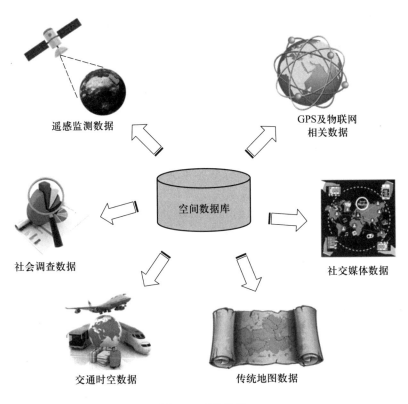

图 1.6　GIS 数据

位置相关的属性数据及用于描述数据关系和特性的数据等内容。其基本上都包括三种互相联系的数据类型：

（1）某个已知坐标系中的位置：即几何坐标，标识地理实体和地理现象在某个已知坐标系（如大地坐标系、直角坐标系、极坐标系、自定义坐标系）中的空间位置，可以是经纬度、平面直角坐标、极坐标，也可以是矩阵的行、列数等。

（2）实体间的空间相关性：即拓扑关系，表示点、线、面实体之间的空间联系，如网络结点与网络线之间的枢纽关系，边界线与面实体间的构成关系，面实体与岛或内部点的包含关系等。空间拓扑关系对于地理空间数据的编码、录入、格式转换、存储管理、查询检索和模型分析都有重要意义，是地理信息系统的特色之一。

（3）与几何位置无关的属性：即常说的非几何属性或简称属性（attribute），是与地理实体和地理现象相联系的地理变量或地理意义。属性分为定性和定量的两种，前者包括名称、类型、特性等，后者包括数量和等级。定性描述的属性如岩石类型、土壤种类、土地利用类型、行政区划等，定量的属性如面积、长度、土地等级、人口数量、降雨量、河流长度、水土流失量等。非几何属性一般是经过抽象的概念，通过分类、命名、量算、统计得到。任何地理实体和地理现象至少有一个属性，而地理信息系统的分析、检索和表示主要是通过属性的操作运算实现的。因此，属性的分类系统、量算指标对系统的功能有较大的影响。

地理信息系统特殊的空间数据模型决定了地理信息系统特殊的空间数据结构和特殊的数据编码，也决定了地理信息系统具有特殊的空间数据管理方法和系统空间数据分析功能，成为地理学研究和资源管理的重要工具。

1.2.4 地学模型

GIS 的地学模型是根据具体的地学目标和问题,以 GIS 已有的操作和方法为基础,构建能够表达或模拟特定现象的计算机模型。尽管 GIS 提供了用于数据采集、处理、分析和可视化的一系列基础性功能,而与不同行业相结合的具体问题往往是复杂的,这些复杂的问题必须通过构建特定的地学模型进行模拟。

GIS 作为一门应用型学科,强大的空间分析功能支撑着其强大的发展潜力及其在相关行业广泛的应用。而以空间分析为核心并与特定地学问题相结合的地学模型,正是其价值的具体表现形式。因此,地学模型是 GIS 的重要组成部分。GIS 地学模型的实现不依赖软件,相同功能的模型可以在不同的 GIS 软件中实现。例如图 1.7 为基于 SuperMap 和 ArcGIS 实现的河网提取模型。

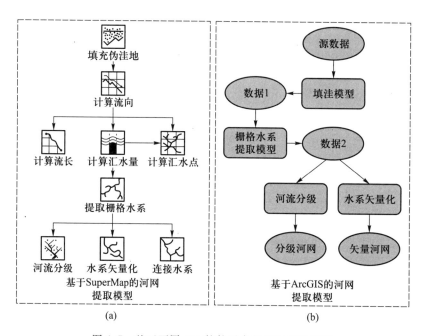

图 1.7　基于不同 GIS 软件平台的河网提取模型

1.2.5 应用人员

人是 GIS 中的重要构成因素。地理信息系统从其设计、建立、运行和维护的整个生命周期,都离不开人的作用。仅有系统的软硬件、数据和模型构不成完整的地理信息系统,需要人进行系统的组织、管理、维护和数据更新、系统扩充完善、应用程序开发,并灵活采用地理分析模型提取多种信息,为研究和决策服务。具体可以将 GIS 的应用人员分为科学研究人员、项目管理人员、软件设计人员、系统开发人员、数据维护人员和普通用户六类,如图 1.8 所示。

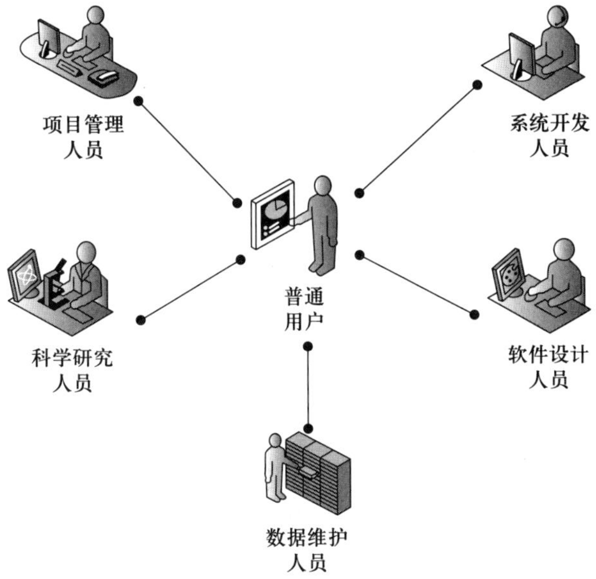

图 1.8　GIS 的应用人员

1.3　GIS 功能

地理信息系统将现实世界映射到计算机环境中,其作用不仅仅是真实环境的再现,更主要是GIS 能为各种分析提供决策支持。也就是说,GIS 实现了对空间数据的采集、编辑、存储、管理、分析及表达等处理过程,并基于此过程获得了更加有用的地理信息与知识。此处"有用的地理信息与知识"可以概括为位置、条件、趋势、模式、模拟这 5 个基本问题。GIS 的价值与作用就是基于地理对象的重建和空间分析工具,实现对这 5 个基本问题的求解。

1.3.1　基本功能需求

（1）位置:位置问题回答"某个地方有什么?",一般通过地理对象的位置(坐标、街道编码等)进行定位,然后利用查询功能获取其性质,如建筑物的名称、地点、建筑时间、使用性质等。位置问题是地学领域最基本的问题,反映在 GIS 中,则是空间查询技术。

（2）条件:条件问题即"符合某些条件的地理对象在哪里"的问题,它通过地理对象的属性信息列出条件表达式,进而查找满足该条件的地理对象的空间分布位置。在 GIS 中,条件问题虽然也是查询功能的一种,但是是较为复杂的查询功能。

（3）趋势:趋势问题即某个地方发生的某个事件及其随时间的变化过程。它要求 GIS 能根据已有的数据(现状数据、历史数据等),能够对现象的变化过程做出分析判断,并能对未来做出预测和对过去做出回溯。例如,地貌演变研究中,可以利用现有的和历史的地形数据,对未来地形做出分析预测,也可展现不同历史时期的地形发育情况。

（4）模式:模式问题即地理对象实体和现象的空间分布之间的空间关系问题。例如,城市中不同功能区的分布与居住人口分布的关系模式;地面海拔升高、气温降低,导致山地自然景观呈现垂直地带分异的模式等。

(5)模拟:模拟问题即某个地方如果具备某种条件会发生什么的问题,是在模式和趋势的基础上,建立现象和因素之间的模型关系,从而发现具有普遍意义的规律。例如,在研究某一城市的犯罪概率和酒吧、交通、照明、警力等分布的耦合关系基础上,对其他城市进行相关问题研究。一旦发现带有普遍意义的规律,即可将研究推向更高层次:建立通用的分析模型进行未来的预测和决策。

1.3.2 GIS 的基本功能

为了实现上述问题的求解,GIS 首先要重建真实地理环境,而地理环境的重建需要获取各种空间数据,这些空间数据必须准确可靠,并按照一定的结构进行组织管理,在此基础上,GIS 通过空间分析进行求解,并对分析结果进行输出与表达。因此,GIS 的基本功能包括以下 6 个方面。

(1)数据采集功能(图 1.9):数据是 GIS 的血液,贯穿于 GIS 的各个过程。数据采集是 GIS 的第一步,即通过各种数据采集设备(如数字化仪、全站仪、调查等)来获取现实世界的描述数据,并输入 GIS。GIS 应该尽可能提供各种数据采集设备的通信接口。

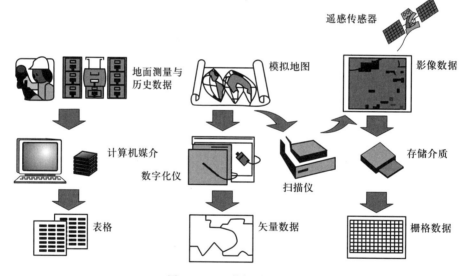

图 1.9　GIS 数据采集功能

(2)数据编辑与处理(图 1.10):通过数据采集功能获取的数据称之为原始数据,原始数据不可避免地含有误差。为保证数据在内容、逻辑、数值上的一致性和完整性,需要对数据进行编辑、格式转换、拼接等一系列的处理工作。也就是说,GIS 系统应该提供强大的、交互式的编辑功能,包括图形编辑、数据变换、数据重构、拓扑建立、数据压缩、图形数据与属性数据的关联等内容。

(3)数据存储、组织与管理功能(图 1.11):计算机的数据必须按照一定的结构进行组织和管理,才能高效地再现真实环境和进行各种分析。由于空间数据本身的特点,一般信息系统中的数据结构和数据库管理系统并不适合管理空间数据,GIS 必须发展自己特有的数据存储、组织与管理功能。目前常用的 GIS 数据结构主要有矢量数据结构和栅格数据结构两种,而数据的组织和管理则有文件-关系型数据库混合管理方式、全关系型数据库管理方式、对象-关系型数据库管理方式等。

图 1.10　数据编辑与处理

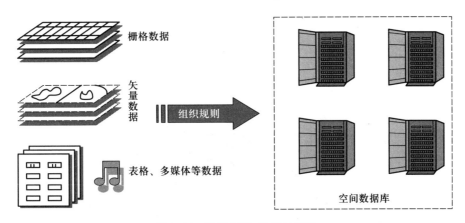

图 1.11　数据存储、组织与管理

（4）空间查询与空间分析功能（图 1.12）：虽然数据库管理系统一般提供了数据库查询语言，如 SQL。但对于 GIS 而言，需要对通用数据库的查询语言进行补充或重新设计，使之支持空间查询。例如，查询与某个乡相邻的乡镇穿过一个城市的公路、某铁路周围 5 km 的居民点等，这些查询问题是 GIS 所特有的。所以一个功能强大的 GIS 软件，应该设计一些空间查询语言，满足常见的空间查询功能的要求。空间分析是比空间查询更深层次的应用，内容更加广泛，包括地形分析、土地适应性分析、网络分析、叠置分析、缓冲区分析、决策分析等等。随着 GIS 应用范围扩大，GIS 软件的空间分析功能将不断增加、增强。

要说明的是，空间分析和应用分析是两个层面上的内容。GIS 所提供的是常用的空间分析工具如查询、几何量算、缓冲区建立、叠置操作、地形分析等，这些工具是有限的，而应用分析却是无限的，不同的应用目的可能需要构建不同的应用模型。GIS 空间分析为建立和解决复杂的应用模型提供了基本工具，因此 GIS 空间分析和应用分析是"零件"和"机器"的关系，用户应用 GIS 解决实际问题的关键，就是如何将这些零件搭配成能够用来解决问题的"机器"。

（5）数据输出与可视化表达功能（图 1.13）：通过图形、表格和统计图表显示空间数据及分析结果是 GIS 的必备功能。作为可视化工具，不论是强调空间数据的位置还是分布模式乃至分析结果的表达，图形是传递空间数据信息最有效的工具。GIS 脱胎于计算机制图，因而 GIS 的一个主要功能就是计算机地图制图，包括地图符号的设计、配置与符号化、地图注记、图幅整饰、统计图表制作、图例与布局等项内容。此外对属性数据也要设计报表输出，并且这些输出结果需要在显示器、打印机、绘图仪上或以数据文件形式输出。GIS 软件亦应具有驱动这些设备的能力。

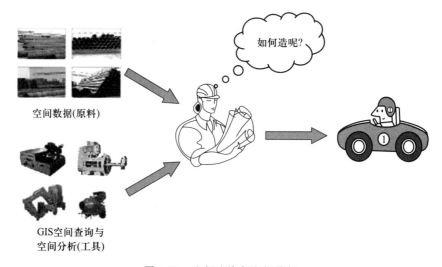

图 1.12　空间查询与空间分析

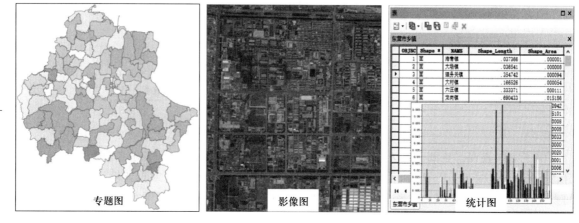

图 1.13　GIS 数据输出示例

（6）应用模型与系统开发功能：随着 GIS 在各行各业的应用越来越广泛,常规 GIS 无法满足各类型的应用需求。因此,GIS 也具有相应二次开发功能,用于开发满足特定行业需求的应用模型或应用软件系统。GIS 的二次开发功能包通常会提供完整的应用程序编程接口（API）和开发环境。

1.3.3　GIS 应用功能

GIS 的应用功能不同于其基本功能。GIS 的基本功能是任何 GIS 都应具有的,其功能固定且有限。而应用功能则面向不同的应用环境及需求,构建了不同的应用模型,专注于行业内特定问题的解决（表 1.2）。现阶段,由于地理信息系统具有博才取胜与运筹帷幄的优势,已经成为与地理信息相关的各行各业在分析应用与科学研究中的基本工具。

表 1.2　GIS 主要应用功能

应用领域	应用功能	应用领域	应用功能
社会经济/政府	地方管理	公共服务	网络管理
	交通规划		服务提供
	社会服务规划		电力与通信
	城市管理		紧急维护
	援助与发展	环境管理	垃圾填埋场选择
国防、警务	目标位置识别		矿物分布制图
	战术支持决策		污染检测
	智能数据集成		自然灾害评估
	国土安全与防恐		灾害管理和救济
商业	市场份额分析		资源管理
	运输车辆管理		环境影响评估
	保险		
	零售点位置		

1.4　GIS 与其他学科的关系

1.4.1　与相关学科关系

　　GIS 是现代科学技术发展和社会需求的产物。人口、资源、环境、灾害是影响人类生存与发展的四大基本问题。为了解决这些问题需要自然科学、工程技术、社会科学等多学科、多手段联合攻关。于是,许多不同的学科,包括地理学、测量学、地图制图学、摄影测量与遥感、计算机科学、数学、统计学,以及一切与处理和分析空间数据有关的学科,都在寻找一种能采集、存储、检索、变换、处理和显示输出从自然界和人类社会获取的各式各样数据、信息的强有力工具,其归宿就是地理信息系统,或称空间信息系统、资源与环境信息系统。因此,GIS 具有明显的多学科交叉的特征,它既要吸取诸多相关学科的精华和营养,并逐步形成独立的交叉学科,又将被多个相关学科所运用,并推动它们的发展。尽管 GIS 涉及众多的科学技术,但与之联系最为紧密的还是地球系统科学、测绘科学与技术、计算机科学与技术等(图 1.14)。

　　地理学和测绘学是以地域为单元研究人类居住的地球及其部分区域,研究人类环境的结构、功能、演化及人地关系的。空间分析是 GIS 的核心,地理学作为 GIS 的分析理论基础,可为 GIS 提供引导空间分析的方法和观点。测绘学和遥感技术不但为 GIS 提供快速、可靠、多时相和廉价的多种信息源,而且它们中的许多理论和算法可直接用于空间数据的变换、处理。

　　遥感是 20 世纪 60 年代以后发展起来的新兴学科。遥感信息所具有的多源性,弥补了常规野外测量所获取数据的不足和缺陷,以及遥感图像处理技术上的巨大成就,使人们能够在从宏观

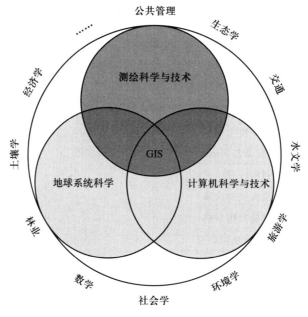

图 1.14　GIS 的相关科学技术

到微观的范围内,快速而有效地获取和利用多时相、多波段的地球资源与环境的图像信息,进而为改造自然、造福人类服务。全球定位系统是新一代卫星导航和定位系统。美国已于 1993 年完成了整个系统的部署,达到全效能服务的阶段。它在测量和勘察领域可以取代常规大地测量来完成各种等级的定位工作,在航空摄影和遥感领域,GPS 遥感对地定位系统很有发展前途,在舰船、飞机、汽车的导航定位,导弹的精确制导方面应用更为广泛,在地球动力学、重力场、磁场等的研究中也能发挥很大作用。

此外,GIS 最初是从机助地图制图系统起步的,早期的 GIS 往往受到地图制图中在内容表达、处理和应用方面的习惯影响。但是建立在计算机技术和空间信息技术基础上的 GIS 数据库和空间分析方法,并不受传统地图纸平面的限制。GIS 不应当只是存取和绘制地图的工具,而应当是存取和处理空间实体的有效工具和手段,存取和绘制地图只是其功能之一。

再者,GIS 与计算机科技、数学、运筹学、统计学、认知科学等学科也密切相关。计算机辅助设计(computer aided design,CAD)为 GIS 提供了数据输入和图形显示的基础软件;数据库管理系统(DBMS)更是 GIS 的核心;数学的许多分支,尤其是几何学、图论、拓扑学、统计学、决策优化方法等被广泛应用于 GIS 空间数据的分析。

总之,遥感技术可以为资源检测和环境监测提供丰富、实时的宏观信息,并为机助地图制图系统和 GIS 的数据更新提供可靠、快速的数据源。但遥感对浩如烟海的社会经济统计数据、人类活动的大量信息却无力获取。计算机制图技术可为地理信息的时空分布和产品输出提供先进的手段,但它本身无区域综合、分析和决策的功能;GPS 技术、数字摄影测量和遥感技术可成为 GIS 数据采集及时更新的主要技术手段和有力支撑;而 GIS 既能提供信息查询、检索服务,又能提供综合分析评价,它在资源和技术方面的博才取胜与运筹帷幄的优势,是遥感、GPS 和计算机制图技术所不及的。因此,只有它们的有机结合,才能使遥感和 GPS 技术所获取的瞬时信息经过积累和延伸,才具有反映自然历史发展过程和人为影响的能力,并达到实时处理的功能,为科学管理、规划决策服务。这样,逐步形成了 GIS 与诸多学科之间互相有联系,也有挑战,彼此推动,共同发展的关系和局面。

1.4.2　与其他信息系统区别与联系

如上所述,计算机制图技术、计算机辅助设计技术、数据库管理技术、遥感图像处理技术奠定了地理信息系统的技术基础。地理信息系统是这些学科的综合,它与这些学科和系统之间既有联系又有区别,为更好地理解 GIS,需要知道 GIS 与这些系统之间的区别。

1. GIS 与机助地图制图系统的区别与联系

计算机制图技术是地理信息系统的主要技术基础,它涉及 GIS 中的空间数据采集、表示、处理、可视化,甚至空间数据的管理。无论是在国际,还是国内,GIS 早期的技术都反映在机助地图制图方面。机助地图制图系统或者说数字地图制图系统,与 GIS 相比,在概念和功能上有很大的差异,它涵盖了相当大的范围,从大比例尺的数字测图系统、电子平板,到小比例尺的地图编辑出版系统、专题图的桌面制图系统、电子地图制作系统及地图数据库系统。它们的功能主要强调空间数据的处理、显示与表达,有些数字地图制图系统包含空间查询功能。

地理信息系统和机助地图制图系统的主要区别在于空间分析方面。一个功能完善的地理信息系统可以包含机助地图制图系统的所有功能,此外它还应具有丰富的空间分析功能。当然在很多情况下,机助地图制图系统与地理信息系统是很难区分的,但要建立一个决策支持型的 GIS 应用系统,需要对多层的图形数据和属性数据进行深层次的空间分析,以提供对规划、管理和决策有用的信息,各种空间分析如缓冲区分析、叠置分析、地形分析、资源分配等功能是必要的。

2. GIS 与数据库管理系统的区别与联系

数据库管理系统目前一般指商用的关系数据库管理系统,如 Oracle、SyBase、SQLserver、Infomix、FoxPro 等。它们不仅是一般事务管理系统,如银行系统、财务系统、商业管理系统、飞机订票系统等系统的基础软件,而且通常也是地理信息系统中属性数据管理的基础软件。目前甚至有些 GIS 的图形数据也交给关系数据库管理系统管理,而关系数据库管理系统也在向空间数据管理方面扩展,如 Oracle、Infomix、Ingres 等都增加了管理空间数据的功能,今后 GIS 中的图形数据和属性数据有可能全部由商用的关系数据库管理系统管理。

但是数据库管理系统和地理信息系统之间还存在着区别。地理信息系统除需要功能强大的空间数据的管理功能之外,还需要具有图形数据的采集、空间数据的可视化和空间分析等功能。所以,GIS 在硬件和软件方面均比一般事务数据库更加复杂,在功能上也比后者要多得多。例如,电话查号台可看作一个事务数据库系统,它只能回答用户所查询的电话号码,而一个用于通信的地理信息系统除了可查询电话号码外,还可提供所有电话用户的地理分布、电话空间分布密度、公共电话的位置与分布、新装用户距离最近的电信局等信息。

3. GIS 与 CAD 的区别与联系

计算机辅助设计(CAD)是计算机技术用于机械、建筑、工程中产品设计的系统,它主要用于设计范围广泛的各种产品和工程的图形,大至飞机,小到计算机芯片等。CAD 主要用来代替或辅助工程师们进行各种设计工作,也可以与计算机辅助制造(CAM)系统共同用于产品加工中作实时控制。

GIS 与 CAD 的共同特点是二者都有坐标参考系统,都能描述和处理图形数据及其空间关系,也都能处理非图形属性数据。它们的主要区别是,CAD 处理的多为规则几何图形及其组合,图形功能极强,属性功能相对较弱。而 GIS 处理的多为地理空间的自然目标和人工目标,图形关系复杂,需要有丰富的符号库和属性库,GIS 需要有较强的空间分析功能,图形与属性的相互操作十分频繁,且多具有专业化的特征。此外,CAD 一般仅在单幅图上操作,海量数据的图库管理的能力比 GIS 要弱。

但是由于 CAD 具有极强的图形处理能力,也可以设计丰富的符号相连接属性,许多用户都把它作为机助地图制图系统使用。有些软件公司为了充分利用 CAD 图形处理的优点,在 CAD 基础之上,进一步开发出地理信息系统如 Intergraph 公司开发了基于 MicroStaion 的 MEG、ESRI 公司与 AutoDesk 公司合作推出了 ARC-CAD。AutoDesk 公司自身最近又推出基于 AutoDesk 的地理信息系统软件(或者说地图数据管理软件)AutoMap。

4. GIS 与遥感图像处理系统的区别与联系

遥感图像处理系统是专门用于对遥感图像数据进行分析处理的软件。它主要强调对遥感栅格数据的几何处理、灰度处理和专题信息提取。遥感数据是地理信息系统的重要信息源;遥感数据经过遥感图像处理系统处理之后,或是进入 GIS 系统作为背景影像,或是与经过分类的专题信息系统一道协同进行 GIS 与遥感的集成分析。

一般来说,遥感图像处理系统还不便于用作地理信息系统。然而,许多遥感图像处理系统的制图功能较强,可以设计丰富的符号与注记,并可进行图幅整饰、生产精美的专题地图。有些基于栅格数据的遥感图像处理系统除了能进行遥感图像处理之外,还具有空间叠置分析等 GIS 的分析功能。但是这种系统一般缺少实体的空间关系描述,难以进行某一实体的属性查询和空间关系查询及网络分析等功能。当前遥感图像处理系统和地理信息系统的发展趋势是两者的进一步集成,甚至研究开发出在同一用户界面内,进行图像和图形处理,以及矢量、栅格数据和 DEM 数据的整体结合的存储方式。

1.5 GIS 应用范畴

地理信息系统的博才取胜和运筹帷幄的优势,使它成为国家宏观决策和区域多目标开发的重要技术工具,也成为与空间信息有关的各行各业的基本工具(表 1.3)。

表 1.3 GIS 主要应用部门

应用领域	内容	所涉及的管理部门或机构
测绘、地图制图	数字地图、网络地图、电子地图、数字测绘,等等	各级测绘部门
资源管理	土地、水利、电力、矿产等各种资源及其附属设施的管理、资源清查,等等	土地管理机构、防汛防旱指挥部、水利部门的水工程管理、水政管理、水文局、农田水利和水利规划院、环境保护局、林业局、水产局、国土资源部门的地质矿产管理机构、石油管理部门,等等

应用领域	内容	所涉及的管理部门或机构
灾害监测	农业病虫害、地震、海啸、干旱、土地沙化、森林火灾、区域洪涝等重大自然灾害信息建库管理与灾害评估、分析、预测、急救指导,等等	农业局、地震局、海事局、航空管理局等
环境保护	环境信息的建库管理与环境变化的监测、分析与预报等。如湿地资源及其生物多样性的遥感监测、景观生态研究与设计、动物生态与动物地理分布、环境生态形势的空间分异研究、野生动物保护等	各级环境管理与监测部门、研究所等
精细农业	农业资源调查与管理、农业区划、开展农业生态环境研究、开展农业土地适应性评价、进行农业灾害预测与控制、进行农作物估产与监测	农业局及各级农业技术服务站等
电子商务	提供电子商务的基础平台,对各种信息进行加工、处理、融合和应用,为各种用户提供信息服务和管理决策依据等	电子商务服务商及各级管理部门
电子政务	提升电子政务的应用层次,并为实现其综合业务分析和空间辅助决策提供技术支撑平台,为电子政务提供清晰易读的可视化服务平台,实现对非空间数据的空间定位、空间分析和空间辅助决策	各级政府机关
城乡规划与管理	城市规划信息管理、城市三维可视化、城市供水智能管理、城市管线信息、城市房产信息等。在区域研究方面则有:可持续发展空间分析、综合经济区划分、工业布局调整、工程移民、乡村聚落空间分布、人口增长空间变化、建立区域资源信息系统、资源与环境地理信息系统等	城市规划设计与管理部门、市政工程设计与管理局、城市交通部门与道路建设部门、自来水公司、煤气公司、电力局或电力公司、电信局或电信公司,等等
交通运输	交通和道路规划设计、城市交通管理、城市公共交通、公路运输和航运管理、航空运输、铁路运输设计和管理等	城市规划局、公安局交警或巡警大队、公交公司、交通局及其设计院、中国民航总局、铁路集团公司或铁路运输管理、设计部门等
人口管理	人口统计分析、计划生育、人口流动管理等	公安局、民政部门、政府机关等
宏观决策	利用拥有的数据库,通过一系列决策模型的构建和比较分析,为国家宏观决策提供依据	各级政府决策与管理部门
国防、军事	战略构思、战术安排、战场模拟,自动图像匹配和自动目标识别,实时战场数字图像处理,及时反映战场现状,等等	各级国防、军事部门等
公安、急救	犯罪空间分析、110 报警系统、119 报警系统等	公安局、消防局、保险公司、民政部门等
医疗、卫生	健康和疾病防治等	卫生局、防疫站等

随着 GIS 技术的日益完善,GIS 最终将实现大众化,如同手机电话一样,成为人们日常生活的基本配备。

1.6　地理信息系统发展历程

综观 GIS 发展,可将地理信息系统发展分为以下几个阶段:

1. 地理信息系统的开拓期(20 世纪 50—60 年代)

20 世纪 50—60 年代是地理信息系统开拓起步阶段,该阶段关注的主要是空间数据的地学处理。在这个阶段,计算机硬件系统的功能还很弱,计算机存储能力很小且磁带存取速度也很慢,这一切都极大地制约着地理信息系统的发展,使得图形功能和地学分析功能都非常有限,相应的算法也比较粗糙。这一时期由于计算机硬件系统功能较弱,限制了软件技术的发展。因此地理信息系统软件的研制主要是针对具体的 GIS 应用进行的,到 60 年代末期,针对 GIS 一些具体功能的软件技术有了较大发展。

2. 地理信息系统的巩固发展期(20 世纪 70 年代)

20 世纪 70 年代是地理信息系统的巩固发展阶段,该阶段关注的主要是空间地理信息的管理,在这个阶段计算机硬件技术和软件技术得到了迅速的发展,数据处理速度加快,内存容量增大,输入、输出设备比较齐全,而且还推出了大容量直接存储设备——磁盘,这为地理数据的录入、存储、检索、输出等提供了强有力的支撑。而图形、图像卡等技术的发展则增强了人机对话和图形的显示功能,为基于图形的人机交互提供了良好的基础。虽然这个阶段系统的数据分析能力仍然较弱,但人机图形交互技术却取得了很大进展。

这个时期地理信息系统发展的总体特点是:地理信息系统在继承 20 世纪 50—60 年代技术基础之上,充分利用了新的计算机技术,但系统的数据分析能力仍然很弱;在地理信息系统技术方面未有新的突破;系统的应用与开发多限于某个机构;专家个人的影响削弱,而政府的影响增强;人机图形交互技术的发展成为这一时期软件的最重要进展。

3. 地理信息系统技术大发展时期(20 世纪 80 年代)

由于大规模和超大规模集成电路的问世,第四代计算机出现,特别是微型计算机和远程通信传输设备的出现为计算机的普及应用创造了条件,加上计算机网络的建立,使地理信息的传输时效得到极大的提高。在系统软件方面,完全面向数据管理的数据库管理系统(DBMS)通过操作系统(OS)管理数据,系统软件工具和应用软件工具得到研制,数据处理开始和数学模型、模拟等决策工具结合。地理信息系统的应用领域迅速扩大,从资源管理、环境规划到应急反应,从商业服务区域划分到政治选举分区等,涉及了许多的学科与领域,如古人类学、景观生态规划、森林管理、土木工程以及计算机科学等。这时期,许多国家制定了本国的地理信息系统发展规划,启动了若干科研项目,建立了一些政府性、学术性机构,如美国于 1987 年成立了国家地理信息与分析中心(NCGIA),英国于 1987 年成立了地理信息协会。同时,商业性的咨询公司、软件制造商涌现,并提供系列专业化服务。地理信息系统不仅引起工业化国家的普遍兴趣,例如,英、法、联邦德国、挪威、瑞典、荷兰、以色列、澳大利亚、苏联等国都在积极促进地理信息系统的发展和应用，而且不再受国家界线的限制，地理信息系统开始用于解决全球性的问题。

这个时期地理信息系统发展的总体特点是：

第一，栅格-矢量转换技术、自动拓扑编码，以及多边形中拓扑误差检测等方法得以发展，开辟了处理图形和属性数据的途径。

第二，具有属性数据的单张或部分图幅可以与其他图幅或部分在图边自动拼接，从而构成一幅更大的图件，使小型计算机能够分块处理较大空间范围（或图幅）的数据文件。

第三，采用命令语言建立空间数据管理系统，对属性再分类、分解线段、合并多边形、改变比例尺、测量面积、产生图和新的多边形、按属性搜索、输出表格和报告，以及对多边形进行叠加处理等。

4. 地理信息系统的应用普及时代（20世纪90年代）

20世纪90年代是地理信息系统的应用普及阶段，在这个阶段地理信息系统已经是许多机构必备的工作系统。随着各个领域对地理信息系统认识程度和认可程度的提高，应用需求大幅度增加，导致地理信息系统正向更深的应用层次发展，表现出从地理信息系统走向地理信息服务的趋势，发展趋势包括网络GIS、互操作GIS、地理信息共享与标准化、时态GIS、3S集成、虚拟GIS、移动GIS、数字地球和格网GIS等内容。随着空间理论和网络技术的飞速发展，GIS从技术上将向更具有互操作性和更加开放化、网络化、分布化、移动化、可视化的方向发展，从应用上将向着更高层次的数字地球、地球信息科学及大众化的方向发展。该时期GIS的发展呈现以下特点：① 多源数据信息共享；② 数据实现跨平台操作；③ 平衡计算负载和网络流量负载；④ 操作及管理简单化；⑤ 应用普及化、大众化。

这个时期GIS发展的标志性技术主要有：

（1）数字地球：1998年美国副总统戈尔提出"数字地球"的概念："我相信我们需要一个'数字地球'，即一种可以嵌入海量数据、多分辨率和三维的地球。"数字地球是对真实地球及其相关现象统一性的数字化重现和认识，其核心思想是用数字化手段统一处理地球问题和最大限度地利用信息资源。与数字地球相关的支持技术包括计算技术、海量存储技术、数据获取技术、宽带网络技术、互操作技术及元数据等，涉及数据获取与更新、存储与管理、处理与分析，以及数据与信息传播等方面。数字地球的提出和数字城市工程的逐步推进，在为地理信息系统带来发展机遇的同时也对地理信息系统的理论和技术提出了挑战和新的要求。

（2）格网GIS（grid GIS）：格网（grid，也称网格）被称为第三代互联网应用，它是把整个互联网整合成一台巨大的超级计算机，实现各种资源的全面共享。格网计算是一种利用互联网或专用网络把地理上分布的各种计算机、计算机集群、存储系统和可视化系统等集成在一起。基于格网计算的GIS平台，能够分布式、协作化和智能化地处理地理信息，特别适合用于解决涉及大量空间分析的问题，其最大目标是实现空间信息的格网化。随着应用的深入，格网计算必将会应用到GIS中，并和计算资源、空间地理数据和通信等集成，构成一个较完整的空间信息服务系统。

（3）虚拟现实GIS（virtual reality GIS，VR GIS）：VR GIS是目前GIS发展的一个前沿。VR GIS就是GIS与虚拟现实（VR）技术的结合，其核心技术是VR。VR是一项综合集成技术，涉及三维图形技术、网络通信技术、数据库、人工智能等领域。VR GIS是一种最有效的模拟人在自然环境中视、听、动等行为的高级人机交互技术，主要通过虚拟建模语言（virtual reality model language,VRML)把 GIS 数据转换到 VR 中,为人们提供一个逼真的模拟环境。GIS 与 VR 技术结合,将虚拟环境带入 GIS 使其更加完善。

(4)移动 GIS:随着手机、平板电脑、PDA 等移动通信终端的发展和普及,无线应用协议 WAP 和无线定位技术 WLT 作为无线互联网领域的研究热点,已经显示出巨大的应用前景和市场价值。无线通信技术、移动定位技术和 WebGIS 的结合形成了移动 GIS(mobile GIS)和无线定位服务(wireless location service)。一方面,它可以使 GIS 用户随时、方便、双向互动地获取网络提供的各种地理信息服务;另一方面,它也可以使地理信息随时、随地、为任何人、任何事进行服务(geo-information for anyone and anything at anywhere and anytime,4A 服务),如个人位置信息服务、车辆导航定位与跟踪、个人安全与紧急救助等。这些服务与人们的日常生活息息相关,随着它们的日渐普及,GIS 的功能和应用将得到大大的拓展和延伸,GIS 也将真正走向大众化和社会化。

5. 地理信息系统的大变革时代(21 世纪初至今)

地理信息系统进入 21 世纪之后,尤其是 2010 年之后,随着计算机技术和智能设备的进一步发展,学界从地理信息系统转向地理信息科学,更加注重学科建设与学科创新;业界从地理信息系统转向地理信息服务,使服务更加智能。一系列新技术和新应用的出现,在应用需求和技术革新的双重作用下,GIS 已经步入一个大变革的时代。新的技术主要包括物联网与云计算、大数据与并行计算、机器学习与人工智能等。新的应用需求包括以智慧城市为建设目标的海绵城市、智能管网、智能电网、智能物流和共享交通等一系列专业型和大众化服务。

(1)物联网与智慧城市:智慧城市已是全球发达国家发展的大趋势,当中涉及众多支持者及技术层面,而其中一个重要的基建便是物联网科技。物联网通过装载在在物联对象上的传感器实时、动态地获取信息,并依据物联个体与群体之间的互助作用来提供感知服务,通过感知挖掘获得物联网中装载设备的移动对象的变化规律、个体的联系,以及对物联环境感知,从而为城市空间物联信息的应用提供基础。而这些物联网所产生的数据,都带有位置和时间信息,无论是对这些数据的管理还是应用分析,都必须采用地理信息技术实现。因此,可以说 GIS 促进了物联网的发展,同时物联网也扩展了 GIS 的应用领域。尽管 GIS 已经渗透到物联网的方方面面,但两者之间的深度结合及应用创新有待进一步提升。

(2)云平台与数据中心:云计算(cloud computing),是一种基于互联网的计算方式,通过这种方式,共享的软硬件资源和信息可以按需提供给计算机和其他设备。云计算数据中心则改变了计算机为用户提供服务的模式,云数据中心中托管的不再是客户的设备,而是计算能力和可用性的各项功能,用户只需要发布需求指令,所有的计算和分析都会在云端完成并反馈给用户。空间数据来源的广泛性、数据的多源性和应用分析的复杂性,更需要云计算和云数据中心的支持,正是在这样的应用需求背景下,面向服务的云 GIS 经历今年的大发展,已经成为企业级 GIS 的核心技术。

(3)大数据与并行计算:大数据在近两年备受关注。据《中国计算机学会通讯》2013 年的统计,过去两年所产生的数据量为有史以来所有数据量的 90%。而大数据中的大部分数据都与空间位置相关。对 GIS 而言,大数据的出现对空间数据管理、空间数据分析和空间数据可视化等方面带来了极大的挑战和机遇。传统的 GIS 数据管理和分析技术已经不能满足当下需要。多源、异构、海量和实时动态的时空大数据,必须有与之相匹配的处理、管理、分析及可视化技术应对。

传统的空间数据以静态数据为主,而时空大数据动态性和流动性等特征,现有的空间数据结构和可视化方法,已不能满足实时空大数据的需要,其数据结构也不利于时空大数据的分析。这就需要结合大数据的主要特征开发全新的时空数据结构。在可视化方面也需要有所突破。另外,时空大数据处理与分析是大数据 GIS 的核心内容,而并行计算能够在数据处理和分析环节发挥重要作用。如目前基于 Hadoop 和 Spark 等并行计算技术的空间数据处理与管理技术,是较为成熟并广泛使用的方案之一。但这些并行计算技术并不能满足日益增长的时空大数据处理与分析需要,基于并行技术的大数据 GIS 仍然有待进一步发展和完善。

(4)机器学习与人工智能:传统时空数据和时空大数据可以分为传统的数据分析和智能化的复杂分析两大类,尤其是大数据分析,使用传统的数据挖掘方法又难以发现其中隐含的规律。相比而言,机器学习的算法不是固定的,而是带有自调试参数,能够随着分析内容和频次的增加,让计算机通过学习自我完善,使挖掘和预测的结果更准确。

新的技术的提出与逐步推进,在为地理信息系统带来发展机遇的同时,也对地理信息系统的理论和技术提出了挑战和新的要求,有不少理论和技术需要进一步发展和完善。

专业术语

数据、信息、地理数据、地理信息、地理信息系统、应用模型、GIS 支撑软件、GIS 平台软件、GIS 应用软件、GIS 地学模型、数字地球、网络 GIS、移动 GIS、时空大数据

复习思考题

23

一、思考题(基础部分)

1. 你如何理解地理信息系统的概念?
2. GIS 同时作为地理信息系统、地理信息科学和地理信息服务的简称,试阐述你对它们的理解。
3. 试论述空间数据和应用模型在地理信息系统中的作用和地位。
4. 地理信息系统的基本功能和应用功能的区别和联系是什么?
5. 地理信息系统技术的出现和发展,对地理学和测绘学产生了哪些重要的影响?
6. 网络技术的出现和发展使地理信息系统技术产生哪些主要的变化?
7. 大数据技术的出现给地理信息系统带来了哪些机遇和挑战?
8. 人工智能的兴起和发展,将对地理信息系统产生哪些影响?

二、思考题(拓展部分)

1. 试通过查询网络资源或结合日常生活经历,举出几个国内外 GIS 应用的例证。
2. 通过网络查询我国有关地理信息系统的主要研究机构及其在全国的分布。
3. 我国有关地理信息系统技术的刊物有哪些? 各有什么特点?
4. 根据你所掌握的资料,分析地理信息系统的发展前景。
5. 列举一些常用的工具型 GIS 软件和成熟的应用型 GIS 软件,并论述其主要特点。

第2章 地理空间数学基础

地理空间的数学基础是 GIS 空间数据进行定位、量算、转换和参与空间分析的基准。 所有空间数据必须置于相同空间参考基准下才可以进行空间分析。 地理空间的数学基础主要包括地球空间参考、空间数据投影及坐标转换、空间尺度及地理格网等内容。 地球空间参考解决地球的空间定位与数学描述问题，空间数据投影及坐标转换主要解决如何把地球曲面信息展布到二维平面，空间尺度规定在多大的详尽程度研究空间信息，地理格网在于建立组织空间信息空间区域框架的方法，实现空间数据的科学有效的管理。 掌握地理空间的数学基础是正确应用 GIS 完成各种空间分析与应用的基础。

2.1 地球空间概述

2.1.1 地球形状与地球椭球

众所周知，地球是一个近似球体，其自然表面是一个极其复杂的不规则曲面。为了深入研究地理空间，有必要建立地球表面的几何模型。根据大地测量学的研究成果，地球表面几何模型可以分为四类，分述如下：

第一类是地球的自然表面，它是一个起伏不平、十分不规则的表面，包括海洋底部、高山高原在内的固体地球表面（图 2.1）。固体地球表面的形态，是多种内、外营力在漫长的地质时代综合作用的结果，非常复杂，难以用一个简洁的数学表达式描述出来，所以不适合于数学建模。因此，在诸如长度、面积、体积等几何测量中都面临着十分复杂的困难。

第二类是相对抽象的面，即大地水准面。地球表面约71%的面积被流体状态的海水所覆盖，可以假设当海水处于完全静止的平衡状态时，从海平面延伸到所有大陆下部，而与地球重力方向处处正交的一个连续、闭合的水准面，这就是大地水准面。水准面是一个重力等位面。对于地球空间

图 2.1 固体地球表面

而言，存在无数个水准面，大地水准面是其中一个特殊的重力等位面，它在理论上与静止海平面重合。大地水准面包围的形体是一个水准椭球，称为大地体。尽管大地水准面比起实际的固体地球表面要平滑得多，但实际上由于地质条件等因素的影响，大地水准面存在局部的不规则起伏，并不是一个严格的数学曲面，在大地测量和 GIS 应用中仍然存在极大的困难。

第三类是地球椭球面。总体上讲,大地体非常接近旋转椭球,而后者的表面是一个规则的数学曲面。所以在大地测量以及 GIS 应用中,一般都选择一个旋转椭球作为地球理想的模型,称为地球椭球(图 2.2)。地球椭球简单的数学公式表达为式 2.1。在有关投影和坐标系统的叙述内容中,地球椭球有时也常被称为参考椭球。

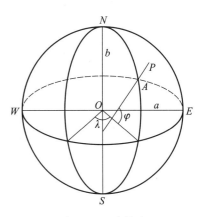

图 2.2　地球椭球

$$\frac{x^2}{a^2}+\frac{y^2}{a^2}+\frac{z^2}{b^2}=1 \qquad (2.1)$$

式中:a 为长半径,近似等于地球赤道半径;b 为极轴半径,近似等于南极(北极)到赤道面的距离。

地球椭球并不是一个任意的旋转椭球体。只有与水准椭球一致的旋转椭球才能用作地球椭球。地球椭球的确定涉及非常复杂的大地测量学内容。在经典大地测量学中,研究地球形状基本上采用的是几何方法,提供的是几何参数(长半径 a、短半径 b、扁率 α 等)。随着人造卫星技术和空间技术的发展,在现代大地测量学中,研究地球形状,不但考虑地球的几何形态,还顾及地球的物理特性,提供的地球椭球既有几何参数又有物理参数,并且所确定的地球形状参数的精度非常高。地球椭球的确定是一门专业性很强的技术,世界上大多数国家都设有专门的研究机构,研究适合本国区域的地球椭球参数。国际大地测量协会也设有专门委员会负责全球区域地球椭球参数的确定和协调工作。

不同的限制条件,不同的研究方法,得到的地球椭球不尽相同。目前国际上使用的地球椭球种类繁多。表 2.1 列出的是目前世界地图,以及我国不同时期所采用的地球椭球及其几何参数。

表 2.1　世界地图以及我国不同时期所采用的地球椭球及其几何参数

椭球名称	创立年代	长半径 a/m	短半径 b/m	扁率 α
WGS84	1984	6 378 137	6 356 752	1 : 298.26
1975 年国际椭球 (中国 1980 西安坐标系采用)	1975	6 378 140	6 356 755	1 : 298.257
海福特(Hayford) (中国 1953 年以前采用)	1910	6 378 388	6 356 912	1 : 297
克拉索夫斯基(Красовбкий) (中国 1954 北京坐标系采用)	1940	6 378 245	6 356 863	1 : 298.3

有了参考椭球,在实际建立地理空间坐标系统的时候,还需要指定一个大地基准面将这个椭球体与大地体联系起来,在大地测量学中称之为椭球定位。所谓的定位,就是依据一定的条件,将具有给定参数的椭球与大地体的相关位置确定下来。这里所指的一定条件,可以理解为两个方面:一是依据什么要求使大地水准面与椭球面符合;二是对轴向的规定。参考椭球的短轴与地球旋转轴平行是参考椭球定位的最基本要求。强调局部地区大地水准面与椭球面较好的定位,通常称为参考定位,如我国 1980 西安坐标系;强调全球大地水准面与椭球面符合较好的定位,通常称为绝对定位,如 WGS 84 坐标系(1984 年世界大地坐标系)。椭球定位是一个复杂的专业工作,定位的好坏直接影响国民经济的建设。这也就是为什么一个国家或者国际大地测量组织,随

着空间技术的发展以及观测资料的积累,每经过一段时期,就会推出新的参考椭球参数,修正正在使用的地理空间坐标的具体定义。

第四类是数学模型,是在解决其他一些大地测量学问题时提出来的,如类地形面、准大地水准面、静态水平衡椭球体等。

2.1.2 坐标系统

1. 坐标系统的分类及基本参数

地理空间坐标系统提供了确定空间位置的参照基准。一般情况,根据表达方式的不同,地理空间坐标系统通常分为球面坐标系统和平面坐标系统(图2.3)。平面坐标系统也常被称为投影坐标系统。

图2.3 地理空间坐标分类表

地理空间坐标系的建立必须依托于一定的地球表面几何模型。如果是平面坐标系,还必须指定地面点位的地理坐标(B, L)与地图上相对应的平面直角坐标(X, Y)之间一一对应的函数关系。换句话说,每一个地理空间坐标系都有一组与之对应的基本参数。对于球面坐标系统,主要包括一个地球椭球和一个大地基准面。大地基准面规定了地球椭球与大地体的位置关系。平面坐标系统是按照球面坐标与平面坐标之间的映射关系,把球面坐标转绘到平面。因此,一个平面坐标系统,除了包含与之对应的球面坐标系统的基本参数外,还必须指定一个投影规则,即球面坐标与平面坐标之间的映射关系。

不同国家和地区,不同时期,即便对于相同的地理空间坐标系(如大地地理坐标系),由于具体坐标系基本参数规定的不同,同一空间点的坐标值有所不同。此时,如果要对其进行一些空间分析,则需要进行坐标变换的处理。

2. 球面坐标系统建立

在经典的大地测量中,常用地理坐标和空间直角坐标的概念描述地面点的位置。根据建立坐标系统采用椭球的不同,地理坐标又分为天文地理坐标系和大地地理坐标系。前者是以大地体为依据,后者是以地球椭球为依据。空间直角坐标分为参心空间直角坐标系和地心空间直角坐标系,前者以参考椭球中心为坐标原点,后者以地球质心为坐标原点。

(1)天文地理坐标系

天文地理坐标系(图2.4)以地心(地球质量中心)为坐标原点,Z轴与地球平均自转轴重合,

ZOX 是天文首子午面,以格林尼治平均天文台定义。*OY* 轴与 *OX*、*OZ* 轴组成右手坐标系,*XOY* 为地球平均赤道面。地面垂线方向是不规则的,它们不一定指向地心,也不一定同地轴相交。通过测站垂线并与地球平均自转轴平行的平面叫天文子午面。

天文纬度为测站垂线方向与地球平均赤道面的交角,常以 φ 表示,赤道面以北为正,以南为负。天文经度为首天文子午面与测站天文子午面的夹角,常以 λ 表示,首子午面以东为正,以西为负。需要说明,由于地表面并不是大地水准面,所以在大地测量学中也将高程列入天文坐标中。

(2)大地地理坐标系

大地地理坐标系是依托地球椭球,用定义后的原点和轴系及相应基本参考面,标示较大地域地理空间位置的参照系。大地地理坐标系也简称大地坐标系。一点在大地地理坐标系中的位置以大地纬度与大地经度表示,如图 2.5 所示。*WAE* 为椭球赤道面,*NAS* 为大地首子午面,P_D 为地面任一点,*P* 为 P_D 在椭球上的投影,则地面点 P_D 对椭球的法线 P_DPK 与赤道面的交角为大地纬度,常以 *B* 表示。从赤道面起算,向北为正,向南为负。大地首子午面与 *P* 点的大地子午面间的二面角为大地经度,常以 *L* 表示。以大地首子午面起算,向东为正,向西为负。

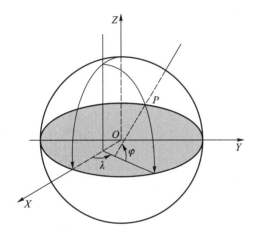

图 2.4　天文地理坐标系

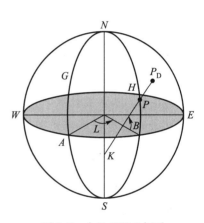

图 2.5　大地地理坐标系

(3)空间直角坐标系

参心空间直角坐标系是在参考椭球上建立的三维直角坐标系 *O-XYZ*(图 2.6)。坐标系的原点位于椭球的中心,*Z* 轴与椭球的短轴重合,*X* 轴位于大地首子午面与赤道面的交线上,*Y* 轴与 *XZ* 平面正交,*O-XYZ* 构成右手坐标系。在建立参心坐标时,由于观测范围的限制,不同的国家或地区要求所确定的参考椭球面与局部大地水准面最密合。由于参考椭球不是唯一的,所以,参心空间直角坐标系也不是唯一的。

地心空间直角坐标系的定义是:原点 *O* 与地球质心重合,*Z* 轴指向地球北极,*X* 轴指向格林尼治平均子午面与地球赤道的交点,*Y* 轴垂直于 *XOZ* 平面构成右手坐

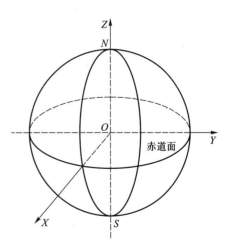

图 2.6　参心空间直角坐标系

标系。地球自转轴相对地球体的位置并不是固定的,地极点在地球表面上的位置是随时间而变化的。因此,在具体建立时,根据选取的实际地极点的不同,地心空间直角坐标系的实际定义也不相同。

我国早期使用的 1954 北京坐标系和 1980 西安坐标系就属于参心坐标系。例如,1980 西安坐标系采用 RGS75 国际椭球参数,大地定位原点设在我国中部陕西省泾阳县永乐镇。坐标系原点设在椭球中心,与地球质心并不重合;Z 轴指向 1968.0 地极原点(JYD)方向;大地首子午面平行于格林尼治天文台子午面,X 轴在大地首子午面内与 Z 轴垂直指向经度 0° 方向;Y 轴与 Z 轴和 X 轴垂直构成右手直角坐标系。

从 2008 年 7 月 1 日起开始启用的 2000 国家大地坐标系(简称 CGCS2000),则属于地心坐标系统,原点和地球质心是重合的,参考椭球的旋转轴与 Z 轴重合。2000 国家大地坐标系应用现代空间技术能够快速获取精确的三维地心坐标,有利于科学研究和国民经济建设的加速发展。在 CGCS2000 基准下,采用 GNSS 技术定位可直接获得高精度的三维空间定位成果,可避免测量成果在转换过程中的精度损失。

3. 平面坐标系

(1)高斯平面直角坐标系

为了便于地形图的量测作业,在高斯-克吕格投影带内布置了平面直角坐标系统。具体构成是:规定以中央经线为 X 轴,赤道为 Y 轴,中央经线与赤道交点为坐标原点。同时规定,X 值在北半球为正,南半球为负;Y 值在中央经线以东为正,中央经线以西为负。由于我国疆域均在北半球,X 值皆为正值。为了在计算中方便,避免 Y 值出现负值,还规定各投影带的坐标纵轴均西移 500 km,中央经线上原横坐标值由 0 变为 500 km,在整个投影带内 Y 值就不会出现负值了。

由于高斯-克吕格投影的每个投影带都有一个独立的高斯平面直角坐标系,则位于两个不同投影带的地图点会出现具有相同的高斯平面直角坐标,而实际上它们描述的却不是一个地理空间。为了避免这一情况和区别不同点的地理位置,高斯平面直角坐标系规定在横坐标 Y 值前标注投影带的编号。如图 2.7 所示,A、B 两点原来的横坐标分别为

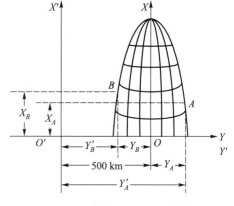

图 2.7　高斯-克吕格坐标表

$$Y_A = 238\ 765.2\ \text{m}$$
$$Y_B = -148\ 572.3\ \text{m}$$

纵坐标轴西移 500 km 后,其横坐标分别为

$$Y'_A = 738\ 765.2\ \text{m}$$
$$Y'_B = 351\ 427.7\ \text{m}$$

加上带号,如 A、B 两点位于第 19 带,其通用坐标为

$$Y''_A = 19\ 738\ 765.2\ \text{m}$$
$$Y''_B = 19\ 351\ 427.7\ \text{m}$$

实际应用中,一般得到的是通用坐标,要获得其实际坐标需要先去掉该点通用坐标前面的高

斯平面直角坐标投影带编号,再将其横坐标东移 500 km,恢复其本来坐标位置。

（2）地方独立平面直角坐标系

由于国家坐标中每个高斯-克吕格投影带都是按一定间隔划分的,其中央子午线不可能刚好落在城市和工程建设地区的中央,从而使高斯平面直角投影长度产生变形。因此,为了减小变形,将其控制在一个微小的范围内,使得计算出来的长度与实际长度认为相等,因而常常需要建立适合本地区的地方独立坐标系。

建立地方独立坐标系,实际上就是通过一些元素的确定来决定地方参考椭球与投影面。地方参考椭球一般选择与当地平均高程相对应的参考椭球,该椭球的中心、轴向和扁率与国家参考椭球相同,其椭球半径 α 增大为

$$\alpha_1 = \alpha + \Delta\alpha_1 \tag{2.2}$$
$$\Delta\alpha_1 = H_m + \zeta_0 \tag{2.3}$$

式中: H_m 为当地平均海拔高程; ζ_0 为该地区的平均高程异常。

在地方投影面的确定过程中,应当选取过测区中心的经线或某个起算原点的经线作为独立中央子午线;以某个特定使用的点和方位为地方独立坐标系的起算原点和方位,并选取当地平均高程面 H_m 为投影面。

2.1.3 高程基准

1. 概述

高程（elevation）是表示地球上一点至参考基准面的距离,就一点位置而言,它和水平量值一样是不可缺少的。它和水平量值一起,统一表达点的位置。对于人类活动包括国家建设和科学研究乃至人们生活,高程是最基本的地理信息。从测绘学的角度来讨论,所谓高程是对某一具有特定性质的参考面而言。没有参考面,高程就失去意义,同一点其参考面不同,高程的意义和数值都不同。例如,正高是以大地水准面为参考面,正常高是以似大地水准面为参考面,而大地高则是以地球椭球面为参考面。这种相对于不同性质的参考面所定义的高程体系称为高程系统。

大地水准面、似大地水准面和地球椭球面都是理想的表面。经典大地测量学认为,大地水准面或似大地水准面在海洋上是和平均海面重合的。人们通常所说的高程是以平均海面为起算基准面,所以高程也被称作标高或海拔高,包括高程起算基准面和相对于这个基准面的水准原点（基点）高程,就构成了高程基准。高程基准是推算国家统一高程控制网中所有水准高程的起算依据,它包括一个水准基面和一个永久性水准原点。水准基面,通常理论上采用大地水准面,它是一个延伸到全球的静止海水面,也是一个地球重力等位面,实际上确定水准基面则是取验潮站长期观测结果计算出来的平均海面。一个国家和地区的高程基准,一般一经确定不应轻易变更。近几十年的研究表明平均海面并不是真正的重力等位面,它相对于大地水准面存在起伏,并且由于高程基准观测地点及观测时间的影响,随着科学技术不断进步,随着时间的推移会提出新的问题,所以不能避免必要时建立新的高程基准。

2. 我国主要高程基准

（1）1956 年黄海高程系

以青岛港验潮站的长期观测资料推算出的黄海平均海面作为中国的水准基面，即零高程面。中国水准原点建立在青岛港验潮站附近。用精密水准测量测定水准原点相对于黄海平均海面的高差，即水准原点的高程，作为全国高程控制网的起算高程。

（2）1985 国家高程基准

水准基面为青岛港验潮站 1952—1979 年验潮资料确定的黄海平均海面。与 1956 黄海高程系相比，其高程差为 29 mm。这一高程基准面只与青岛港验潮站所处的黄海平均海面重合。所以，我国陆地水准测量的高程起算面不是真正意义上的大地水准面。要将这一基准面归化到大地水准面，必须扣掉青岛港验潮站海面地形高度。初步研究表明，青岛港验潮站平均海水面高出全球平均海水面 0.1 m，比采用卫星测高确定的全球大地水准面高 0.26±0.05m。

除此之外，我国以前曾经使用过多个高程基准，如大连高程基准、大沽高程基准、废黄河高程基准、坎门高程基准、罗星塔高程基准等。现在在我国的一些地区，还同时采用其他高程系统，如长江流域习惯采用吴淞高程基准、珠江流域习惯采用珠江高程基准等。

3. 深度基准

（1）深度基准概念

海水在不断地变化，海水的高度大约一半时间在平均海面以上，一半时间在平均海面以下，也就是说，若以平均海面向下计算水深，大约有一半时间海水没那么深。这就提出了如何确定深度基准的问题。

所谓深度基准是指海图图载水深及其相关要素的起算面。通常取当地平均海面向下一定深度为这样的起算面，即深度基准面。深度基准无论怎样确定都必须遵循两个共同的原则，一要保证航行安全，二要充分利用航道。因此，深度基准面要定得合理，不宜过高或过低。海图图载水深，为最小水深。

平均海面至其下一定深度的深度基准面的距离，称为深度基准面值，常以 L 表示。海图图载水深 L 是该深度基准面至海底的距离，常以 Z 表示。平均海面、深度基准面的关系，可用图 2.8 表示。

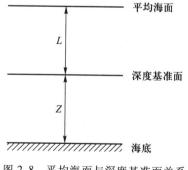

图 2.8 平均海面与深度基准面关系

深度基准面的选择与海区潮汐情况有关，常采用当地的潮汐调和常数来计算，因此，由于各地潮汐性质不同，计算方法不同，一些国家和地区的深度基准面也不相同。有的采用理论深度基准面，有的采用平均低潮面、平均低低潮面、最低低潮面、印度大潮低潮面、大潮平均低潮面等，还有的由于海区受潮汐影响不大采用平均海面。

应该指出，完整深度基准的含义，也应包括内河与湖泊的深度基准。

我国 1956 年以前主要采用略最低低潮面（印度大潮低潮面）、大潮平均低潮面和实测最低潮面等为深度基准面。1956 年 10 月在北京召开了中国、苏联、越南、朝鲜四国海道测量会议。我国决定从 1957 年起深度基准采用理论深度基准面。该基准面是按照苏联弗拉基米尔方法计算的当地理论最低低潮面。

（2）使用深度基准面的注意事项

海水深度由深度基准面向下计算的这种图载的深度并不是实际的深度。想要得到实际深度还必须使用潮汐表。所谓潮汐表是各主要港口的潮位与重要航道潮流的预报表，为有关海洋部门提供潮汐未来变化信息。在潮高起算面与深度基准面一致的前提下，某处某时刻的实际海水深度，应该是图载水深与潮汐表得到的该处相应时刻潮高之和。

深度基准面在实践中是一个复杂的基准面。即或是一个国家，由于各地平均海面的不一致，对应深度基准面也不一致，即或平均海面一致，由于各海区潮汐性质不同，深度基准面也不一致。即或点平均海面一致，潮汐性质相同，由于采用的潮汐资料时间间隔长短不同，深度基准面也可能不一致，所以使用海图时应该首先明了有关情况。

在一幅海图中，陆地高程是以规定的高程基准起算的。在我国灯塔、灯桩等高程是以平均多潮高潮面起算。深度则是以规定的深度基准面起算，见图2.9。使用海图时应该注意。

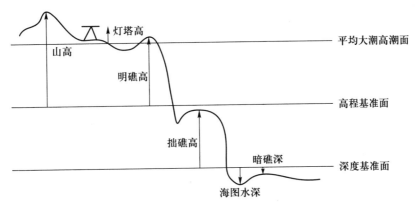

图 2.9　各种高度基准面关系

此外，由于各种海图是不同历史时期编制的，深度基准面也往往不一致，也是应该注意的。鉴于我国已有海图深度基准面繁杂的客观现实及近代历史海图应用和研究的状况，往往需要将不同深度基准面归算成同一深度基准面，所以对于深度基准面而言也有一个转换问题。

深度基准面转换的概念从整体上讲，是求两种不同基准面间的函数关系，就具体两幅不同深度基准的海图来讲，实际上就是求它们基准面间的差值。

深度基准面的转换基本做法是，首先就某一海区某一深度基准面，运用种种方法求其与理论深度基准面的关系；其次是对所求关系进行综合研究，一方面采用数学方法得到某些函数关系，另一方面进行这些关系地理分布的研究，绘出分布场；最后是运用这一函数关系和分布场求各深度基准面对于统一深度基准面的改正。当然，实际运作时，还可能进一步简化。

2.2　空间数据投影

2.2.1　地图投影的基本问题

地面点虽然可以沿法线表示到参考椭球面上，但是缩小的球面（如地球仪）不便于使用和保管,一般均使用平面图。参考椭球面是不可展曲面,不可能用物理的方法将它展成平面。因为那样必然会使曲面产生裂口、皱褶和重叠。因此,要把参考椭球面上的点、线、面换算到平面上,就要解决曲面到平面的矛盾。为了解决这一问题,地图投影就应运而生。

在数学中,投影(project)的含义是指建立两个点集之间一一对应的映射关系。同样,在地图学中,地图投影的实质就是按照一定的数学法则,将地球椭球面上的经纬网转换到平面上,建立地面点的地理坐标(B,L)与地图上相对应的平面直角坐标(X,Y)之间一一对应的函数关系。

地球表面是一个不规则的曲面,即使把它当作一个椭球体或正球体表面,在数学上讲,它也是一种不可能展开的曲面,要把这样一个曲面表现到平面上,就会发生裂隙或褶皱。在投影面上,可运用经纬线的"拉伸"或"压缩"(通过数学手段)来避免,以便形成一幅完整的地图。这样一来,也就因此而产生了变形。地图投影的变形,通常可分为长度、面积和角度三种变形,并通过它们的变形比来衡量投影变形的程度。

1. 长度变形与长度比

长度比指地面上微分线段投影后的长度 ds' 与其相应的实地长度 ds 之比。如用符号 μ 表示长度比,那么

$$\mu = ds'/ds$$

长度变形指长度比与 1 的差值。如用符号 V_μ 表示长度变形,则

$$V_\mu = \mu - 1$$

$V_\mu = 0$,投影后长度没有变形;$V_\mu < 0$,投影后长度缩小;$V_\mu > 0$,投影后长度增加。

投影上的长度比不仅随该点的位置而变化,而且随着其在该点上的不同方向而变化。这样,在一定点上的长度比必存在最大值和最小值,称其为极值长度比,并通常用符号 a 和 b 表示极大与极小长度比。极值长度比的方向称为主方向。沿经线和纬线方向的长度比分别用符号 m,n 表示。在经纬线正交投影中,沿经纬线方向的长度比即为极值长度比,此时 $m = a$ 或 b,$n = b$ 或 a。

2. 面积变形与面积比

面积比指地面上微分面积投影后的大小 dF' 与其相应的实地面积 dF 的比,通常用符号 P 表示,即

$$P = dF'/dF$$

面积变形指面积比与 1 的差值。用符号 V_p 表示,那么

$$V_p = P - 1$$

$V_p = 0$,投影后面积没有变形;$V_p < 0$,投影后面积缩小;$V_p > 0$,投影后面积增加。

3. 角度变形

角度变形指地面上某一角度投影后的角值 β' 与其实际的角值 β 之差。即 $\beta' - \beta$。在一定点上,方位角的变形随不同的方向而变化,所以一点上不同方向的角度变形是不同的。投影中,一定点上的角度变形的大小是用其最大值来衡量的,称最大角度变形,通常用符号 ω 表示。其定义公式如下:

$$\sin\frac{\omega}{2} = \frac{a-b}{a+b}$$

$\omega=0$,投影后角度没有变形;$\omega<0$,投影后角度缩小;$\omega>0$,投影后角度增大。

地球上无穷小圆在投影中通常不可能保持原来的形状和大小,而是投影成为不同大小的圆或各种形状大小的椭圆,统称为变形椭圆,如图 2.10 所示。

一般可以根据变形椭圆来确定投影的变形情况。如投影后为大小不同的圆形,如图 2.10a 所示,$a=b$ 则该投影为等角投影;如果投影后为面积相等而形状不同的椭圆,如图 2.10b 所示,$a \cdot b=r^2$,则该投影为等积投影;如果投影后为面积不等、形状各不相同的椭圆,如图 2.10c 所示则为任意投影,其中如果椭圆的某一半轴与微分圆的半径相等,如 $b=r$,则为等距投影。从变形椭圆中还可看出,变形椭圆的长短半轴即为极值长度比,长轴与短轴的方向即为主方向。

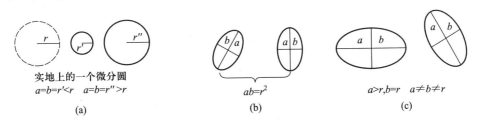

图 2.10　投影变形误差椭圆

控制投影各种变形,满足具体应用的需求,是建立地图投影需要考虑的基本问题。在历史上,众多的数学家、物理学家、天文学家等创立了种类繁多的地图投影。地图投影的方法可分为几何透视法和数学解析法两种。

(1) 几何透视法:几何透视法是利用透视的关系,将地球表面上的点投影到投影面(借助的几何面)上的一种方法。如假设地球按比例缩小成一个透明的地球仪般的球体,在其球心或球面、球外安置一个光源,将球面上的经纬线投影到球外的一个投影平面上,即将球面经纬线转换成了平面上的经纬线。几何透视法是一种比较原始的投影方法,有很大的局限性,难于纠正投影变形,精度较低。当前绝大多数地图投影都采用数学解析法。

(2) 数学解析法:数学解析法是在球面与投影面之间建立点与点的函数关系,通过数学的方法确定经纬线交点位置的一种投影方法。大多数的数学解析法往往是在几何透视法投影的基础上,建立球面与投影面之间点与点的函数关系的,因此两种投影方法有一定的联系。

2.2.2　地图投影的分类

地图投影的种类繁多,国内外学者提出了许多地图投影的分类方案。但迄今尚无一种分类方案能被一致认同。通常采用以下两种分类方法:按地图投影的构成方法分类和按地图投影的变形性质分类。

1. 按地图投影的构成方法分类

按照构成方法,可以把地图投影分为几何投影和非几何投影。

(1) 几何投影

几何投影是把椭球面上的经纬线网投影到几何面上,然后将几何面展为平面而得到。在地图投影分类时,根据辅助投影面的类型及其与地球椭球的关系又可进一步划分。

① 按辅助投影面的类型划分:a. 方位投影:以平面作为投影面;b. 圆柱投影:以圆柱面作为投影面;c. 圆锥投影:以圆锥面作为投影面。

② 按投影面与地球自转轴间的方位关系划分(图 2.11):a. 正轴投影:投影面的中心轴与地轴重合;b. 横轴投影:投影面的中心轴与地轴相互垂直;c. 斜轴投影:投影面的中心轴与地轴斜交。

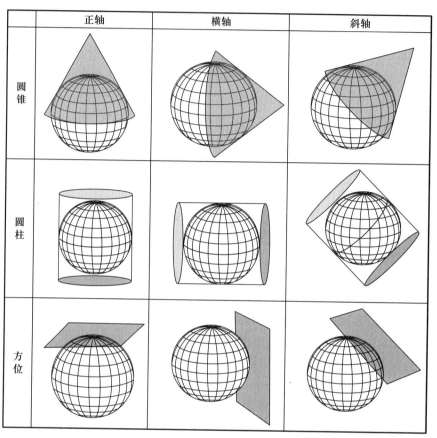

图 2.11　投影面与地球自转轴间的方位关系

③ 按投影面与地球的位置关系划分:a. 割投影:以平面、圆柱面或圆锥面作为投影面,使投影面与球面相割,将球面上的经纬线投影到平面、圆柱面或圆锥面上,然后将该投影面展为平面。b. 切投影:以平面、圆柱面或圆锥面作为投影面,使投影面与球面相切,将球面上的经纬线投影到平面、圆柱面或圆锥面上,然后将该投影面展为平面而成。

（2）非几何投影

非几何投影是不借助几何面,根据某些条件用数学解析法确定球面与平面之间点与点的函数关系。在这类投影中,一般按经纬线形状分为下述几类:

① 伪方位投影:纬线为同心圆,中央经线为直线,其余的经线均为对称于中央经线的曲线,且相交于纬线的共同圆心。

② 伪圆柱投影:纬线为平行直线,中央经线为直线,其余的经线均为对称于中央经线的曲线。

③ 伪圆锥投影:纬线为同心圆弧,中央经线为直线,其余经线均为对称于中央经线的曲线。

④ 多圆锥投影:纬线为同周圆弧,其圆心均位于中央经线上,中央经线为直线,其余的经线均为对称于中央经线的曲线。

2. 按地图投影的变形性质分类

(1)等角投影:任何点上两条微分线段组成的角度投影前后保持不变,亦即投影前后对应的微分面积保持图形相似,因此也称为正形投影。

(2)等积投影:无论是微分单元,还是区域的面积,投影前后都保持相等,亦即其面积比为1,都可称为等积投影。即在投影平面上任意一块面积与椭球面上相应的面积相等,面积变形等于零。

(3)任意投影和等距投影:任意投影,长度、面积和角度都有变形,它既不等角又不等积,可能还存在长度变形。等距投影的面积变形小于等角投影,角度变形小于等积投影。任意投影多用于要求面积变形不大、角度变形也不大的地图,如一般参考用图和教学地图。

圆锥投影、方位投影、圆柱投影均可按其变形性质分为等角投影、等积投影和任意投影。伪圆锥和伪圆柱投影中有等积投影和任意投影,而都以等积投影较多。

不同类型地球投影命名规则为:投影面与地球自转轴间的方位关系+投影变形性质+投影面与地球相割(或相切)+投影构成方法。如正轴等角切圆柱投影。也可以用该投影发明者的名字命名,如横轴等角切圆柱投影也称为高斯-克吕格投影。

2.2.3 常用地图投影概述

1. 高斯-克吕格投影

高斯-克吕格投影(Gauss-Kruger projection)是由德国数学家、物理学家、天文学家高斯于19世纪20年代拟定,后经德国大地测量学家克吕格于1912年对投影公式加以补充,故称为高斯-克吕格投影(以下简称"高斯投影")。在投影分类中,该投影是横轴等角切圆柱投影。

高斯投影的中央经线和赤道为互相垂直的直线,其他经线均为凹向,并对称于中央经线的曲线,其他纬线均是以赤道为对称轴的向两极弯曲的曲线,经纬线成直角相交(图2.12)。高斯投影的变形特征是:在同一条经线上,长度变形随纬度的降低而增大,在赤道处为最大;在同一条纬线上,长度变形随经差的增加而增大,且增大速度较快。在6°带范围内,长度变形最大不超过0.14%。

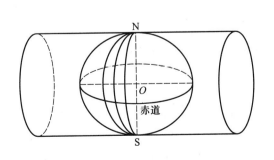
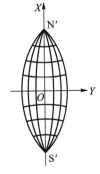

图 2.12 高斯投影示意图

我国规定 1:1 万、1:2.5 万、1:5 万、1:10 万、1:25 万、1:50 万比例尺地形图,均采用高斯投影。其中,1:2.5 万至 1:50 万比例尺地形图采用经差 6°分带,1:1 万比例尺地形图采用经差 3°分带。

6°带是从 0°子午线起,自西向东每隔经差 6°为一个投影带,全球分为 60 带,各带的带号用自然序数 1,2,3,…,60 表示。即以东经 0°~6°为第 1 带,其中央经线为 3° E,东经 6°~12°为第 2 带,其中央经线为 9° E,其余类推(图 2.13)。

3°带是从东经 1°30′的经线开始,每隔 3°为一带,全球划分为 120 个投影带。图 2-13 表示出 6°带与 3°带的中央经线与带号的关系。

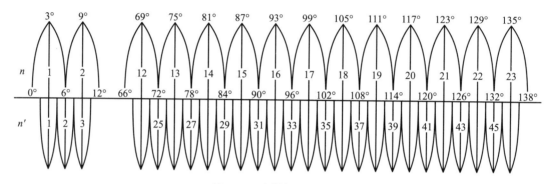

图 2.13 高斯投影的分带

高斯投影是具有国际性的一种地图投影,适合于幅员广大的国家或地区,它按经线分带进行投影,各带坐标系、经纬网形状、投影公式及变形情况都是相同的,也利于全球地图拼接。1952 年以来我国采用高斯投影建立了布满全国的平面直角坐标系统(各带之间可进行坐标转换),并作为我国基本比例尺地形图的数学基础。高斯投影的不足之处在于长度变形较大,导致面积变形也较大。在纬度 30° 以下的 6°带边缘地区,长度变形超过了千分之一。而对于 3° 带边缘地区,长度变形也仅减小至万分之三左右。

2. 通用横轴墨卡托投影

通用横轴墨卡托投影(universal transverse Mercator projection,UTM)是一种横割圆柱等角投影,圆柱面在 84°N 和 84°S 处与地球椭球体相割,它与高斯-克吕格投影十分相似,也采用在地球表面按经度每 6°分带的办法。其带号是自西经 180°由西向东每隔 6°一个编号。美国编制世界各地军用地图和地球资源卫星像片所采用的全球横轴墨卡托投影(UTM)是横轴墨卡托投影的一种变形。高斯投影的中央经线长度比等于 1,UTM 投影规定中央经线长度比为 0.999 6。在 6°带内最大长度变形不超过 0.04%。

UTM 是国际比较通用的地图投影,主要用于全球自 84°N~80°S 之间地区的制图。

3. 兰勃特等角投影

兰勃特等角投影(Lambert conformal conic)在双标准纬线下是一种"正轴等角割圆锥投影",由德国数学家兰勃特(J. H. Lambert)在 1772 年拟定。设想用一个正圆锥割于地球椭球面两标准纬线,应用等角条件将地球椭球面投影到圆锥面上,然后沿一条母线展开,即为兰勃特投影平面。兰勃特等角投影后纬线为同心圆弧,经线为同心圆半径。墨卡托(Mercator)投影是它的一个特例。兰勃特等角投影采用双标准纬线相割,与采用单标准纬线相切的办法相比较,其投影变形小而均匀。

4. 我国主要类型地图所采用的地图投影系统(表 2.2)

表 2.2　我国主要类型地图所采用的地图投影系统

地图类型	所用投影	主要技术参数
中国全图	斜轴等面积方位投影 斜轴等角方位投影	投影中心: $j=27°30'\lambda=+105°$ 或 $j=30°30'\lambda=+105°$ 或 $j=35°00'\lambda=+105°$
中国全图 (南海诸岛做插图)	正轴等面积割圆锥投影 (兰勃特等角投影)	标准纬线: $j_1=25°00'$,$j_2=47°00'$
中国分省(自治区)地图 (海南省除外)	正轴等角割圆锥投影 正轴等面积割圆锥投影	各省(自治区)图分别采用 各自标准纬线
中国分省(自治区)地图 (海南省)	正轴等角圆柱投影	
国家基本比例尺 地形图系列 1:100 万	正轴等角割圆锥投影	按国际统一 4°和 6°分幅, 标准纬线:$j_1 \gg j_s+35'$ $j_2 \gg j_n+35'$
国家基本比例尺 地形图系列 1:5 万~1:50 万	高斯-克吕格投影 (6°分带)	投影带号(N):13~23 中央经线: $\lambda_0=(N'6-3)°$
国家基本比例尺 地形图系列 1:5 000~1:2.5 万	高斯-克吕格投影 (3°分带)	投影带号(N):24~46 中央经线: $\lambda_0=(N'3)°$
国家基本比例尺 地形图系列 1:5 万~1:50 万	高斯-克吕格投影 (6°分带)	投影带号(N):11~22 中央经线:$\lambda_0=(N'6-3)°$
城市图系列 1:500~1:5 000	城市平面局域投影或城市 局部坐标的高斯投影	

2.2.4　地图投影的选择

地图投影选择得是否恰当,直接影响地图的精度和使用价值。这里所讲的地图投影选择,主要指中、小比例尺地图,不包括国家基本比例尺地形图。因为国家基本比例尺地形图的投影、分幅等的技术标准,是由国家测绘主管部门研究制定的,不容许任意改变。另外,编制小区域大比例尺地图,无论采用什么投影,变形都是很小的。

选择制图投影的类型时,主要考虑以下因素:制图区域的范围、形状和地理位置,地图的用途、出版方式及其他特殊要求等,其中制图区域的范围、形状和地理位置是主要因素。

对于世界地图,常用的主要是正圆柱、伪圆柱和多圆锥投影。在世界地图中常用墨卡托投影绘制世界航线图、世界交通图与世界时区图。

我国出版的世界地图多采用等差分纬线多圆锥投影,选用这种投影,对于表现中国形状以及与四邻的对比关系较好,但投影的边缘地区变形较大。

对于半球地图,东、西半球图常选用横轴方位投影;南、北半球图常选用正轴方位投影;水、陆半球图一般选用斜轴方位投影。

对于其他的中、小范围的投影选择,须考虑到它的轮廓形状和地理位置,最好是使等变形线与制图区域的轮廓形状基本一致,以便减少图上变形。因此,圆形地区一般适于采用方位投影,在两极附近则采用正轴方位投影,以赤道为中心的地区采用横轴方位投影,在中纬度地区采用斜轴方位投影。在东西延伸的中纬度地区,一般多采用正轴圆锥投影,如中国与美国。在赤道两侧东西延伸的地区,则宜采用正轴圆柱投影,如印度尼西亚。在南北方向延伸的地区,一般采用横轴圆柱投影和多圆锥投影,如智利与阿根廷。

2.3　空间坐标转换

2.3.1　空间坐标转换基本概念

不同来源的空间数据一般会存在地图投影与地理坐标的差异,为了获得一致的数据,必须进行空间坐标的变换。空间坐标转换是把空间数据从一种空间参考系映射到另一种空间参考系中。空间转换有时也称投影变换。投影变换是地图制图的理论基础,主要用来解决换带计算、地图转绘、图层叠加、数据集成等问题。

根据所能获取的空间参考系信息的详尽程度,实现空间坐标转换的具体方法各不相同。那么,对于空间坐标的转换就有两个层面的解释。一是投影的转换,就是说在完成地理坐标值转换的同时,必须完成空间参考框架信息(包括参考椭球、大地基准面以及投影规则)的精确转换。此时,坐标转换的基本要求就是必须获取两种空间参考系的投影信息。二是单纯坐标值的变换,只需要把空间数据的坐标值从一种空间参考系映射到另一种空间参考系中,转换后的空间参考系信息直接采用目标空间参考系信息。此类转换一般通过单纯的数值变换完成,主要应用于无法同时获取两种空间参考系的投影信息。值得注意的是,所建立的数值变换方程一般仅适于当前空间区域,更换空间区域时必须建立新的数值变换公式。

2.3.2　空间直角坐标的转换

对于图 2.14 所示的两个三维空间直角坐标,可以采用七参数坐标转换模型(式 2.4)实现 $O\text{-}X_1Y_1Z_1$ 到 $O\text{-}X_2Y_2Z_2$ 的变换。

$$\begin{bmatrix} X_1 \\ Y_1 \\ Z_1 \end{bmatrix} = \begin{bmatrix} \Delta X \\ \Delta Y \\ \Delta Z \end{bmatrix} + \begin{bmatrix} 1 & \varepsilon_z & -\varepsilon_y \\ -\varepsilon_z & 1 & \varepsilon_x \\ \varepsilon_y & -\varepsilon_x & 1 \end{bmatrix} \begin{bmatrix} X_2 \\ Y_2 \\ Z_2 \end{bmatrix} + m \begin{bmatrix} X_2 \\ Y_2 \\ Z_2 \end{bmatrix} \cdots\cdots \qquad (2.4)$$

式中:ΔX、ΔY、ΔZ 为两个空间直角坐标系坐标原点的平移参数;ε_x、ε_y、ε_z 分别表示绕 X 轴、Y 轴、Z 轴旋转的角度;m 为尺度变化参数。

在七参数坐标转换模型中,如果 ε_x、ε_y、ε_z 为 0 度,$m=1$,此时就是三参数法的坐标轴三次旋转。需要注意的是,式(2.4)转换模型仅适用于 ε_z、ε_y、ε_z 为微小转角的坐标变换。

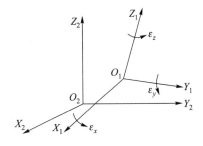

图 2.14　三维空间直角坐标旋转示意图

2.3.3　投影解析转换

1. 同一地理坐标基准下的坐标变换

此时,如果参与转换的空间参考系的投影公式存在严密或近似的解析关系式,就可以建立这两个坐标系的解析关系式。应用所建立的解析关系式,直接计算出当前空间参考系下的空间坐标 (x,y,z) 在另一种空间参考系中的坐标值 (X,Y,Z)。

对于多数投影系统,很难精确推求出它们之间的这种解析关系式。此时,就需要采用间接变换,即先使用坐标反算公式,将由一种投影的平面坐标换算为球面大地坐标:$(x,y) \rightarrow (B,L)$,然后再使用坐标正算公式把求得的球面大地坐标代入另一种投影的坐标公式中,计算出该投影下的平面坐标:$(B,L) \rightarrow (X,Y)$,从而实现两种投影坐标间的变换 $(x,y) \rightarrow (X,Y)$。例如,研究区域恰好横跨两个高斯 - 克吕格投影带,则应将两个投影带坐标统一到同一个投影带上才能实现图幅的拼接,这时就需用采用间接变换法。

2. 不同地理坐标基准下的坐标变换

地理坐标基准的不同,使得两种空间参考系的投影解析式之间很难建立直接的解析关系。所以,此时坐标变换一般要涉及两个内容:一是地理坐标基准的变换;二是坐标值的变换。实现整个坐标转换的基本过程为(以 WGS 84 坐标系和 1980 西安坐标系的转换为例):

①$(B,L)_{84}$ 转换为 $(X,Y,Z)_{84}$,即空间大地坐标到空间直角坐标的转换;

②$(X,Y,Z)_{84}$ 转换为 $(X,Y,Z)_{80}$,坐标基准的转换,即参考椭球转换。该过程可以通过 2.3.2 所叙述的七参数或简化三参数法实现;

③$(X,Y,Z)_{80}$ 转换为 $(B,L)_{80}$,把空间直角坐标转换到空间大地坐标;

④$(B,L)_{80}$ 转换为 $(X,Y)_{80}$,通过高斯 - 克吕格投影公式计算出高斯平面坐标值。

不同地理坐标基准下的坐标变换,最大难点在于第②步涉及转换参数。由于各地的重力值等各种因素的影响,不同地理坐标基准之间很难确定一套适合全区域且精度较好的转换参数。通行的做法是:在工作区内找三个以上的已知点,利用最小二乘配置法求解七参数。若多选几个已知点,通过平差的方法可以获得较好的精度。

2.3.4 数值拟合转换

如果无法获取参与坐标转换的空间参考系的投影信息,可以采用下面叙述的单纯数值变换的方法实现坐标变换。

1. 多项式拟合变换

根据两种投影在变换区内的已知坐标的若干同名控制点,采用插值法,或有限差分法、有限元法、待定系数最小二乘法,实现两种投影坐标之间的变换。这种变换公式为

$$\begin{cases} X = \displaystyle\sum_{i=0}^{m} \sum_{j=0}^{m-i} a_{ij} x^i y^j \\ Y = \displaystyle\sum_{i=0}^{m} \sum_{j=0}^{m-i} b_{ij} x^i y^j \end{cases} \tag{2.5}$$

如取 $m = 3$ 时,有

$$\begin{cases} X = a_{00} + a_{10}x + a_{01}y + a_{20}x^2 + a_{11}xy + a_{02}y^2 + a_{30}x^3 + a_{21}x^2y + a_{12}xy^2 + a_{03}y^3 \\ Y = b_{00} + b_{10}x + b_{01}y + b_{20}x^2 + b_{11}xy + b_{02}y^2 + b_{30}x^3 + b_{21}x^2y + b_{12}xy^2 + b_{03}y^3 \end{cases} \tag{2.6}$$

为了解算以上三次多项式,需要在两种投影间选定相应的 10 个以上控制点,其坐标分别为 x_i、y_i 和 X_i、Y_i,按最小二乘法组成法方程,并解算该方程组,得系数 a_{ij}、b_{ij},这样就可确定一个坐标变换方程,由该方程对其他待变换点进行坐标转换。也有人把这种坐标转换法称作待定系数法。

2. 数值-解析变换

数值-解析变换先采用多项式逼近的方法确定原投影的地理坐标,然后将所确定的地理坐标代入新投影与地理坐标之间的解析式中,求得新投影的坐标,从而实现两种投影之间的变换。多项式逼近形式为

$$\begin{cases} \varphi = \displaystyle\sum_{i=0}^{n} \sum_{j=0}^{n} a_{ij} x^i y^i \\ \lambda = \displaystyle\sum_{i=0}^{n} \sum_{j=0}^{n} b_{ij} x^i y^i \end{cases} \quad \cdots\cdots (i+j \leqslant n)$$

式中:n 为多项式的次数。

2.4 空间尺度

人们在观察、认识自然现象、自然过程以及各种社会经济问题时,往往需要从宏观到微观,从不同高度、视角来观察、认识。尺度不同、角度不同、分辨率不同很可能得到不同的印象、认识或结果。例如,研究全球变化、气候变迁、海洋水汽作用时要把整个地球作为一个动力系统来考虑,需要宏观尺度;研究土地利用变化、控矿构造矿产探测时则需要较小的尺度范围;研究股市行情、金融态势时一般要用宏观的大尺度与区域的小尺度相结合等。如何从不同视角、从宏观或中观或微观的尺度来观察、认识自然现象、自然过程或社会经济事件,获取有关数据、信息,进而分析

评价它们,为规划决策、解决问题服务,已成为人们认识自然、认识社会、改造自然,促进社会经济进步、发展的重要论题。

所谓尺度(scale),在概念上是指研究者选择观察(测)世界的窗口。选择尺度时必须考虑观察现象或研究问题的具体情况。通常很难有一种确定的方法可以简便地选择一种理想的窗口(尺度),也不太可能以一种窗口(尺度)就能全面而充实地研究复杂的地理空间现象和过程,或者各种社会现象。在不同的学科、不同的研究领域会涉及不同的形式和类型的尺度问题,还会有不同的表述方式和含义。例如,在测绘学、地图制图学和地理学中通常把尺度表述为比例尺,在数学、机械学、电子学、光学、通信工程等学科中又往往把尺度表述为某种测量工具(measuring tool)或滤波器(filter),在航空摄影、遥感技术中尺度则往往相应于空间分辨率(spectral resolution)。又例如在进行空间分析时,从获取信息到数据处理、分析往往会涉及四种尺度问题,即观测尺度、比例尺、分辨率、操作尺度,如图 2.15 所示,并且这些尺度之间是紧密相关的。

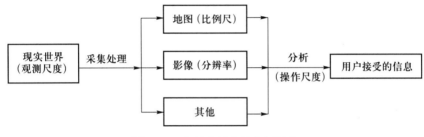

图 2.15 空间分析中的空间尺度

41

2.4.1 观测尺度

是指研究的区域大小或空间范围。认识或观察地理空间事物及其变化时一般需要更大的范围,即大尺度(地理尺度)研究覆盖范围较大的区域,如一个国家、亚太地区,而研究城市分布及其扩展可用中尺度或小尺度。

2.4.2 比例尺

1. 地图比例尺的意义

要把地球表面多维的景物和现象描写在二维有限的平面图纸上,必然遇到大与小的矛盾。解决矛盾的办法就是按照一定数学法则,运用符号系统,经过制图概括,将有用信息缩小表示。

当制图区域比较小、景物缩小的比率也比较小时,由于采用了各方面比较小的地图投影,因此图面上各处长度缩小的比例都可以看成是相等的。这种情况下,地图比例尺的含义,具体指的是图上长度与地面之间的长度比例。

当制图区域相当大,制图时对景物的缩小比率也相当大时,在这种情况下所采用的地图投影比较复杂,地图上的长度变形也因地点和方向不同有所变化。在这种地图上所注明的比例尺含义,其实质是在进行地图投影时,对地球半径缩小的比率,通常称之为地图主比例尺。地图经过投影后,体现在地图上只有个别的点或线才没有长度变形。换句话说,只有在这些没有长度变形的点或线上,才可以用地图上注明的主比例尺进行量算。

2. 地图比例尺的表示

传统地图上的比例尺通常有以下几种表现形式:数字比例尺、文字比例尺、图解比例尺等:

(1) 数字比例尺:即用阿拉伯数字表示。例如:1:100 000(或简写作1:10万)。

(2) 文字比例尺:用文字注解的方法表示。例如:"百万分之一"或"图上1 cm相当于实地10 km"。

(3) 图解比例尺:用图形加注记的形式表示的比例尺。图解式主要包括:直线比例尺、斜分比例尺和复式比例尺。

随着数字地图的出现,地图比例尺出现了与传统比例尺系统相对而言的一个新概念,即无级比例尺。无级比例尺没有一个具体的表现形式。在数字制图中,由于计算机里存储了物体的实际长度、面积、体积等数据,并且根据需要可以很容易按比例任意缩小或放大这些数据,因此没有必要将地图数据固定在某一种比例尺上,因此称之为无级比例尺。

2.4.3 分辨率

图像分辨率简单说来是成像细节分辨能力的一种度量,也是图像中目标细微程度的指标,它表示景物信息的详细程度。对"图像细节"的不同诠释会对图像分辨率有不同的理解,对细节不同侧面的应用就可以得到图像不同侧面的度量。对图像光谱细节的分辨能力表达用光谱分辨率(spectral resolution);把对同一目标的序列图像成像的时间间隔称为时间分辨率(temporal resolution);而把图像目标的空间细节在图像中可分辨的最小尺寸称为图像的空间分辨率(spatial resolution)。

与图像空间分辨率有密切关系的是地面像元分辨率,地面像元分辨率是遥感仪器所能分辨的最小地面物体大小。有人用分辨率单元(resolution cell,一个像元对应目标物的大小或最小面积)来表达数字图像的空间分辨率。但经离散和量化的数字图像由于在图像离散化过程中对图像进行了采样,原图像的分辨能力不一定被保持,一般只会下降。同时,两个相邻离散像元对应在目标物空间可能不仅没有任何重叠,而且对应的区域可能会是分离的。因此,数字图像的空间分辨率应该通过离散的像元之间所能分辨的目标物细节的最小尺寸或对应目标物空间中两点之间的最小距离表达,如图2.16所示。

图2.16 分辨率与空间对象的关系

2.4.4 操作尺度

操作尺度是指对空间实体、现象的数据进行处理操作时应采用的最佳尺度,不同操作尺度影响处理结果的可靠程度或准确度。

例如在图 2.17 中,右侧为不同城市尺度下的建筑物及其街道附近的兴趣点,左侧则为基于这些兴趣点分别在街道尺度、街区尺度、区县尺度和新城旧城尺度下生成的兴趣点三维密度图。从图中可以看出,采用不同的尺度参数,分析得到的密度结果也各不相同。

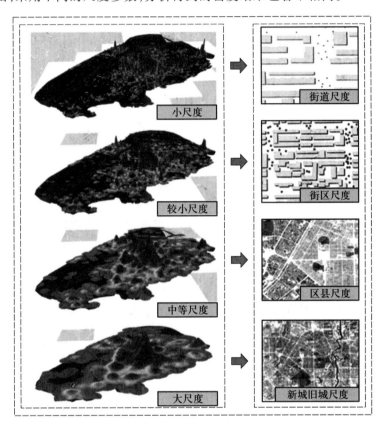

图 2.17 同一兴趣点数据分析得到不同尺度的密度表面结果

2.5 地 理 格 网

常规地图在按区域储存和表达空间信息方面有着一套完整的规则,这套规则被称为空间区域框架方法,常被地理信息系统在组织空间数据以建立数据库时所借鉴。任何地图都提供一个空间区域框架,概括起来可以分为自然区域框架、行政区域框架、自然-行政综合区域框架和地理格网区域框架。由于地理格网区域框架规定的有相应投影方式和坐标系统,以及有固定的地理坐标范围作为基本区域框架和相应的命名方式,所以国家出版的基础地图-地形图都是以地理格网区域框架作为储存和表达空间数据的基础。而一般的专题地图,或是以所研究的自然区域、或以自然-行政综合区域为区域框架,它们属于非固定(非标准)的区域框架。空间区域框架也是保证各专业、各层次和各区域地理信息的相互匹配、交换和数据共享,达到综合分析评价目的的基础,是信息采集、储存、提取的共同基础。地图投影和地理格网坐标系统就是这个框架的重要组成部分。

2.5.1 地理格网标准

我国于 2009 年发布的国家标准《地理格网》(GB/T 12409—2009)进一步规定了我国采用的地理系统的划分规则和代码,形成了一整套科学的格网体系,系统性强。所规定的 5 级经纬坐标格网系统和 6 级直角坐标系格网系统的划分为国际、国内与地理空间分布有关的信息资源的共享确定了一致的原则与统一的代码,是一项重要的国家基础标准,具有较高的科学性和合理性。这三种格网系统划分明确,代码唯一,既考虑到国际上有关信息交换的需要,又兼顾了国内不同领域内的应用要求,实用性强,便于实施。格网的分级与代码设计合理,充分考虑到发展的需要,便于细化与扩充使用,具有较好的扩展性和先进性。

1. 地理格网的含义

地理格网是指按一定的数学规则对地球表面进行划分而形成的格网。有人认为地理格网是地图分幅的代名词,并赋予"国土控制格网"的名称;有人认为地理格网是地球特定区域某种属性的统计单位,而常称之为"地理定位格网"。但不论是"控制格网"或者是"定位格网"的说法,都曾造成某些误解,使有的部门牵强附会地引用这个标准去表示现状分布的地理要素。为避免误解,国家标准最后定名为"地理格网"。

2. 格网划分体系

地理格网可以按经纬度坐标系统划分(称之为地理坐标格网),也可以按直角坐标系统划分(称之为直角坐标格网)。两者各有其用处,也各具有缺点。地理坐标格网体系着眼于全球范围宏观研究的需要,其优点是便于进行大区域乃至全球性的拼接,它不随投影系统的选择而改变格网的位置,但这种格网所对应的实地大小不均匀,高纬度地区较小,低纬度地区较大。我国领土所覆盖的面积较大,这种差别尤为明显。直角坐标格网体系着眼于现实世界大量系统和数据生产单位实际采用直角坐标系的客观需求。因直角坐标格网具有实地格网大小均匀的优点,它在局部的小区域是可行的。但直角坐标格网所对应的实地位置将随选用的地图投影的不同而改变。若采用高斯投影的 6° 带进行分割,则在分带的边缘会产生许多不完整的网格,无法进行全国性的整体拼接。然而这两种划分体系都可以互相转换(只是转换的派生数据较原生数据精度略差)。因此国家标准确认了这两种划分体系并存。

3. 格网系统

国家标准《地理格网》(GB/T 12409—2009)规定了我国采用的格网系统的分级标准。

(1)经纬坐标格网系统:经纬坐标格网按照经、纬差分级,以 1 度经、纬差格网作为分级和赋予格网代码的基本单元,代码由 5 类元素组成:象限代码、格网间隔代码、间隔单位代码、经纬度代码和格网代码。经纬坐标格网的分级规则为:各层级的格网间隔为整数倍数关系,同级格网单元的经差、纬差间隔相同。经纬坐标格网基本层级分为 5 级。它的分级如表 2.3 所示。

表 2.3　经纬坐标格网 5 级格网系统的分级

格网间隔	1°	10′	1′	10″	1″
格网名称	一度格网	十分格网	分格网	十秒格网	秒格网

（2）直角坐标格网系统：这是将地球表面按数学法则投影到平面上，再按一定的纵横坐标间距和统一的坐标原点对其进行划分而构成的多级地理格网系统，主要适用于表示陆地和近海地区进行规划、设计、施工等应用需要的地理信息。直角坐标格网采用高斯-克吕格投影，基本层级分为 5 级，它的分级如表 2.4 所示。

表 2.4　直角坐标格网系统的分级（据蒋景瞳等，1999）

格网间隔/m	100 000	10 000	1 000	100	10	1
格网名称	百千米格网	十千米格网	千米格网	百米格网	十米格网	米格网

4. 格网设计原则

《地理格网》标准的设计遵循如下原则。

（1）科学性：地理格网按照地理象限、经纬度或直角坐标进行划分，这三种格网系统可以相互转换，具有严格的数学基础。

（2）系统性：三种格网的分级各呈一定的比例关系，构成完整的系列，便于组成地区的、国家的或全球的格网体系。

（3）实用性：格网的划分，充分考虑不同用户需要及现行的测绘基础，设计了三种系统的多级格网，以满足不同精度要求，便于用户选择。

（4）可扩展性：格网的分级与编码设计，充分考虑了发展的需要，使得进一步细分时能在本标准的基础上进行扩充而不必改变原有的划分体系。

2.5.2　区域划分标准

根据区域管理、规划和决策的需要，在建立区域或专业地理信息系统时，有必要将整个区域划分成若干种区域多边形，作为信息存储、检索、分析和交换的控制单元，也可以作为空间定位的统计单元，这就要求系统设计要规定统一的区域多边形控制系统，并规定各种多边形区域的界线、名称、类型和代码。

1. 区域多边形系统的含义及其划分原则

（1）区域多边形系统的含义

地球上各种地理要素都是按一定的空间位置在一定范围内分布的，这些不同性质的范围形成各种各样的区域，每种区域都有它明确或模糊的边界。这种界线或者是由地理要素自然分布的现象所确定的，如大陆、水域、矿产分布范围；也可能是因管理和发展需要而划分的，如行政区、经济区；也可以是二者共同决定的，如自然保护区。这些区域在实地表现为多种多样，按一定数字法则反映在地图上时，是作为地理信息源，它表现为各种形状的多边形结构。可见多边形系统的含义是指由点、线、面等图形元素为基础所形成的空间数据的组织系统。多边形大致有两大类型，一是按照地理要素分布自身的质量特征，可以划分为诸如土地利用类型的耕地、园地、林地等，这些都是由各自组成要素的不同图斑而构成的多边形；二是按照综合的自然和社会要素，并考虑到管理、规划和决策需要，而划分为不同的区域多边形。

（2）区域多边形划分的原则

不同区域多边形的划分可以不同，但划分要遵循一定的原则。其中如下方面是必须考虑的基本原则：

① 区域多边形的选择必须和我国历史上长期形成的信息收集、统计和分析单元相一致，这样才能充分应用历史上丰富的信息资源。

② 区域多边形的选择必须和国家现行管理制度相一致，这样才能充分发挥其应用效益，保证信息更新的连续性。

③ 区域多边形的选择要充分考虑到国家今后在资源开发、环境保护方面的发展需要，这样才能为区域管理、规划和决策提供科学依据。

④ 区域多边形的设计要与格网系统的设计相适应，这样才能保证在一定精度的前提下便于相互变换。

⑤ 区域多边形的设计必须充分考虑到它们的相对稳定性，使其具有修改、合并和上下延伸的可能性。

⑥ 区域多边形的设计必须充分考虑到用户查询检索信息和进行分析决策的基本单元、途径和使用频率等。

2. 行政分区

根据国家标准《中华人民共和国行政区划代码》（GB/T 2260—2007）规定，以县级（市辖区、地辖市和省直辖县级市、旗）为基本单元，包括县（市辖区、地辖市、省直辖县级市、旗）、地区（州、省辖市、盟）、省（自治区、中央直辖市）和国家四级，而且对县级以上的行政单元都进行了严格和科学的编码。县以下行政区的代码可以根据国家标准《县以下行政区划代码编制规则》（GB/T 10114—2003）自行编制。

3. 综合自然分区

根据国家标准《国土基础信息数据分类与代码》（GB/T 13923—2016）规定，基础地理信息数据分为测量控制点、水系、居民地与建筑物、交通、管线与附属设施、境界、地貌、植被与土质等8大类，每个大类又划分为若干小类，并都分别以代码予以替代。分类代码由六位数字码组成，其结构如下：

如图 2.18 所示，左起第一位为大类码，第二位为二类码，在一类码的基础上细分形成类别要素。左起第三、四位为小类码，最后两位则为子类码。

关于自然分区的国家标准，还有《中国植物分类与代码》（GB/T 14467—1993）、《林业资源分类与代码（森林类型）》（GB/T 14721—2010）、《中国土壤分类与代码》（GB/T 17296—2009）、《地下水资源分类分级标准》（GB/T 15218—1994）等。

图 2.18　综合自然分区分类代码

4. 管理分区

关于管理分区,已发布的国家标准主要有《铁路车站站名代码》(GB/T 10302—2010)、《公路桥梁命名编号和编码规则》(GB/T 11708—1989)、《城市地理要素、城市道路、道路交叉口、街坊、市政工程管线编码结构规则》(GB/T 14395—2009)等。例如,邮政分区标准中,把全国邮政分为省(直辖市、自治区)、邮区、邮局、支局和投递局五级,并进行全国统一编码。邮政编码采用四级六位数的编码结构,前两位数字表示省(直辖市、自治区);前三位数字表示邮区;前四位数字表示县(市);最后两位数字表示投递局。例如邮编 226156 表示江苏省南通市海门市某投递局。

2.5.3 国家基本比例尺地形图标准

我国把 1:1 万、1:2.5 万、1:5 万、1:10 万、1:25 万、1:50 万、1:100 万 7 种比例尺作为国家基本地图的比例尺系列。其中地形图是基础地图,它的编绘都有统一的大地控制基础、统一的地图投影和统一的分幅编号;其作业严格按照测图规范、编图规范和图式符号进行。

1. 地形图的分幅

地图有两种分幅形式:矩形分幅和经纬线分幅。每幅图的图廓都是一个矩形,因此相邻图幅是以直线划分的。矩形的大小多根据纸张和印刷机的规格而定。

地图的图廓是由经纬线构成的,故各国地形图都采用经纬线分幅. 我国的基本比例尺地图也是以经纬线分幅制作的。根据国家标准《国家基本比例尺地形图分幅和编号》(GB/T 13989—2012)规定,我国基本比例尺地形图均以 1:100 万地形图为基础,按规定的经差和纬差划分图幅。其中,1:100 万地形图的分幅采用国际 1:100 万地图分幅标准。每幅 1:100 万地形图的范围是经差 6°、纬差 4°;纬度 60°~76° 为经差 12°、纬差 4°;纬度 76°~88° 之间经差 24°、纬差 4°。我国范围内百万分之一地图都是按经差 6°,纬差 4° 分幅的。

每幅 1:100 万地形图划分为 2 行 2 列,共 4 幅 1:50 万地形图,每幅 1:50 万地形图的范围是经差 3°,纬差 2°。各比例尺地形图的经纬差、行列数和图幅数成简单的倍数关系(表 2.5)。

表 2.5　地形图的经纬差、行列数及图幅数

比例尺		1/100 万	1/50 万	1/25 万	1/10 万	1/5 万	1/2.5 万	1/1 万	1/5 000
图幅范围	经度	6°	3°	1°30′	30′	15′	7′30″	3′45″	1′52.5″
	纬度	4°	2°	1°	20′	10′	5′	2′30″	1′15″
行列数	行数	1	2	4	12	24	48	96	192
	列数	1	2	4	12	24	48	96	192
图幅数量关系		1	4	16	144	576	2 304	9 216	36 864
			1	4	36	144	576	2 304	9 216
				1	9	36	144	576	2 304
					1	4	16	64	576
						1	4	16	64
							1	4	16
								1	4

2. 地形图的编号

（1）1∶100 万地形图的编号

这种地形图的编号为全球统一分幅编号。

行数：由赤道起向南北两极每隔纬差 4° 为一行，直到南北 88°（南北纬 88°至南北两极地区，采用极方位投影单独成图），将南北半球各划分为 22 行，分别用拉丁字母 A、B、C、D、…、V 表示。

列数：从经度 180°起向东每隔 6°为一列，绕地球一周共有 60 列，分别以数字 1、2、3、4、…、60 表示。

由于南北两半球的经度相同，规定在南半球的图号前加一个 S，北半球的图号前不加任何符号。一般来讲，把行数的字母写在前，列数的数字写在后。例如北京所在的一幅百万分之一地图的编号为 J50（如图 2.19 所示）。

由于地球的经线向两极收敛，随着纬度的增加，同是 6°的经差但其纬线弧长已逐渐缩小，因此规定在纬度 60°~76°间的图幅采用双幅合并（经差为 12°，纬差为 4°）；在纬度 76°~88°间的图幅采用四幅合并（经差为 24°，纬差为 4°）。这些合并图幅的编号，行数不变，列数（无论包含两个或四个）并列写在其后。例如北纬 80°~84°，西经 48°~72°的一幅百万分之一的地图编号应为 U-19、20、21、22。

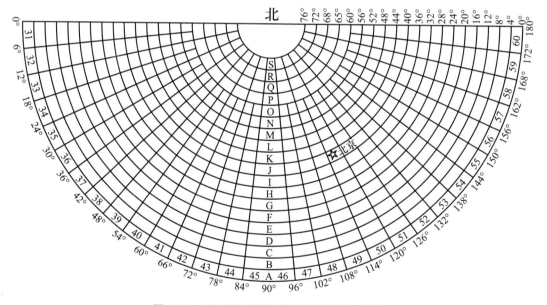

图 2.19　100 万地形图的分幅和编号（北半球）

（2）1∶1 000 000~1∶5 000 比例尺地图编号

由于历史原因，我国地形图的编号在 20 世纪 90 年代以前很不统一，20 世纪 90 年代以后 1∶1 000 000 ~ 1∶5 000 地形图的编号均以 1∶1 000 000 地形图编号为基础，采用行列编号的方法。将 1∶1 000 000 万地形图按所含各比例尺地形图的经差和纬差划分成若干行和列，横行从上到下、纵列从左到右按顺序分别用三位阿拉伯数字（数字码）表示，不足三位者前面补零，取行号在前、列号在后的排列形式标记；各种比例尺地形图分别采用不同的字符作为其比例尺代码

（表 2.6）。1∶500 000 ~ 1∶5 000 地形图的图号均由其所在 1∶1 000 000 地形图的图号、比例尺代码和本图幅在 1∶1 000 000 图中的行列号共 10 位号码组成。如图 2.20 所示。

表 2.6　比例尺代码

比例尺	1∶500 000	1∶250 000	1∶100 000	1∶50 000	1∶25 000	1∶10 000	1∶5 000
代码	B	C	D	E	F	G	H

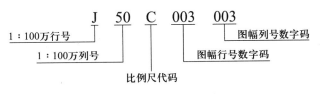

图 2.20　地形图编号

专业术语

大地水准面、大地体、地球椭球、椭球定位、天文地理坐标系、大地地理坐标系、空间直角坐标系、高斯-克吕格平面直角坐标系、地方独立平面直角坐标系、高程基准、深度基准、地图投影、高斯-克吕格投影、通用横轴墨卡托投影、兰勃特等角投影、空间坐标转换、空间尺度、地理格网

49

复习思考题

一、思考题（基础部分）

1. 地球表面、大地水准面及地球椭球面之间的关系是什么？
2. 地理空间数据的描述有哪些坐标系？ 相互的关系是什么？
3. 采用大地坐标与地心坐标表述地面上一点的位置各有什么优缺点？
4. 高斯投影的变形特征是什么？ 它为什么常常被用作大比例尺普通地图的地图投影？
5. UTM 与兰勃特等角投影的主要特点与适用性是什么？
6. 在数字地图中，地图比例尺在含义与表现形式上有哪些变化？
7. 如何进行不同高程基准下的高程转换？
8. 除地形分幅外，谈谈还有何种地理空间框架。 它们如何进行编码？
9. GPS 数据如何与地图数字化数据进行集成？
10. 选择投影需要考虑哪些因素？ 如果要制作 1∶10 万的土地利用图，该选何种类型的地图投影？

二、思考题（拓展部分）

1. 试说明地球表面的磁偏角什么地方等于 0°、90°、180°、大于 90°、小于 90°。
2. 试分析，经纬度为什么采用 60 进制而不是 10 进制。
3. 数字地图的出现对传统地图的概念与应用方式产生哪些影响？
4. 地图比例尺与空间分辨率之间的关系是什么？
5. 编程实现我国 1980 西安坐标系和 1954 北京坐标系的坐标转换。

第3章 空间数据模型

为了能够利用地理信息系统工具解决现实世界中的问题，首先必须将复杂的地理事物和现象简化和抽象到计算机中进行表示、处理和分析。本章从空间认知的角度阐述了对现实世界进行抽象建模的过程，其结果就是空间数据模型；空间数据模型可以归纳为概念模型、逻辑模型和物理模型三个层次。空间数据的概念模型包括：① 场模型，用于描述空间中连续分布的现象；② 对象模型，用于描述各种离散的空间地物；③ 网络模型，可以模拟现实世界中强调交互关系的各种网络；④ 时空模型，用于对地理对象或现象的时间特征进行建模；⑤ 多维模型，用于对三维及其以上维度的地理问题进行建模。空间数据的逻辑模型是实现空间数据概念模型到空间数据物理模型的桥梁，并不关注具体的物理实现，而是具体地表达实体的集合并确定实体之间的关系。空间数据物理模型则是概念模型在计算机内部具体的存储形式和操作机制，即在物理磁盘上如何存放和存取，是系统抽象的最底层。

3.1 地理空间与空间抽象

3.1.1 地理空间与空间实体

在地理学上，地理空间（geographic space）是指地球表面及近地表空间，是地球上大气圈、水圈、生物圈、岩石圈和土壤圈交互作用的区域，地球上最复杂的物理过程、化学过程、生物过程和生物地球化学过程就发生在该区域。在地理空间中存在复杂的空间事物或地理现象，它们可能是物质的，也可能是非物质的，如山脉、水系、土地类型、城市分布、资源分布、道路网系统、环境变迁等。地理空间中的这些空间事物或地理现象就代表了现实世界；而地理信息系统即是人们通过对各种各样的地理现象的观察抽象、综合取舍，编码和简化，以数据形式存入计算机内进行操作处理，从而达到对现实世界规律进行再认识和分析决策的目的。地理空间实体就是对复杂地理事物和现象进行简化抽象得到的结果，简称空间实体，它们的一个典型特征是与一定的地理空间位置有关，都具有一定的几何形态、分布状况，以及相互关系。空间实体具有4个基本特征：空间位置特征、属性特征、时间特征和空间关系特征。

（1）空间位置特征：表示空间实体在一定的坐标系中的空间位置或几何定位，通常采用地理坐标的经纬度、空间直角坐标、平面直角坐标和极坐标等来表示。空间位置特征也称为几何特征，包括空间实体的位置、大小、形状和分布状况等。

（2）属性特征：也称非空间特征或专题特征，是与空间实体相联系的、表征空间实体本身性质的数据或数量，如实体的类型、语义、定义、量值等。属性通常分为定性和定量两种：定性属性包括名称、类型、特性等;定量属性包括数量、等级等。

（3）时间特征:指空间实体随着时间变化而变化的特性。空间实体的空间位置和属性相对于时间来说,可能会存在空间位置和属性同时变化的情况,如旧城区改造中,房屋密集区拆迁新建商业中心。也存在空间位置和属性独立变化的情况,即空间实体的空间位置不变,但属性发生变化,如土地使用权转让。或者属性不变而空间位置发生变化,如河流的改道。

（4）空间关系特征:在地理空间中,空间实体一般都不是独立存在的,而是相互之间存在着密切的联系。这种相互联系的特性就是空间关系。空间关系包括拓扑关系(topological spatial relation)、顺序关系(order spatial relation)和度量关系(metric spatial relation)等。

3.1.2　空间认知和抽象

地理信息系统作为对地理空间事物和现象进行描述、表达和分析的计算机系统,首先必须将现实世界描述成计算机能理解和操作的数据形式。空间数据模型是对现实世界进行认知、简化和抽象表达,并将抽象结果组织成有用、能反映现实世界真实状况数据集的桥梁,是地理信息系统的基础。

由于地理空间事物和现象的复杂性和人们认识地理空间在观念或方法上的不同,地理信息系统对空间实体的抽象方式也存在一定的差别,或者说不同的学科或部门可能对地理空间按照各自的认识和思维方式来构造不同的模型。

国际标准化组织(ISO)的地理信息标准化技术委员会(TC211)制定了对地理空间认知的概念模式,规范以数据管理和数据交换为目的的地理信息基本语义和结构,准确描述地理信息,规范管理地理数据,促进人们对地理空间信息有一个统一的认知和一致的使用方法,促进地理信息系统的互操作性。基本思路为:确定地理空间领域—建立概念模式(概念建模)—构成既方便人们认知又适合计算机解释和处理的实现模型。为了简单、明晰地描述 GIS 抽象过程,我们通过分析研究,归纳为三个层次来进行抽象,如图 3.1 所示。

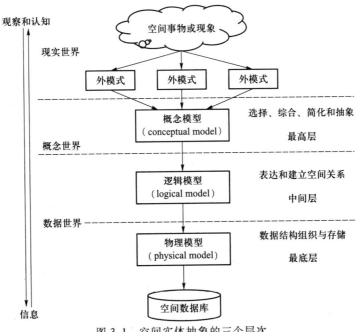

图 3.1　空间实体抽象的三个层次

人们首先对地理事物进行观察,认知其类型、特征、行为和关系,再对它进行分析、判别归类、简化、抽象和综合取舍。对于同一空间目标,由于人们对其兴趣点不同,观察视点和尺度不同,分析和抽象的结果也不尽相同。例如对一栋建筑物,在宏观的尺度或小比例尺下去观察,将会和整个城市一起被简化为一个点,而在小范围或大比例尺下得到的抽象结果,则是完整的三维建筑物或其投影多边形。在对现实世界进行抽象、描述和表达之后,逐步得到概念模型,进而转换为空间数据的逻辑模型和物理模型。

概念模型(conceptual model)是地理空间中地理事物与现象的抽象概念集,是地理数据的语义解释,从计算机系统的角度来看,它是系统抽象的最高层。构造概念模型应该遵循的基本原则是:语义表达能力强,作为用户与 GIS 软件之间交流的形式化语言,应易于用户理解(如 ER 模型);独立于具体计算机实现;尽量与系统的逻辑模型保持统一的表达形式,不需要任何转换,或者容易向逻辑模型转换。

逻辑模型(logical model)是 GIS 描述概念模型中实体及其关系的逻辑结构,是系统抽象的中间层。它是用户通过 GIS(计算机系统)看到的现实世界地理空间。逻辑模型的建立既要考虑用户易理解,又要考虑易于物理实现,易于转换成物理模型。通常所称的空间数据模型其实是空间数据的逻辑模型。

物理模型(physical model)是概念模型在计算机内部具体的存储形式和操作机制,即在物理磁盘上如何存放和存取,是系统抽象的最底层。

空间数据结构是在空间数据的逻辑模型和物理模型之间,对逻辑模型描述的空间数据进行合理组织,是空间数据的逻辑模型映射为物理模型的中间媒介。

3.2 空间数据的概念模型

空间数据的概念模型是人们基于对现实世界的认识,对特定的地理环境进行抽象和综合表达,得到的既容易为人所理解,又便于由计算机实现的语义模型。地球表面上的各种地理现象和物体错综复杂,用不同的方法或从不同的角度对地理空间进行认知和抽象,可能产生不同的概念模型。许多方法局限于某一范围或反映地理空间的某一侧面,因此,概念模型只能体现地理空间的某一方面。根据 GIS 数据组织和处理方式,目前地理空间数据的概念模型主要有对象模型、场模型、网络模型、时空模型和多维模型等,图 3.2 所示为最常用的概念模型。建筑物、树木等设施(图 3.2a)可以用对象模型表达。地形(图 3.2b)、污染物扩散等可以采用场模型表达。道路(图 3.2c)、管道等通常以网络模型表达。车的轨迹(图 3.2d)、高频次的监测数据可以用时空模型表达。

(a) 对象模型　　　　(b) 场模型　　　　(c) 网络模型　　　　(d) 时空模型

图 3.2　空间数据的概念模型

3.2.1　对象模型

对象数据模型(object data model),简称对象模型,也称作要素(feature)模型,将研究的整个地理空间看成一个空域,地理现象和空间实体作为独立的对象分布在该空域中。按照其空间特征分为点、线、面、体4种基本对象,对象也可能与其他对象构成复杂对象,并且与其他分离的对象保持特定的关系,如点、线、面、体之间的拓扑关系。每个对象对应着一组相关的属性以区分各个不同的对象。

对象模型强调地理空间中的单个地理现象。任何现象,不论大小,只要能从概念上与其相邻的其他现象分离开来,都可以被确定为一个对象。对象模型一般适合于对具有明确边界的地理现象进行抽象建模,如建筑物、道路、公共设施和管理区域等人文现象及湖泊、河流、岛屿、森林等自然现象,因为这些现象可被看作离散的单个地理对象。

对象模型把地理现象当作空间要素(feature)或空间实体(entity)。一个空间要素必须同时符合三个条件:① 可被标识;② 在观察中的重要程度;③ 有明确的特征且可被描述。实体可按空间、时间和非空间属性以及与其他要素在空间、时间和语义上的关系来描述。例如,在图 3.3 中,现实世界中的城市所包含的空间要素类型众多,但是,采用对象模型进行建模时,只对认为重要的、并可被标识的部分要素进行建模,建模过程中,也是选取每个对象的主要特征进行表达。道路可以用线要素表达,建筑物可以用面要素表达,树木和路灯等实体则可以使用点要素表达。如果需要,建筑物还可能采用体要素表达。然而,这并不意味着建筑物只能用面或体要素表达,如在导航电子地图中,建筑物可能以兴趣点的形式进行表达并用于空间定位。

53

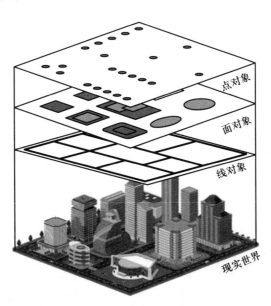

图 3.3　对象模型对空间要素的基本表达方式

3.2.2 场模型

场数据模型(field data model),简称场模型,也称作域模型,是把地理空间中的现象作为连续的变量或体来看待,如大气污染程度、地表温度、土壤湿度、地形高度、大面积空气和水域的流速和方向等。根据不同的应用,场可以表现为二维或三维的。一个二维场就是在二维空间 $\mathbf{R}^2$ 中任意给定的一个空间位置上,都有一个表现某现象的属性值,即 $A = f(x, y)$。一个三维场是在三维空间 $\mathbf{R}^3$ 中任意给定一个空间位置上,都对应一个属性值,即 $A = f(x, y, z)$。一些现象如大气污染的空间分布本质上是三维的,但为了便于表达和分析,往往采用二维空间来表示。

由于连续变化的空间现象难以观察,所以在研究实际问题时,往往在有限时空范围内获取足够高精度的样点观测值来表征场的变化。在不考虑时间变化时,二维空间场一般采用6种具体的场模型来描述,如图3.4所示。

(1)规则分布的样点(图3.4b):在平面区域布设数目有限、间隔固定且规则排列的样点,每个样点都对应一个属性值,其他位置的属性值通过线性内插方法求得。

(2)不规则分布的样点(图3.4c):在平面区域根据需要自由选定样点,每个样点都对应一个属性值,其他任意位置的属性值通过克里金内插、距离倒数加权内插等空间内插方法求得。

(3)规则格网(图3.4d):将平面区域划分为规则的、间距相等的矩形区域,每个矩形区域称作格网单元(grid cell)。每个格网单元对应一个属性值,而忽略格网单元内部属性的细节变化。

(4)不规则格网(图3.4e):将平面区域划分为简单连通的多边形区域,每个多边形区域的边界由一组样点所定义;每个多边形区域对应一个属性常量值,而忽略区域内部属性的细节变化。

(5)不规则三角形(图3.4f):将平面区域划分为简单连通三角形区域,三角形的顶点由样点定义,且每个顶点对应一个属性值;三角形区域内部任意位置的属性值通过线性内插函数得到。

(6)等值线(图3.4g):用一组等值线 $C_1, C_2, \cdots, C_n$,将平面区域划分成若干个区域。每条等值线对应一个属性值,两条等值线中间区域任意位置的属性是这两条等值线的连续插值。

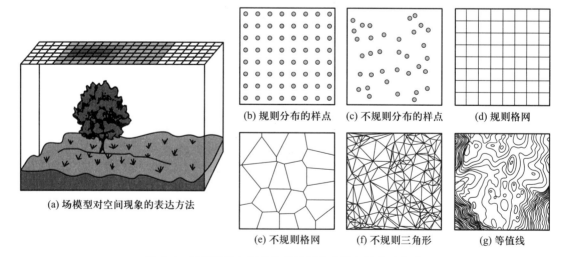

(a)场模型对空间现象的表达方法　(b)规则分布的样点　(c)不规则分布的样点　(d)规则格网　(e)不规则格网　(f)不规则三角形　(g)等值线

图3.4　场模型对空间现象的建模方式及主要表示方法

3.2.3　网络模型

　　网络数据模型(network data model),简称网络模型,它与对象模型的某些方面相同,都是描述不连续的地理现象,不同之处在于它需要考虑通过路径相互连接多个地理现象之间的连通情况。网络是由欧氏空间中的若干点及它们之间相互连接的线(段)构成,亦即在地理空间中,通过无数"通道"互相连接的一组地理空间位置。现实世界许多地理事物和现象可以构成网络,如公路,铁路,通信线路,管道,自然界中的物质流、能量流和信息流等,都可以表示成相应的点之间的连线,由此构成现实世界中多种多样的地理网络。

　　由于网络是由一系列结点和环链组成的,从本质上看与对象模型没有本质的区别。按照基于对象的观点,网络模型也可以看成对象模型的一个特例,它是由点对象和线对象之间的拓扑空间关系构成的。因此,也可将网络模型归于对象模型中。但是,从地理现象的概念模型的模型功能视角出发,对象模型强调离散地理实体的表达,场模型强调连续地理现象的表达,而网络模型则强调地理对象之间的交互作用(图 3.5)。

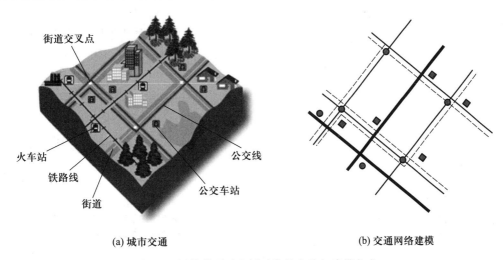

(a) 城市交通　　　　　　　　　　　　　　　　　(b) 交通网络建模

图 3.5　网络模型对空间对象的表达与建模方式

　　基于网络模型,可以解决路径选择、设施布局优化、资源分配、空间相互作用和引力分析等问题。结合复杂网络的引力模型,可用于理解某点或区域的人流、物流和资金流的流动,典型的问题如:人们总是选择距离较近、交通较为便捷的商场去购物,但可能更愿意去较远地方的著名医院去看病就医。

3.2.4　时空模型

　　时空数据模型(spatio-temporal data model),简称时空模型,主要用于表达地理现象或实体的特征或相互关系随时间变化的动态过程和静态结果。在时空模型中,空间、时间和属性构成了地理现象或对象的三个基本要素。现实世界中几乎所有对象都会在一定的时间尺度上发生变化,随着时空数据采集技术的不断提升,尤其是大数据技术的发展,可获取空间数据的时间特征越来越容易,时空模型的表达、管理和分析方法已经成为 GIS 领域的研究热点。

　　基于时空模型的空间、时间和属性三要素,可以将特定地理现象的变化分为三种形式。这里以人的出行行为数据为例,说明三种形式的变化。对于一个人的个体行为轨迹,个体没有发生变化,但所处位置会随着时间发生变化,是属性不变而空间位置发生变化的情况;对于地铁的乘客刷卡数据,其刷卡记录分布在固定数量的地铁站点上,是属性(特定站点的刷卡数量)随时间变化,而位置却不发生变化的情况;对于出租车乘客,乘客上下车的位置具有多种可能性,特定位置上下车的乘客数量也不定,属于随着时间的变化,空间位置和属性均变化的情况。以上便是时空模型中的三种基本变化形式。

　　时空模型是时态 GIS(temporal GIS,TGIS)的核心内容。常用的表达形式有序列快照、时空立方体和时空棱柱等。时空棱柱(space-time prism)的时空制约模型又是时间地理学的重要分析工具,它是对具有时空特征的行为轨迹定量化表达的典型方法。在此模型中,活动个体的活动数量和空间位置受到多种因素的制约,例如,在 24 小时的时间内,晚上休息的时间和白天工作的时间具有一定的稳定性和周期性。实际上,休息和工作的地点也是相对固定的,如果以 X、Y 轴作为二维空间,Z轴作为时间,则一条随时间轴持续向上延伸,随不同的活动行为在二维空间游离的时空路径便能够形象地表达行为个体的时空行为。如图 3.6a 所示,分别用虚线和实线构建个体在工作日和周末的日常生活时空路径,然后采用时空棱柱进行建模,如图 3.6b 所示。之后提取时空活动信息,这些信息包括个体的居住地、工作区或其他常去的活动场所及所花费的时间,如图 3.6c 所示。

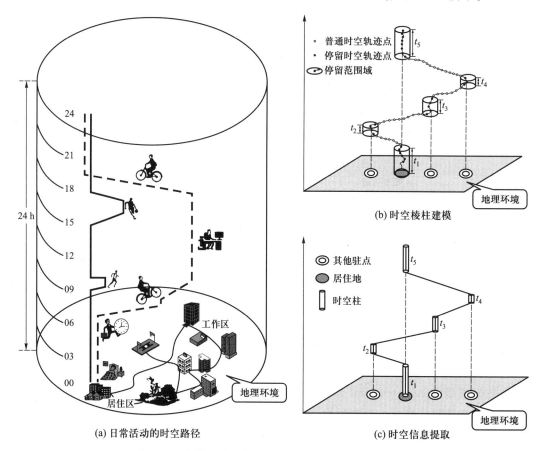

图 3.6　离散型时空模型对时空数据的典型表达方式

基于时空棱柱的时空模型仅对随时间移动的地理对象的时空路径进行表达,因此,它属于离散型时空模型。与之相对应的时空立方体(space-time cube)模型,则以三维的欧氏空间为基础,以 X、Y 轴为二维空间,采用 Z 轴表示时间维度(T 轴),并以指定边长的立方体作为最小划分单元,立方体在 X、Y 方向上的长度作为二维空间的单位距离,立方体在 T 轴方向上的长度表示单位时间,单位时间可以是用户自定义的任何时间单位,如 1 年、1 天或 1 小时等。由于以 Z 轴为时间轴的时空立方体模型被所有的单位立方体所占据,这意味着在任何位置的任何时间,都可以找到与之对应的单位立方体。因此,它属于连续型时空模型。如图 3.7 所示,可基于图 3.7a 所示的离散时空轨迹点生成图 3.7b 所示的时空立方体模型。

时空模型最大的优点在于能够同时处理空间维度和时间维度,从而实现数据的历史状态重建、时空变化跟踪及发展态势预测等功能,随着时空大数据的可获取性越来越强,更是将时空模型的研究与应用推向了一个新的阶段。

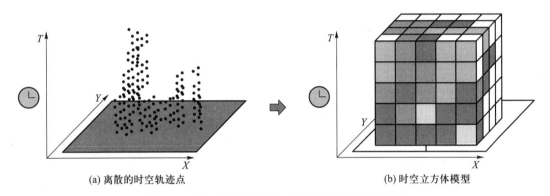

(a) 离散的时空轨迹点　　　　　　(b) 时空立方体模型

图 3.7　连续型时空模型对时空数据的典型表达方式

3.2.5　多维模型

多维数据模型(multidimensional data model,简称多维模型),一般指数据维度多于两个维度的三维数据模型或更多维度的数据模型。地理信息系统中的多维模型通常用于表达某种地理现象或实体的属性或相互关系在特定的区域内不仅随着时间变化,而且其变化还随着其他属性变化而发生改变的问题。例如,在特定区域内,随时间变化的温度可以使用三维模型构建,如图 3.8a 所示。但如果温度随着时间和海拔高度两个变量发生变化,则需要使用更多维度的模型进行表达,如果用 x、y 表示二维空间,h 表达高程,t 表示时间,则温度的表达式为:$Tem = F(x, y, h, t)$,这就需要构建四维模型来表达,如图 3.8b 所示。

在空间数据的概念模型中,如果时间和高程等变量只是作为对象的属性,而不是维度而存在,则不能称之为多维数据。这里的多维是指两个维度以上的空间数据模型。有时候,不同的划分视角,空间数据的概念模型的分类也各不相同。如果将基于 X、Y 和 Z(Z 代表高程)的三维数据模型中的 Z 替换为时间轴,也可以将其划分为时空模型,因此,既可以将时空立方体数据模型视为时空模型,也可以看作特殊的多维模型。

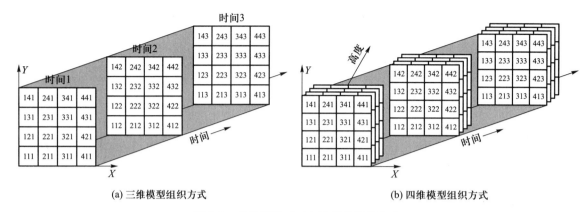

图 3.8 多维模型对时空数据的组织方式

3.2.6 概念模型的选择

对象模型、场模型、网络模型、时空模型和多维模型是 GIS 中最常用的概念模型。然而,从 GIS 空间数据的概念模型的发展历程和本质特征出发,对象观点和场观点构成了地理学家用地图思考世界的基本观点,因此对象模型和场模型是 GIS 中两种最基本的概念模型。

无论是基本的概念模型,还是其他概念模型,模型的选择取决于要解决的问题,甚至于同一个问题的应用目的不一样,也可能采用不同的概念模型。这里以一个以不同林分覆盖的森林为例,讨论两种基本概念模型的建模。

如图 3.9 所示,从场模型来看,森林可建模为一个函数。该函数的定义域就是森林占据的地理空间,而值域是 3 个元素(林种的名称)的集合。设这个函数为 f,它将森林占据的每个点映射到值域的一个具体元素上。函数 f 是一个分段函数,它在林种相同的地方取值恒定,而在林种发生变化处才改变取值。

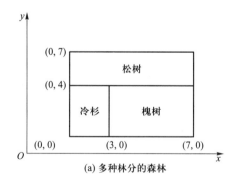

(a) 多种林分的森林

区域ID	主要林分	区域/边界
FS1	松树	(0, 4), (7, 4), (7, 7), (0, 7)
FS2	冷杉	(0, 0), (3, 0), (3, 4), (0, 4)
FS3	槐树	(3, 0), (7, 0), (7, 4), (3, 4)

(b) 按对象模型的林分建模

$$f(x, y)=\begin{cases}\text{"松树"}, & 0\leqslant x\leqslant 7;\ 4\leqslant y\leqslant 7\\ \text{"冷杉"}, & 0\leqslant x\leqslant 3;\ 0\leqslant y\leqslant 4\\ \text{"槐树"}, & 3\leqslant x\leqslant 7;\ 0\leqslant y\leqslant 4\end{cases}$$

(c) 按场模型的林分建模

图 3.9 森林的两类模型对比

以对象观点来看,在明确规定林分之间的界线的理想情况下,就可以得到多边形的边界,每个多边形都有一个唯一的标识符和一个非空间属性——林分的名称。这样,就可以把森林建模为一个多边形集合,每个多边形对应一个林分。

对于一个空间应用来说,到底采用对象模型还是场模型进行空间建模,则主要取决于应用要求和习惯。对于现状不定的现象,例如火灾、洪水和危险物泄漏,当然采用边界不固定的场模型进行建模。其实在遥感领域,主要利用卫星和飞机上的传感器收集地表数据,此时场模型是占主导地位的。

同时,应该指出,对象和场可以在多种水平上共存,即在许多情况下需要采用对象模型和场模型的集成,对象模型和场模型各有长处,应该恰当地综合应用这两种模型对地理现象进行抽象建模。不论是在空间数据的概念建模中,或是在 GIS 的数据结构设计中,还是在 GIS 的应用中,都会遇到这两种模型的集成问题。例如,如果采集降雨数据的各个点在空间上很分散且分布无规律,而且这些采集点还有各自的特征,那么,一个包含两个属性——采集数据点位置(对象)和平均降雨量(场)的概念模型,也许更适合于对区域降雨现象特性变化的描述。

3.3 空间数据的逻辑模型

空间数据的逻辑模型作为概念模型向物理模型转换的桥梁,是根据概念模型确定的空间信息内容,以计算机能理解和处理的形式,具体地表达空间实体的集合及识别它们之间的关系。空间数据逻辑模型的目标是尽可能详细地描述数据,但并不考虑数据在物理上如何来实现。传统的空间数据逻辑模型主要包括层次数据模型、网状数据模型、关系数据模型和面向对象数据模型,这些模型具有各自的优缺点并适用于不同的应用场景。值得注意的是,由于地理实体的复杂性和地理实体间关系的特殊性,传统的业务逻辑模型设计方法并不能完全适用于空间数据逻辑模型的构建。空间数据逻辑模型的设计和表示都具有一定的特殊性。

3.3.1 逻辑模型的设计

构建逻辑模型的根本目的是定义人们所认识的现实世界中的各种地理实体的集合,提取感兴趣的属性并对地理实体之间的关系进行描述。尽管逻辑模型并不关心如何对其进行物理实现,但在设计逻辑模型的过程中,必须在所采用的数据库框架下展开。在空间数据的逻辑建模过程中,可以将其划分为实体属性的逻辑建模、实体关系的逻辑建模和实体行为的逻辑建模。

1. 实体属性的逻辑建模

属性是对象的性质。对地理实体属性的逻辑建模主要包括非空间属性逻辑建模、几何属性建模和约束性条件建模等。任何地理实体对象都是通过一个或多个属性特征进行描述。在逻辑建模的过程中,通常只提取感兴趣的属性特征。地理实体特征的提取和抽象,是逻辑模型设计的主要内容之一。例如,一个建筑物拥有材质、颜色、高度和建设年代等多个属性。在逻辑建模的过程中,如果建模的目的是用于建筑物的抗震评价分析,则建设年代、材质等属性是主要关注的属性信息;如果建模的目的是城市规划,则建筑物的高度、占地面积等特征是主要的属性信息,如

图 3.10 所示。

人们与现实世界的交互是丰富多彩的,地理实体属性的逻辑建模还需要考虑建模对象的几何特征。例如对建筑物的建模,通常使用多边形表示,然而,这并不是唯一的建模方式,必须根据建模的目标选择合理的表达方式。例如在电子地图中,如果以查询为目的,则建筑物以兴趣点(point of interest,POI)的形式存在,被建模为点数据;当建筑物作为二维地图的底图时,通常又建模为面数据;在三维场景中,则又采用体类型的数据建模,如图 3.11 所示。

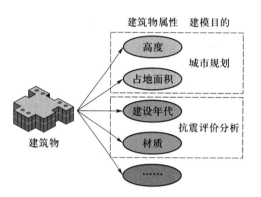

图 3.10　地理实体非空间属性特征的逻辑建模示意图　　　图 3.11　建筑物几何特征的逻辑建模示意图

除此之外,属性还具有一定的约束性条件,通常称之为属性域,属性域可以是数值范围,也可以是一个有效值的列表。例如,房屋的高度一般不能是负数且在一定的数值范围内,建筑物的材质一般也在几个特定的材质类型范围内,如图 3.12 所示。

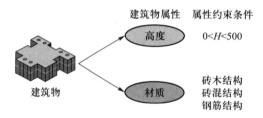

图 3.12　建筑物约束性条件的逻辑建模示意图

2. 实体关系的逻辑建模

现实世界中,地理实体间存在各种各样的关系。理清这些关系是有必要的,因为只有这样,当一个对象被修改时,相关的对象才可以发生相应的变动。例如,当某段管道拆除时,管道上的阀门也会被移除。地理实体之间的关系可以定义为一般关系、空间关系和拓扑关系。

一般关系是明确定义的关系。空间数据主要通过空间关系和拓扑关系定义不同地理对象之间的关系,但是,有时候两个地理对象之间,或者地理对象与某些属性之间,并不存在明确的空间或拓扑关系,这就需要通过一般关系进行定义。一般关系主要包括一对一、一对多和多对多三种关系。如图 3.13 所示,农户与宗地属于一般关系中的一对多关系。一个农户可以有多个地块,但一个地块只能属于一个农户。在对一般关系进行逻辑建模时,必须明确定义研究对象间的隶属关系,本实例中,除了农户和宗地是一对多的关系外,农户和居住区之间还存在多对多的关系,一个农户可以有多个居住区的居所,一个居住区也可以存在多个农户居住。以上所述一般关系不涉及空间关系,而地块和地块之间、道路和道路之间则分别存在邻接拓扑关系和网络拓扑关系,不同的地理实体对象之间,也可能存在拓扑关系或其他空间关系。针对特定问题进行逻辑建模时,必须明确定义各种逻辑关系和空间关系。

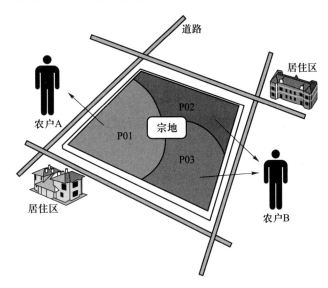

图 3.13　地理实体关系的逻辑建模示意图

3. 实体行为的逻辑建模

地理实体行为的逻辑建模主要用于定义实体本身或实体之间的交互关系和约束关系,这些"行为"都遵循一定的规则。例如,在水文建模中,水往低处流;在交通路网建模时,车必须在道路上行驶。简单的地理实体行为,通过基本的约束条件、相互关系等实现。更为复杂的特征则通过扩展标准特征或自定义特征实现。例如,某条道路只能向北单行;某种污染物的扩散受风向的影响沿着西北方向扩散速度更快。

相比非空间数据的逻辑建模,空间数据对地理实体或地理现象形态的表达、空间关系的确定无疑增加了逻辑建模的复杂性,也使空间数据的逻辑建模极具特殊性。因此,在空间数据逻辑建模过程中,除了遵循传统的建模范式外,还必须充分考虑空间数据模型自身的逻辑规则。

3.3.2　逻辑模型的表示

标准的逻辑模型设计通常使用实体-关系图表达。目前,使用最为广泛的是基于 UML (unified modeling language,统一建模语言)的设计方法。很多空间数据库趋向于使用对象关系型数据库模型(或直接称之为面向对象数据模型),而 UML 正是一种适用于表达面向对象模型的表示方法。例如,主流的 ArcObject 和 SuperMap Object 等 GIS 组件式开发均采用 UML 表达数据逻辑模型。对象关系数据模型应用面向对象方法描述空间实体及其相互关系,特别适合于采用对象模型抽象和建模的空间实体的表达。面向对象技术的核心是对象(object)和类(class)。对象是指地理空间的实体或现象,是系统的基本单位。如多边形地图上的一个结点或一条弧段是对象,一条河流或一块宗地也是一个对象。一个对象是由描述该对象状态的一组数据和表达它的行为的一组操作(方法)组成的。例如,河流的坐标数据描述了它的位置和形状,而河流的变迁则表达了它的行为。每个对象都有一个唯一的对象标识符(object-ID,object identifier)作为识别标志。类是具有部分系统属性和方法的一组对象的集合,是这些对象的统一抽象描述,其内部也包括属性和方法两个主要部分。类是对象的共性抽象,对象则是类的实例(instance)。属于同一类的所有对象共享相同的属性和方法,但也可具有类之外的自身特有的属性和方法。类的共性抽象构成超类(super-class),类成为超类的一个子类,表示为"is-a"的关系。一个类可能是某些类的超类,也可能是某个类的子类,从而形成类的"父子"关系。

面向对象方法将对象的属性和方法进行封装(encapsulation),还具有分类(classification)、概括(generalization)、联合(association)、聚集(aggregation)等对象抽象技术,以及继承(inheritance)和传播(propagation)等强有力的抽象工具。

(1)分类:对具有部分相同属性和方法的实体对象进行归类抽象的过程。如将城市管网中的供气管、给水管、有线电视电缆等都作为类。

(2)概括:把具有部分相同属性和方法的类进一步抽象为超类的过程,如将供水管线、供热管线等概括为"管线"这一超类,它具有各类管线所共有的"材质""管径"等属性,也有"检修"等操作。

(3)联合:把一组属于同一类中的若干具有部分相同属性的对象组合起来,形成一个新的集合对象的过程。集合对象中的个体对象称作它的成员对象,表示为"is a member of"的关系。联合不同于概括,概括是对类的进一步抽象得到超类,而联合是对类中的具体对象进行合并得到新的对象。例如在供水管线类中,某些管线进行了防腐处理,则可把它们联合起来构成"防腐供水管类"。

(4)聚集:把一组属于不同类中的若干对象组合起来,形成一个更高级别的复合对象的过程。复合对象中的个体对象称作它的组件对象,表示为"is a part of"的关系。如将地籍权属界线与内部建筑物聚集为"宗地"类。

(5)继承:是一种服务于概括的语义工具。在上述概括的概念中,子类的某些属性和操作来源于它的超类。例如饭店类是建筑物类的子类,它的一些操作如显示和删除对象等,以及一些属性如房主、地址、建筑日期等是所有建筑物共有的,所以仅在建筑物类中定义它们,饭店类则继承这些属性和操作。继承有单一继承和多方继承。单一继承是指子类仅有一个直接的父类,而多方继承允许多于一个直接父类。多方继承的现实意义是子类的属性和操作可以是多个父类的属性和操作的综合。地理空间实体表达中,经常会遇到多方继承的问题。以交通和水系为例,如图3.14所示,交通线进行分类得到"人工交通线""自然交通线",水系经分类得到"河流""湖泊"等子类。"运河"作为"人工交通线"和"河流"的子类,将同时继承"交通线""水系"的属性和方法。

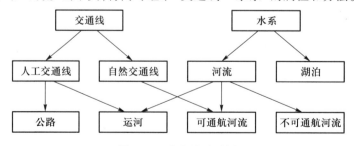

图3.14 多方继承示例

（6）传播：是作用于联合和聚集的语义工具，它通过一种强制性的手段将子对象的属性信息传播给复杂对象。就是说，复杂对象的某些属性值不单独描述，而是从它的子对象中提取或派生。例如，一个多边形的位置坐标数据，并不直接表达，而是在弧段和结点中表达，多边形仅提供一种组合对象的功能和机制，借助于传播的工具可以得到多边形的位置信息。这一概念可以保证数据库的一致性，因为独立的属性值仅存储一次，不会因空间投影和几何变换而破坏它的一致性。

基于以上面向对象思想，OGC（open GIS consortium）组织给出了适合于二维空间实体及其关系表达的面向对象空间数据逻辑模型，并以 UML（unified modeling language）语言表示，如图 3.15 所示。

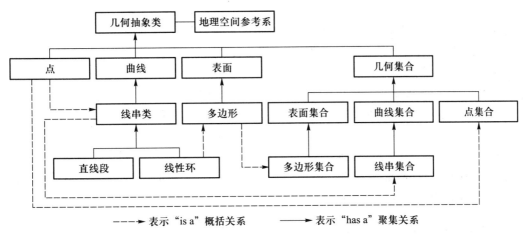

图 3.15　Open GIS 面向对象空间实体模型

在实际地理空间对象描述和表达中，按照面向对象方法，对空间实体进行"概括""聚集""联合"等处理，可得到复杂地理对象的逻辑模型。例如，在城市地籍管理中，将宗地多边形类和内部包括的建筑物多边形聚集为"宗地"类，如图 3.16 所示，按"宗地"进行管理和处理，简化了空间数据的分析。

3.3.3　物理模型

物理模型是在逻辑模型的基础上，考虑各种具体的技术实现因素，进行数据库体系结构设计，真正实现数据在数据库中的存放。常规数据的物理模型的内容包括确定所有的表和列，定义外键用于确定表之间的关系，基于用户的需求可能进行范式化等

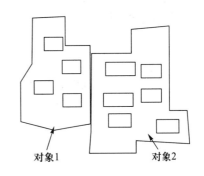

图 3.16　面向对象数据模型

内容。然而，对于空间数据，还必须考虑空间数据存储结构，以及空间关系的表达和存储方式。在物理实现上的考虑，可能会导致物理模型和逻辑模型有较大的不同。物理模型的目标是指定如何用数据库模式来实现逻辑模型，以及真正地保存数据。空间数据结构的设计属于对空间逻辑数据模型的具体实现，也可以说数据结构是概念模型的物理实现，详见第四章。

3.4　空间数据与空间关系

3.4.1　空间数据类型及其表示

1. 空间数据类型

地理信息中的数据来源和数据类型很多,概括起来主要有以下四种:

（1）几何图形数据:来源于各种类型的地图和实测几何数据。几何图形数据不仅反映空间实体的地理位置,还要反映实体间的空间关系。

（2）像素数据:主要来源于卫星遥感、航空遥感和摄影测量等。

（3）属性数据:来源于实测数据、文字报告,或地图中的各类符号说明,以及对遥感图像数据进行解释得到的信息等。

（4）元数据:对空间数据进行推理、分析和总结得到的关于数据的数据,如数据来源、数据权属、数据产生的时间、数据精度、数据分辨率、数据比例尺、地理空间参考基准、数据转换方法等。

在智能化的 GIS 中还应有规则和知识数据。

2. 几何图形数据的表示方法

几何图形数据是空间数据的常用表示方法之一。这些不同类型的数据都可抽象表示为点、线、面、体等基本的图形要素,如图 3.17 所示。

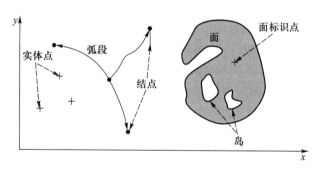

图 3.17　空间数据的抽象表示

（1）点（point）:既可以是一个标识空间的点状实体,如水塔,也可以是标记点,仅用于特征的标注和说明。或作为面域的内点用于标明该面域的属性。或是线的起点、终点或交点,这种则称为结点（node）。

（2）线（line）:具有相同属性点的轨迹,线的起点和终点表明了线的方向。道路、河流、地形线、区域边界等均属于线状地物,可抽象为线。线上各点具有相同的公共属性并至少存在一个属性。当线连接两个结点时,也称作弧段（arc）或链（link）。

（3）面（area）:是线包围的有界连续的具有相同属性值的面域,或称为多边形（polygon）。多边形可以嵌套,被多边形包含的多边形称为岛。

（4）体（multipatch）:体数据主要用于表示三维地理对象。例如三维的建筑物、三维道路等,均可以通过体要素表示。

空间的点、线、面可以按一定的地理意义组成区域（region）,有时称为一个覆盖（converage）,或数据平面（data plane）。各种专题图在 GIS 中都可以表示为一个数据平面。扩展至三维空间,可以通过点、线、面和体综合表示。

所有的空间数据都必须通过一定的结构存储。在空间几何图形数据中,点是最为基本的几何图形要素,其他类型的几何图形要素都基于点数据构建。因此,基本的几类几何图形数据之间可以实现互相转换。按照维度划分,一般而言,点属于零维数据（图 3.18a）,线属于一维数据（图 3.18b）,面则属于二维数据（图 3.18c）,而体则属于三维数据（图 3.18d）。这是根据数据科学的标准对数据维度进行的划分。实际上,在 GIS 中,还有另外一种划分方法,即根据空间是二维空间、三维空间、时空间还是多维空间进行划分。

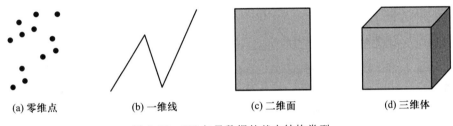

(a) 零维点　　　　(b) 一维线　　　　(c) 二维面　　　　(d) 三维体

图 3.18　GIS 矢量数据的基本结构类型

65

点数据使用坐标进行存储。在二维平面上,某点 P 可以存储为 $P(x,y)$,如果点数据含有高程信息,则可以存储为 $P(x,y,z)$。从这个意义上讲,前者属于二维点要素（图 3.19a）,后者则属

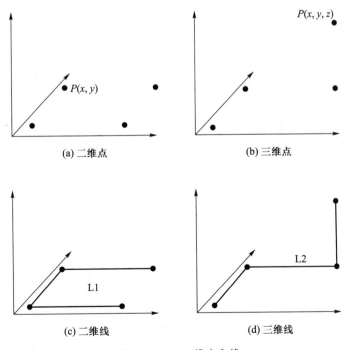

(a) 二维点　　　　　　　　　　　(b) 三维点

(c) 二维线　　　　　　　　　　　(d) 三维线

图 3.19　二、三维点和线

于三维点要素（图 3.19b）。线要素实际上是由多个点连接后的结果。如果一条线上的所有节点都是二维点，则会构建二维线要素（图 3.19c）。如果都是三维节点，则会生成三维线要素（图 3.19d）。观察图 3.19 所示的二、三维点和线的特征会发现，三维线的构建本质上是由点的高程属性及点的序列关系所决定的。

闭合的线可以构建面（图 3.20a），如果面中包含三维的线，则可以构建三维面（图 3.20b）。至少三条直线可以构建一个面。基于多个面可以构建多面体。一般而言，封闭的多面体较为常用。如果图 3.20c 和图 3.20d 所示为基于面构建的不同多面体。在图 3.20c 中，面 A1，A2，A3，A4，A5 共同构建了一个封闭的五面体。

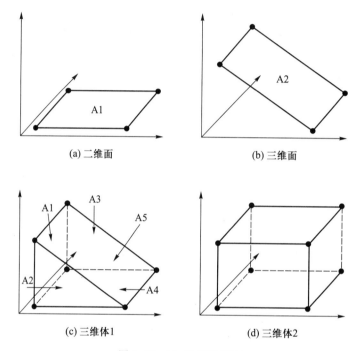

图 3.20　二、三维线和面

通过以上对不同维度点、线、面和体的几何特征的认识，可以发现，只要确定点的空间位置和点之间的序列关系，就可以轻松构建任何一种矢量要素。换言之，点是最为基本的矢量数据元素，其他矢量数据都是基于点要素构建，并且点要素的位置和点集之间的序列关系决定了其他矢量要素的空间位置、维度和几何形态。

3. 影像数据特征及表示方法

影像数据又称为像素数据，是另外一种表示空间数据的常用表达形式。日常生活中的各类图片均属于影像数据，影像数据的最小分割单元通常称为像元。影像数据的基本特征包括像元大小、空间分辨率与比例尺、像元的取值。理解以上三个方面，有助于理解影像数据的表示方法和基本特征。

（1）像元大小

像元大小决定了影像数据所表达对象的详细程度，像元一般是用相同宽度和高度的方格表示。如图 3.21 所示，一个面对象可以采用不同像元大小的像素数据表示，像元越小，则表达越为精细。

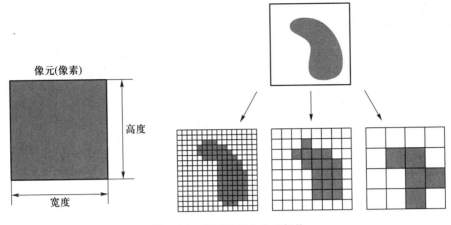

图 3.21　不同像元大小的栅格

（2）影像数据的空间分辨率与比例尺

　　影像数据的空间分辨率是指单个像元所表示的在地面上覆盖面积的边长尺寸。因此，如果一个像元的覆盖面积为 5 m×5 m，则像元的分辨率为 5 m。影像的分辨率越高（其值变小），单个像元所表示的地面面积越小，从而详细程度便越高。这和比例尺相反，比例尺越小，显示的细节越少。例如，以比例尺 1：2 500 显示的正射影像（呈放大样式）会比以比例尺 1：50 000 显示的（呈缩小样式）影像更加详细（图 3.22）。但是，如果此正射影像的像元宽度为 5 m，则不管以什么比例尺来显示，相应的像元的分辨率将始终保持不变，因为实际的像元大小（在地面上覆盖的并由一个单独的像元表示的面积）并未发生改变。

　　在图 3.22 中，图 3.22a 影像的比例尺（1：50 000）比图 3.22b 影像的比例尺（1：2 500）小；但是，像元的分辨率（像元大小）相同。

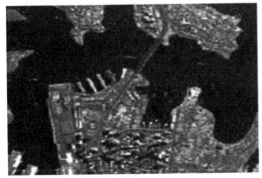
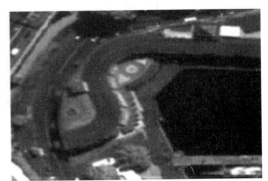

(a) 比例尺1：50 000　　　　　　　　　　　　(b) 比例尺1：2 500

图 3.22　像元宽度同为 60 cm 但比例尺不相同

　　在图 3.23 中，图 3.23a 影像中所使用的数据的空间分辨率比图 3.23b 中影像的低。这表示图 3.23a 影像中数据的像元所表示的实际地表面积比图 3.23b 影像数据的大，但其中显示的比例尺却相同。

　　因此，并不是影像像元越小，影像数据的空间分辨率越高。影像数据的空间分辨率是由其比例尺和像元的分辨率共同决定的。

67

(a) 像元宽度15 m   (b) 像元宽度15 cm

图 3.23   比例尺同为 1 : 20 000 但像元大小不相同

（3）像元的取值

像元取值是唯一的,但由于受到栅格大小的限制,栅格单元中可能会出现多个地物,那么在决定栅格单元值时应尽量保持其真实性,对于图 3.24 的栅格单元,要确定该单元的属性取值,可根据需要选用如下方法。

一种常用的方法是取像元的中心点的值作为像元的值,另一种方法是从像元的整体区域取值,如图 3.24 所示。

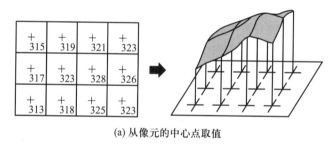

(a) 从像元的中心点取值

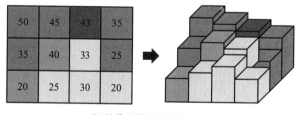

(b) 从像元的整体区域取值

图 3.24   像元值的选取方式

3.4.2   空间关系

空间关系是指地理空间实体之间相互作用的关系。空间关系主要有:

（1）拓扑空间关系:用来描述实体间的相邻、连通、包含和相交等关系。

（2）顺序空间关系:用于描述实体在地理空间上的排列顺序,如实体之间前后、上下、左右和东、南、西、北等方位关系。

（3）度量空间关系：用于描述空间实体之间的距离远近等关系。

对空间关系的描述是多种多样的，有定量的，也有定性的，有精确的，也有模糊的。各种空间关系的描述也非绝对独立，而是具有一定联系。对空间关系的描述和表达，是 GIS 能够进行复杂空间分析的重要原因。

1. 拓扑空间关系

地图上的拓扑空间关系是指图形在保持连续状态下的变形（缩放、旋转和拉伸等），但图形关系不变的性质。地图上各种图形的形状、大小会随图形的变形而改变，但是图形要素间的邻接关系、关联关系、包含关系和连通关系保持不变。俗称的拓扑空间关系是绘在橡皮上的图形关系，或者说拓扑空间中不考虑距离函数。如图 3.25 所示，设 N_1，N_2，…为结点；A_1，A_2，…为线段（弧段）；P_1，P_2，…为面（多边形），空间数据的拓扑空间关系包括：

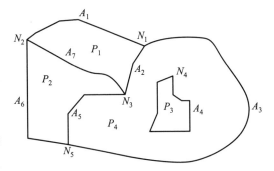

图 3.25 空间数据的拓扑空间关系

（1）邻接关系：指空间图形中同类元素之间的拓扑空间关系。例如多边形之间的邻接关系 P_1 与 P_2、P_4，P_4 与 P_1、P_2 等；结点之间的邻接关系 N_1 与 N_2、N_3 等。

（2）关联关系：指空间图形中不同类元素之间的拓扑空间关系。例如结点与弧段的关联关系 N_1 与 A_1、A_2、A_3；N_2 与 A_1、A_6、A_7 等；弧段与多边形的关联关系 A_1 与 P_1，A_2 与 P_1 等；弧段与结点的关联关系 A_1 与 N_1、N_2，A_2 与 N_1、N_3 等；多边形与弧段的拓扑关联关系 P_1 与 A_1、A_2、A_7，P_4 与 A_2、A_3、A_5、A_4 等。

（3）包含关系：指空间图形中不同类或同类但不同级元素之间的拓扑空间关系。例如多边形 P_4 中包含 P_3。

（4）连通关系：指空间图形中弧段之间的拓扑关系。例如 A_1 与 A_2、A_6 和 A_7 连通。

由于上述拓扑空间关系中，有些关系可以通过其他关系得到，所以在实际描述空间关系时，一般仅将其中的部分关系表示出来，而其余关系则隐含其中，如连通关系可以通过结点与弧段，以及弧段与结点的关联关系得到。如果要将结点、弧段、面域相互之间主要拓扑空间关系表达出来，可以组成四个关系表，即表 3.1、表 3.2、表 3.3 和表 3.4。例如表 3.3 对于网络分析非常重要，而对于主要表达面状目标的 GIS 来说则可以省略。表 3.1 中，弧段前的负号表示面域中含有岛。表 3.2 中，弧段的始结点和终结点给出了弧段的方向。表 3.4 中，弧段的左邻面和右邻面为沿弧段前进方向左、右两侧的多边形，由弧段的方向确定；P_0 为多边形外围的虚多边形编号。

除了在逻辑上定义结点、弧段和多边形来描述图形要素的拓扑关系外，不同类型的空间实体间也存在拓扑空间关系。分析点、线、面三种类型的空间实体，它们两两之间存在相离、相邻、重合、包含或覆盖、相交 5 种可能的关系，如图 3.26 所示。

（1）点-点关系：点实体和点实体之间只存在相离和重合两种关系。如两个分离的村庄，变压器与电线杆在投影至平面空间的投影面上重合。

（2）点-线关系：点实体和线实体间存在相邻、相离和包含三种关系。如水闸和水渠相邻，道路与学校相离，里程碑包含在高速公路中。

表 3.1　面域与弧段的拓扑关系

面域	弧段
P_1	A_1, A_2, A_7
P_2	A_5, A_6, A_7
P_3	A_4
P_4	$A_2, A_3, A_5, -A_4$

表 3.2　弧段与结点的拓扑关系

弧段	始结点	终结点
A_1	N_2	N_1
A_2	N_1	N_3
A_3	N_1	N_5
A_4	N_4	N_4
A_5	N_3	N_5
A_6	N_5	N_2
A_7	N_3	N_2

表 3.3　结点与弧段的拓扑关系

结点	弧段
N_1	A_1, A_2, A_3
N_2	A_1, A_6, A_7
N_3	A_2, A_5, A_7
N_4	A_4
N_5	A_3, A_5, A_6

表 3.4　弧段与面域的拓扑关系

弧段	左邻面	右邻面
A_1	P_0	P_1
A_2	P_4	P_1
A_3	P_0	P_4
A_4	P_3	P_4
A_5	P_4	P_2
A_6	P_0	P_2
A_7	P_2	P_1

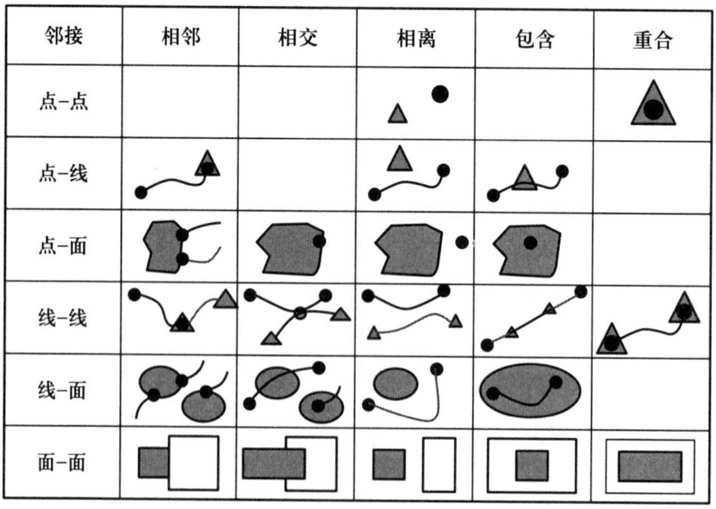

图 3.26　不同类型空间实体间的拓扑空间关系

（3）点-面关系：点实体与面实体间存在相邻、相交、相离和包含四种关系。如水库与多个泄洪闸门相邻，闸门位于水库的边界上，公园与远处的电视发射塔相离，耕地含有输电线杆。

（4）线-线关系：线实体与线实体间存在相邻、相交、相离、包含、重合关系。如供水主干管道与次干管道相邻（连通），铁路和公路平面相交，国道和高速公路相离，河流中包含通航线，道路与沿道路铺设的管线在平面上重合。

（5）线-面关系：线实体与面实体间存在相邻、相交、相离、包含关系。如水库与上游及下游河流相邻，跨湖泊的通信光纤与湖泊相交，远离某乡镇区域的高速公路，在某县境内的干渠等。

（6）面-面关系：面实体与面实体间存在相邻、相交、相离、包含、重合关系。例如地籍中相邻的两块宗地，土地利用图斑与地层类型图斑相交，某县域内包含多个乡镇，宗地与建筑物底面重合等。

空间数据的拓扑空间关系，对数据处理和空间分析具有重要的意义：

（1）拓扑空间关系能清楚地反映实体之间的逻辑结构关系：它比几何坐标关系具有更大的稳定性，不随投影变换而变化。

（2）利用拓扑空间关系有利于空间要素的查询：例如，某条铁路通过哪些地区，某县与哪些县邻接。又如分析某河流能为哪些地区的居民提供水源，某湖泊周围的土地类型及对生物、栖息环境做出评价等。

（3）可以根据拓扑空间关系重建地理实体：例如根据弧段构建多边形，实现道路的选取，进行最佳路径的选择等。

因此在描述空间数据的逻辑模型时，通常将拓扑空间关系作为一个主要的内容。

2. 顺序空间关系

顺序空间关系是基于空间实体在地理空间的分布，采用上下、左右、前后、东南西北等方向性名词来描述。同拓扑空间关系的形式化描述类似，也可以按点-点、点-线、点-面、线-线、线-面和面-面等多种组合来考察不同类型空间实体间的顺序空间关系（图3.27）。由于顺序空间关系必须是在对空间实体间方位进行计算后才能得出相应的方位描述，而这种计算非常复杂。实体间的顺序空间关系的构建目前尚没有很好的解决方法，另外随着空间数据的投影、几何变换，顺序空间关系也会发生变化，所以在现在的GIS中，并不对顺序空间关系进行描述和表达。

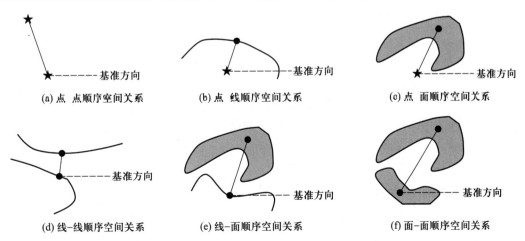

（a）点 点顺序空间关系　　（b）点 线顺序空间关系　　（c）点 面顺序空间关系

（d）线-线顺序空间关系　　（e）线-面顺序空间关系　　（f）面-面顺序空间关系

图3.27　不同类型实体间的顺序空间关系

从计算的角度来看,点-点顺序空间关系只要计算两点连线与某一基准方向的夹角即可。同样,在计算点实体与线实体、点实体与面实体的顺序空间关系时,只要将线实体和面实体简化至其中心,并将其视为点实体,按点-点顺序空间关系进行计算即可。但这种简化需要判断点实体是否落入线实体或面实体内部。而且这种简化的计算在很多情况下会得出错误的方位关系,如点与呈月牙形的面的顺序空间关系。

在计算线-线、线-面和面-面实体间的顺序空间关系时,情况变得异常复杂。当实体间的距离很大时,此时实体的大小和形状对它们之间的顺序空间关系没有影响,则可将其转化为点,其顺序空间关系则转化为点-点之间的顺序空间关系。但当它们之间距离较小时,则难以计算。

3. 度量空间关系

度量空间关系主要指空间实体间的距离关系。也可以按照拓扑空间关系中建立点-点、点-线、点-面、线-线、线-面和面-面等不同组合来考察不同类型空间实体间的度量空间关系。距离的度量可以是定量的,如按欧氏距离计算得出 A 实体距离 B 实体 500 m,也可以应用与距离概念相关的概念如远近等进行定性地描述。与顺序空间关系类似,距离值随投影和几何变换而变化。建立点-点的度量空间关系容易,建立点-线和点-面的度量空间关系较难,而建立线-线、线-面和面-面的度量空间关系更为困难,涉及大量的判断和计算。在 GIS 中,一般不明确描述度量空间关系。

专业术语

地理空间、地理实体、空间关系、概念模型、逻辑模型、物理模型、对象模型、场模型、网络模型、时空模型、多维模型、UML、面向对象数据模型

复习思考题

一、思考题(基础部分)

1. 空间实体关系一般具有哪些主要的特征?
2. 何为空间关系? 空间关系在描述空间实体特征中的意义何在?
3. 谈谈你对空间数据的概念模型的理解。
4. 论述空间数据的概念模型、逻辑模型和物理模型之间的关系。
5. 主要的空间数据的概念模型有哪些? 各有什么特征?
6. 空间数据的概念模型的选择一般遵循什么原则?
7. 空间数据的逻辑模型的主要设计内容有哪些?

二、思考题(拓展部分)

1. 总体上解释面向对象的 GIS,并说明与其他系统模型相比有何潜在优势。
2. 矢量数据模型和栅格数据模型之间的相互影响经常可以与物理学的波粒二象性做比较,试给出你

的见解。

    3. 如何利用现有的数据模型构建某一公园的 GIS 模型？ 给出详细的步骤和方案。

    4. 通过查阅文献资料，总结常用的时空数据模型有哪些。 并论述主要应用于哪些方面。

    5. 通过查阅网络资料及相关文献，谈谈传统空间数据模型在表达时空大数据时有哪些不足。

第 4 章　空间数据结构

空间数据结构是指对空间数据逻辑模型描述的数据组织关系和编排方式的具体实现，对地理信息系统中数据存储、查询检索和应用分析等操作处理的效率有着至关重要的影响。 同一空间数据逻辑模型往往采用多种空间数据结构，例如游程长度编码结构、四叉树数据结构都是栅格数据模型的具体实现。 空间数据结构是地理信息系统沟通信息的桥梁，只有充分理解地理信息系统所采用的特定数据结构，才能正确有效地使用地理信息系统。 在地理信息系统中，较常用的有栅格数据结构和矢量数据结构，除此之外还有混合数据结构、镶嵌数据结构和多维数据结构等。 空间数据结构的选择取决于数据的类型、性质和使用的方式。 应根据不同的任务目标，选择最有效和最合适的数据结构。

4.1　矢量数据结构

矢量数据结构(vector data structure)用于矢量数据模型进行数据的组织。它通过记录实体坐标及其关系，尽可能精确地表示点、线、面等地理实体，其坐标空间为连续空间，且允许任意位置、长度和面积的精确定义。矢量数据结构直接以几何空间坐标为基础，记录采样点坐标，通过这种数据组织方式，可以得到精确的地图；另外，该结构还可以对复杂数据以最小的数据冗余进行存储，它还具有数据精度高，存储空间小等特点，是一种高效的图形数据结构。

矢量数据结构中，传统的方法是几何图形及其关系用文件方式组织，而属性数据通常采用关系型表文件记录，两者通过实体标识符连接。由于这一特点，矢量数据结构在计算长度、面积、形状和图形编辑、几何变换等操作中，有很高的效率和精度。

矢量数据结构按其是否明确表示地理实体间的空间关系分为实体数据结构和拓扑数据结构两大类。

4.1.1　实体数据结构

实体数据结构也称 Spaghetti 数据结构，是指构成多边形边界的各个线段，以多边形为单元进行组织。按照这种数据结构，边界坐标数据和多边形单元实体一一对应，各个多边形边界点都单独编码并记录坐标。例如对图 4.1 所示的多边形 A、B、C、D，可以采用两种结构分别组织。

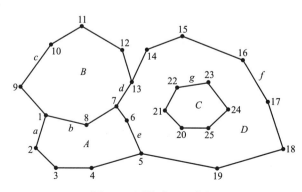

图 4.1　原始多边形数据

表 4.1　多边形数据文件

4.1

矢量数据结构

多边形 ID	坐标	类别码
A	$(x_1,y_1),(x_2,y_2),(x_3,y_3),(x_4,y_4),(x_5,y_5),(x_6,y_6),(x_7,y_7),(x_8,y_8),$ (x_1,y_1)	$A102$
B	$(x_1,y_1),(x_8,y_8),(x_7,y_7),(x_{13},y_{13}),(x_{12},y_{12}),(x_{11},y_{11}),(x_{10},y_{10}),(x_9,y_9),$ (x_1,y_1)	$B203$
C	$(x_{20},y_{20}),(x_{25},y_{25}),(x_{24},y_{24}),(x_{23},y_{23}),(x_{22},y_{22}),(x_{21},y_{21}),(x_{20},y_{20})$	$A178$
D	$(x_5,y_5),(x_{19},y_{19}),(x_{18},y_{18}),(x_{17},y_{17}),(x_{16},y_{16}),(x_{15},y_{15}),(x_{14},y_{14}),$ $(x_{13},y_{13}),(x_7,y_7),(x_6,y_6),(x_5,y_5)$	$C523$

表 4.2　点坐标文件

点号	坐标
1	x_1,y_1
2	x_2,y_2
3	x_3,y_3
4	x_4,y_4
……	……
25	x_{25},y_{25}

表 4.3　多边形文件

多边形 ID	点号串	类别码
A	$1,2,3,4,5,6,7,8,1$	$A102$
B	$1,8,7,13,12,11,10,9,1$	$B203$
C	$20,25,24,23,22,21,20$	$A178$
D	$5,19,18,17,16,15,14,7,6,5$	$C523$

第一种结构采用表 4.1 组织,第二种结构同时采用表 4.2 组织多边形顶点坐标,在表 4.3 中记录多边形与点的关系。

这种数据结构具有编码容易、数字化操作简单和数据编排直观等优点;但这种方法也有以下明显缺点:

① 相邻多边形的公共边界要数字化两遍,造成数据冗余存储,可能导致输出的公共边界出现间隙或重叠;

② 缺少多边形的邻域信息和图形的拓扑关系;

③ 岛只作为一个单个图形,没有建立与外界多边形的联系。

因此,实体式数据结构只适用于简单的系统,如计算机地图制图系统。

4.1.2　拓扑数据结构

拓扑(topology) 关系是一种对空间结构关系进行明确定义的数学方法。具有拓扑关系的矢量数据结构就是拓扑数据结构。拓扑数据结构是 GIS 分析和应用功能所必需的。拓扑数据结构没有固定的格式,还没有形成统一标准,但基本原理相同。它们的共同的特点是:点是相互独立的,点连成线,线构成面。每条线始于起始结点,止于终止结点,并与左右多边形相邻接。

拓扑数据结构(topological data structure)最重要的特征是具有拓扑编辑功能。这种拓扑编辑功能,不但能够对数字化原始数据进行自动差错编辑,而且可以自动形成封闭的多边形边界,为由各个单独存储的弧段组成的各类多边形及建立空间数据库奠定基础。

拓扑数据结构包括索引式、双重独立编码结构、链状双重独立编码结构等。

1. 索引式结构

索引式数据结构采用树状索引以减少数据冗余并间接增加邻域信息,具体方法是对所有边界点进行数字化,将坐标对以顺序方式存储,由点索引与边界线号相联系,以线索引与各多边形相联系,形成树状索引结构。

图 4.2 和图 4.3 分别为图 4.1 的多边形文件和线文件树状索引图。组织这张图需要三个表文件,第一个记录多边形和边界弧段的关系,第二个记录边界弧段由哪些点组成;第三个文件记录每个顶点的坐标,具体的结构见表 4.4、表 4.5 和表 4.6。

树状索引结构消除了相邻多边形边界的数据冗余和不一致的问题,在简化过于复杂的边界线或合并多边形时可不必改造索引表,邻域信息和岛状信息可以通过对多边形文件的线索引处理得到(如多边形 A、B 之间通过公共边 b 相邻接)。但是,该方法比较烦琐,因而给邻域函数运算、消除无用边、处理岛状信息及检查拓扑关系等带来一定的困难,而且两个编码表都要以人工方式建立,工作量大且容易出错。

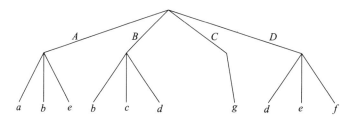

图 4.2　多边形与线之间索引

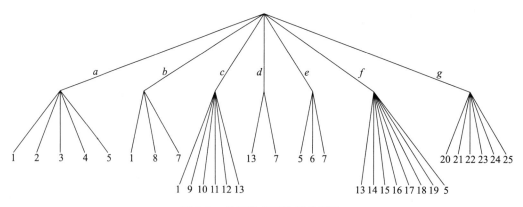

图 4.3　点与线之间的树状索引

表4.4 点坐标文件	
点 ID	坐标
1	x_1, y_1
......	......

表4.5 边 文 件	
边 ID	组成的点 ID
a	1,2,3,4,5
......	......

表4.6 多边形文件	
多边形 ID	组成的边 ID
A	a, b, e
......	......

2. 双重独立编码结构

这种数据结构最早是由美国人口统计系统采用的一种编码方式,简称 DIME(dual independent map encoding)编码系统,它是以城市街道为编码主体,它的特点是采用了拓扑编码结构,这种结构最适合于城市信息系统。

双重独立编码结构是对图上网状或面状要素的任何一条线段,用顺序的两点定义,以及相邻多边形来予以定义。例如对图 4.4 所示的多边形数据,利用双重独立编码结构可得到以线段为中心的拓扑关系表,如表 4.7 所示。

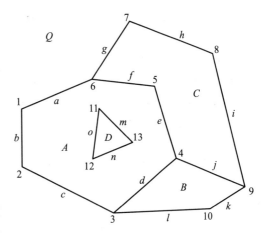

图 4.4 多边形原始数据

表4.7 双重独立编码线文件结构

线号	起点	终点	左多边形	右多边形
a	1	6	Q	A
b	2	1	Q	A
c	3	2	Q	A
d	4	3	B	A
e	5	4	C	A
f	6	5	C	A
g	6	7	Q	C
h	7	8	Q	C
i	8	9	Q	C
j	9	4	B	C
k	9	10	Q	B
l	10	3	Q	B
m	11	13	A	D
n	13	12	A	D
o	12	11	A	D

表 4.7 中第一行表示线段 a 的方向是从结点 1 到结点 6,其左侧面域的多边形是 Q,右侧面域的多边形是 A。在双重独立数据结构中,结点与结点或者多边形与多边形之间为邻接关系,结点与线段或者多边形与线段之间为关联关系。利用这种拓扑关系可以来组织数据,可以有效地进行数据存储正确性检查(如多边形是否封闭),同时便于对数据进行更新和检索。因为通过这种数据结构的格式绘制图形,当多边形的起始结点与终止结点相一致,并且按照左侧面域或右侧面域自动建立一个指定的区域单元时,则多边形应当自行闭合。如果不闭合,或者出现多余线段,则表示数据存储或编码有误,这样就可以达到数据自动编辑的目的。同样利用该结构可以自动形成多边形,并可以检查线文件数据的正确性。

除线段拓扑关系文件外,双重独立编码结构还需要点文件和面文件,其结构同表 4.4 和表 4.5。DIME 编码系统尤其适用于城市地籍宗地的管理,在宗地管理中,界址点对应于点,界址边对应于线段,面对应于多边形,各种要素都有唯一的标识符。

3. 链状双重独立编码结构

链状双重独立编码结构是对双重独立编码结构的一种改进。在双重独立编码结构中,一条边只能用直线两端点的序号及相邻的多边形来表示,而在链状双重独立编码结构中,将若干直线段合为一个弧段(或链段),每个弧段可以有许多中间点。

链状双重独立编码结构主要有四个文件:多边形文件、弧段文件、弧段点文件、点坐标文件。多边形文件主要由多边形记录组成,包括多边形号、组成多边形的弧段号,以及周长、面积、中心点坐标及有关"洞"的信息等。多边形文件也可以通过软件自动检索各有关弧段生成,并同时计算出多边形的周长和面积以及中心点的坐标,当多边形中含有"洞"时则此"洞"的面积为负,并在总面积中减去,其组成的弧段号前也冠以负号。弧段文件主要有弧段记录组成,存储弧段的起止结点号和弧段左右多边形号。弧段坐标文件由一系列点的位置坐标组成,一般从数字化过程获取,数字化的顺序确定了这条链段的方向。结点文件由结点记录组成,存储每个结点的结点号、结点坐标及与该结点连接的弧段。结点文件一般通过软件自动生成,因为在数字化的过程中,由于数字化操作的误差,各弧段在同一结点处的坐标不可能完全一致,需要进行匹配处理。当其偏差在允许范围内时,可取同名结点的坐标平均值。如果偏差过大,则弧段需要重新数字化。

对图 4.1 所示的矢量数据,其链状双重独立编码结构需要多边形文件、弧段文件、弧段点文件、点坐标文件,见表 4.8、表 4.9、表 4.10 和表 4.11。

表 4.8　多边形文件

多边形 ID	弧段号	属性(如周长、面积等)
A	a,b,e	…
B	c,d,b	…
C	g	…
D	$f,e,d,-g$	…

表 4.9　弧段文件（Q 为外部多边形）

4.1
矢量数据结构

弧段 ID	起始点	终结点	左多边形	右多边形
a	5	1	Q	A
b	7	1	A	B
c	1	13	Q	B
d	13	7	D	B
e	7	5	D	A
f	13	5	Q	D
g	25	25	D	C

表 4.10　弧段点文件

弧段 ID	点号	弧段 ID	点号
a	5,4,3,2,1	e	7,6,5
b	7,8,1	f	13,14,15,16,17,18,19,5
c	1,9,10,11,12,13	g	25,20,21,22,23,24,25
d	13,7		

表 4.11　点坐标文件

点号	坐标	点号	坐标
1	(x_1,y_1)	14	(x_{14},y_{14})
2	(x_2,y_2)	15	(x_{15},y_{15})
……	……	……	……
12	(x_{12},y_{12})	25	(x_{25},y_{25})
13	(x_{13},y_{13})		

　　国际著名 GIS 软件平台开发商美国 ESRI 公司的 ArcGIS 产品中的 Coverage 数据模型采用的就是链状双重独立编码结构。

4.1.3　网络数据结构

　　网络数据结构（network data structure）由一组相连的边和结点及连通性规则组成,用于表示现实世界中的网状线性系统。网络数据结构是 GIS 数据建模和空间分析所必需的一种常用数据结构。采用网络数据结构进行建模的常见实体包括交通网络系统、电力系统、地下管网系统和河网系统等。这些网络的形式、容量和效率对提高我们的生活水准和加深我们对周围世界的认知有着深远的影响。

　　在 GIS 的网络建模中,根据网络是否记录位置特征可以将其分为几何网络和逻辑网络。其中,几何网络主要强调边和结点的空间位置关系;逻辑网络则强调边与边之间的拓扑关系。在实际建模与存储时,由于分析需要,一般会同时考虑位置关系和拓扑关系。

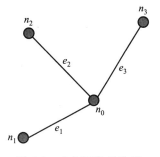

图 4.5 所示为一个简单的几何网络的数据结构,如果在数据结构中定义了每条边的方向,则为有向网络。简单的几何网络的数据结构用三个文件进行存储。表 4.12 为网络结点的存储文件,主要用于存储网络结点的几何特征,如结点的坐标信息。表 4.13 用于存储网络中边的几何信息,如果是有向网络,同时确定网络边的方向。尽管在几何网络中,通过结点和边的数据文件,就可以确定并绘制网络图,但无法确定网络中结点

图 4.5　几何网络的数据
结构原始数据

和边的拓扑关系,因此,还需要添加一个如表 4.14 所示的结点-边关系的数据文件,这在网络的连通性分析中是至关重要的。

表 4.12　结点存储文件

ID	结点	结点坐标
1	n_0	(x_0, y_0)
2	n_1	(x_1, y_1)
3	n_2	(x_2, y_2)
4	n_3	(x_3, y_3)

表 4.13　边存储文件

ID	边	结点坐标
1	e_1	$(x_0, y_0)(x_1, y_1)$
2	e_2	$(x_0, y_0)(x_2, y_2)$
3	e_3	$(x_0, y_0)(x_3, y_3)$

表 4.14　结点-边关系的数据文件

ID	结点	结点和边的关系		
1	n_0	(n_1, e_1)	(n_2, e_2)	(n_3, e_3)
2	n_1	(n_0, e_1)		
3	n_2	(n_0, e_2)		
4	n_3	(n_0, e_2)		

这里仅列出了简单几何网络的数据结构,在实际应用中,网络建模要复杂得多。在较为复杂的网络中,可能需要考虑方向,还可能包含一级或多级的子结点和边,甚至还需要对转弯规则进行建模,如在道路建模中,某个道路交叉口只能左转弯,这都需要在网络数据结构中添加相应的规则。通过上面的实例可以发现,对于简单网络数据结构,其编码方式同实体数据结构和拓扑数据结构的编码方式类似,但在复杂网络数据结构中,考虑的规则较多,其建模的形式也有所不同。

4.2　栅格数据结构

　　以规则栅格阵列表示空间对象的数据结构称为栅格数据结构。阵列中每个栅格单元上的数值表示空间对象的属性特征。即栅格阵列中每个单元的行列号确定位置,属性值表示空间对象的类型、等级等特征。每个栅格单元只能存在一个值。

　　栅格数据结构(raster data structure)表示的地表是不连续的,是量化和近似离散的数据。在栅格数据结构中,地理空间被分成相互邻接、规则排列的栅格单元,一个栅格单元对应于一小块地理范围。在栅格数据结构中,点用一个栅格单元表示;线状地物则用沿线走向的一组相邻栅格单元表示,在线上,每个栅格单元最多只有两个相邻单元;面或区域用记录区域属性的相邻栅格单元的集合表示,每个栅格单元可有多于两个的相邻单元同属一个区域,如图 4.6 所示。

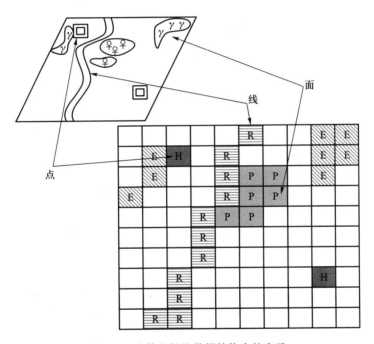

图 4.6　实体在栅格数据结构中的表示

　　栅格数据结构的显著特点是:属性明显,定位隐含,即数据直接记录属性的指针或属性本身,而所在位置则根据行列号转换为相应的坐标给出,也就是说定位是根据数据在数据集中的位置得到的。栅格数据结构具有数据结构简单、数学模拟方便的优点;但也存在缺点:数据量大、难以建立实体间的拓扑关系、通过改变分辨率而减少数据量时精度和信息量同时受损等缺点。

　　栅格数据的存储方式较多,从最简单的完全栅格数据结构,到为了数据压缩的游程长度编码结构、四叉树数据结构等,从单一尺度到多尺度的栅格金字塔。栅格数据的存储方式十分繁杂而多样。

4.2.1　完全栅格数据结构

完全栅格数据结构(也称编码)将栅格看作一个数据矩阵,逐行逐个记录栅格单元的值。可以每行都从左到右,也可奇数行从左到右而偶数行从右到左,或者采用其他特殊的方法。

这是最简单最直接的一种栅格编码方法。通常以这种方式编码后的文件为栅格文件或格网文件。它不采用任何压缩数据的处理,因此是最直观最基本的栅格数据组织方式。

完全栅格数据的组织有三种基本方式:基于像元、基于层和基于面域,如图 4.7 所示。

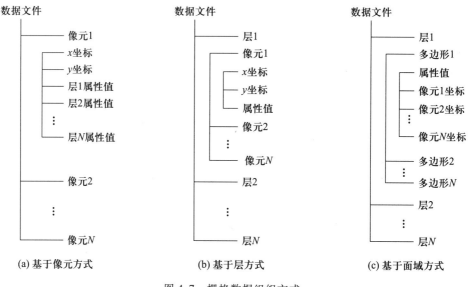

图 4.7　栅格数据组织方式

(1) 基于像元:以像元为独立存储单元,每一个像元对应一条记录,每条记录中的记录内容包括像元坐标及其各层属性值的编码;节省了许多存储坐标的空间,因为各层对应像元的坐标只需存储一次。

(2) 基于层:以层为存储基础,层中又以像元为序记录其坐标和对应该层的属性值编码。

(3) 基于面域:也以层作为存储基础,层中再以面域为单元进行记录,记录的内容包括:面域编号、面域对应该层的属性值编码、面域中所有栅格单元的坐标;同一属性的多个相邻像元只需记录一次属性值。

基于像元的数据组织方式简单明了,便于数据扩充和修改,但进行属性查询和面域边界提取时速度较慢;基于层的数据组织方式便于进行属性查询,但每个像元的坐标均要重复存储,浪费了存储空间;基于面域的数据组织方式虽然便于面域边界提取,但在不同层中像元的坐标还是要多次存储。

4.2.2　压缩栅格数据结构

1. 游程长度编码结构

游程长度(run-length)编码,也称行程编码,是一种栅格数据无损压缩的重要方法。它的基本思想是:对于一幅栅格数据(或影像),常常有行(或列)方向上相邻的若干点具有相同的属性代码,因而可采取某种方法压缩那些重复的记录内容。其编码方案是,只在各行(或列)数据值发生变化时依次记录该值,以及相同值重复的个数,从而实现数据的压缩,并实现数据的组织。经编码后,原始栅格数据阵列转换为(s_i, l_i)数据对,其中 s_i 为属性值,l_i 为行程(即相同值重复的个数)。图4.8给出了栅格数据沿行方向进行游程长度编码的结果。

0	0	0	0	0	4	4	4		(0, 5), (4, 3)
0	0	0	4	4	4	4	4		(0, 3), (4, 5)
0	0	4	4	4	4	8	8		(0, 2), (4, 4), (8, 2)
0	0	4	4	4	8	8	8		(0, 2), (4, 3), (8, 3)
2	2	4	4	8	8	8	8		(2, 2), (4, 2), (8, 4)
2	2	2	4	8	8	8	8		(2, 3), (4, 1), (8, 4)
2	2	2	2	8	8	8	8		(2, 4), (8, 4)
2	2	2	2	8	8	8	8		(2, 4), (8, 4)

图 4.8　栅格数据的游程长度编码及其数据结构

显然游程长度编码只用了40个整数就可以表示,而如果用前述的直接编码却需要64个整数表示,可见游程长度编码压缩数据是十分有效且简便的。事实上,压缩比的大小与图的复杂程度是成反比的,在变化多的部分,游程数就多,变化少的部分游程数就少,原始栅格类型越简单,压缩效率就越高。因此这种数据结构最适宜于类型面积较大的专题要素、遥感图像的分类结构,而不适合于类型连续变化或类型分散的分类图。

游程长度编码在对栅格进行加密时,数据量没有明显增加,压缩效率较高,且易于检索、叠加和合并等操作,运算简单,适用于机器存储容量小,数据需大量压缩,而又要避免复杂的编码解码运算增加处理和操作时间的情况。

2. 四叉树数据结构

四叉树(quadtree)数据结构也是一种对栅格数据的压缩编码方法。其基本思想是将一幅栅格数据层或图像等分为四部分,逐块检查其格网属性值(或灰度);如果某个子区的所有格网值都具有相同的值,则这个子区就不再分割,否则还要把这个子区再分割成四个子区;这样依次地分割,直到每个子块都只含有相同的属性值或灰度为止。

图4.9表示了对栅格数据四叉树的分割过程及其关系。这四个等分区称为四个子象限,按顺序为左上(NW)、右上(NE)、左下(SW)、右下(SE),其结果是一棵倒立的树。

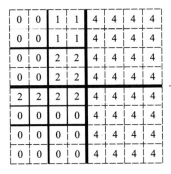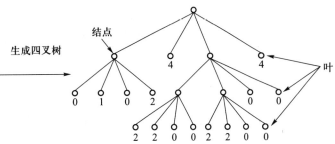

图 4.9　栅格数据的四叉树分割

这种从上而下的分割需要大量的运算,因为大量数据需要重复检查才能确定划分结果。当 $n×n$ 的栅格单元数比较大,且区域内容要素又比较复杂时,建立这种四叉树的速度比较慢。

另一种是采用从下而上的方法建立。对栅格数据按如下的顺序进行检测。如果每相邻四个网格值相同则进行合并,逐次往上递归合并,直到符合四叉树的原则为止。这种方法重复计算较少,运算速度较快。

从图4.9中可以看出,为了保证四叉树能不断地分解下去,这就要求栅格数据的栅格单元数必须满足可化解为 $2^n×2^n$ 的形式,n 为极限分割次数,$n+1$ 是四叉树的最大高度或最大层数。对于非标准尺寸的图像需首先通过增加背景的方法将栅格数据扩充为 $2^n×2^n$ 个单元,对不足的部分以 0 补足(在建树时,对于补足部分生成的叶结点不存储,这样存储量并不会增加。

四叉树数据结构按其编码的方法不同又分为常规四叉树数据结构和线性四叉树数据结构。常规四叉树数据结构除了记录叶结点之外,还要记录中间结点。结点之间借助指针联系,每个结点需要用六个量表达:四个叶结点指针,一个父结点指针和一个结点的属性或灰度值。这些指针不仅增加了数据存储量,而且增加了操作的复杂性。常规四叉树数据结构主要应用在数据索引和图幅索引等方面。

线性四叉树数据结构则只存储最后叶结点的信息,包括叶结点的位置、深度和本结点的属性或灰度值。所谓深度是指处于四叉树的第几层上,由深度可推知子区的大小。

线性四叉树数据结构叶结点的编号需要遵循一定的规则,这种编号称为地址码,它隐含了叶结点的位置和深度信息。最便于应用的地址码是十进制 Morton 码(简称 M_D 码)。十进制 Mortan 码可以使用栅格单元的行列号计算(遵循 C 语言规范,矩阵的第一行为"0"行、第一列为"0"列),先将十进制的行列号转换成二进制数,进行"位"运算操作,如图4.10所示,即行号和列号的二进制数两两交叉,得到以二进制数表示的 M_D 码,再将其转换为十进制数。

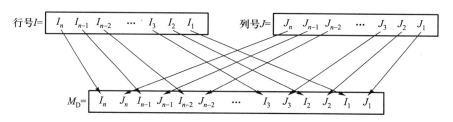

图 4.10 M_D 码的"位"运算生成

例如图4.11第二行第三列对应的栅格单元,其二进制的行列号分别为:$I=0010$,$J=0011$;得到的 M_D 码为:$M_D=(00001101)_2=(13)_{10}$;用类似的方法,也可以由 M_D 码反求栅格单元的行列号。对于8×8栅格单元,M_D 码的排列顺序如图4.11所示。

按以上 M_D 顺序,对图4.9所示的栅格数据按线性四叉树数据结构进行编码,可得到线性四叉树数据文件,其结构如图4.12所示。

3. 二维行程编码结构

在生成线性四叉树数据结构之后,仍然存在前后叶结点的值相同的情况,因而可以进一步压缩数据,将前后值相同的叶结点合并,形成一个新的线性表列。如图4.13a所示的线性四叉树数据结构的线性表,是按 Morton 码的大小顺序排列的,可以看出,在这个表中还有属性值相同而又

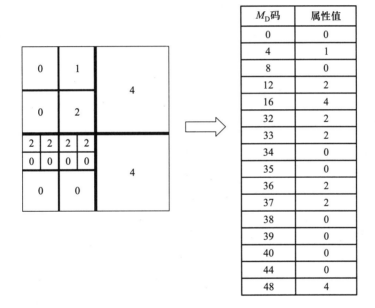

行方向 →

	0	1	2	3	4	5	6	7	8
0	0	1	4	5	16	17	20	21	64
1	2	3	6	7	18	19	22	23	66
2	8	9	12	13	24	25	28	29	72
3	10	11	14	15	26	27	30	31	74
4	32	33	36	37	48	49	52	53	96
5	34	35	38	39	50	51	54	55	98
6	40	41	44	45	56	57	60	61	104
7	42	43	46	47	58	59	62	63	106
8	128	129	132	133	144	145	148	149	192

列方向 ↓

图 4.11　栅格单元的 M_D 码顺序

M_D码	属性值
0	0
4	1
8	0
12	2
16	4
32	2
33	2
34	0
35	0
36	2
37	2
38	0
39	0
40	0
44	0
48	4

图 4.12　按 M_D 码建立的线性四叉树数据结构

相邻排列的情况,将值相同的叶结点合并后的编码表见图 4.13b。这种记录方式类似游程编码,但是所合并的不是栅格单元,而是合并了代表范围大小不一的叶结点,所以称它为二维行程编码。比较两个表可以看出,二维行程编码又进一步压缩了数据。

　　二维行程编码采用了线性四叉树的地址码(Morton 码),并按照码的顺序完成编码,但却是没有结构规律的四叉树。二维行程编码比规则的四叉树更节省存储空间,而且有利于以后的插入、删除和修改等操作。它与线性四叉树之间的相互转换也非常容易和快速,因此可将它们视为相同的结构概念。

M_D码	属性值
0	0
4	1
8	0
12	2
16	4
32	2
33	2
34	0
35	0
36	2
37	2
38	0
39	0
40	0
44	0
48	4

二维行程码	属性值
0	0
4	1
8	0
12	2
16	4
32	2
34	0
36	2
38	0
48	4

(a)　　　　　　　　　　　　(b)

图 4.13　二维行程编码结构及其生成方法

4.2.3　链码数据结构

链码数据结构首先采用弗里曼(Freeman)码对栅格中的线或多边形边界进行编码,然后再组织为链码数据结构的文件。链式编码将线状地物或区域边界表示为:由某一起始点和在某些基本方向上的单位矢量链组成。单位矢量的长度为一个栅格单元,每个后续点可能位于其前继点的 8 个基本方向之一(图 4.14)。图 4.15 所示的线实体和面实体可编码为表 4.15 所示的方式。具体编码过程是:起始点的寻找一般遵从从上到下、从左到右的原则。当发现没有记录过的点,而且数值也不为零时,就是一条线或边界线的起点;记下该地物的特征码及起点的行列数;然后按顺时针方向寻迹,找到相邻的等值点,并按八个方向编码。如遇不能闭合的线段,结束后可以返回起始点再开始寻找下一条线段。已经记录过的栅格单元,可将属性代码置零,以免重复编码。

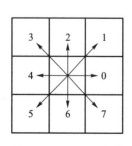

图 4.14　Freeman 方向

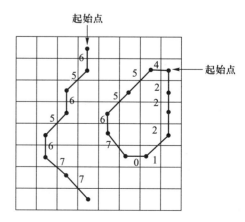

图 4.15　线、面的链式编码

表 4.15　链码数据结构文件

4.2
栅格数据结构

特征码	起点行	起点列	链式编码
2	1	4	6,5,6,5,6,7,7
7	2	8	4,5,5,6,7,0,1,2,2,2

　　链码数据结构可以有效地压缩栅格数据,在计算面积、长度、转折方向和凹凸度时十分方便。缺点是对边界做合并和插入等修改,编辑比较困难。这种结构有些类似矢量结构,但不具有区域的性质,因此对区域空间分析运算比较困难。

4.2.4　影像与切片金字塔数据结构

　　影像金字塔数据结构是指在统一的空间参照下,根据用户需要以不同分辨率进行存储与显示,形成分辨率由粗到细、数据量由小到大的金字塔数据结构。影像金字塔数据结构用于图像编码和渐进式图像传输,是一种典型的分层数据结构形式,适合于栅格数据和影像数据的多分辨率组织,也是一种栅格数据或影像数据的有损压缩方式。在金字塔数据结构里,图像被分层表示。在金字塔数据结构的最顶层,存储最低分辨率的数据;随着金字塔层数的增加,数据的分辨率依次降低;在金字塔数据结构的底层,则存储能满足用户需要的最高分辨率的数据。

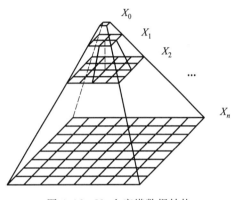

图 4.16　M−金字塔数据结构

影像金字塔数据结构有多种结构形式,其中最简单的是 M-金字塔数据结构,如图 4.16 所示。金字塔数据结构应用广泛,如对原始影像构建金字塔多分辨率数据结构,从而提升影像数据的显示效率。目前的电子地图中使用的地图服务也是以金字塔数据结构储存地图切片。

　　目前,影像金字塔数据结构在 GIS 中主要有两个方面的应用。其一是栅格数据的有损压缩,通过金字塔算法实现栅格数据的快速显示。其二,金字塔算法也是互联网地图组织地图切片数据的主要方式。无论是遥感影像地图数据,还是矢量电子地图数据,数据量都非常大,直接传输原始数据所耗费的传输流量较大,而通过切片的形式提供给用户不同比例尺等级的切片,能够极大地提升传输效率。数以万计的用户能够通过桌面计算机端或者移动端快速访问在线地图,就是由于在地图的服务器端,已经将影像数据或矢量数据发布为地图切片数据,组织方式如图 4.17 所示。在保证地图切片显示分辨率不变的前提下,将相同区域的地图组织为不同数量的切片,这样可以保证在任何给定的比例尺下,均可以看到相同分辨率的高清切片地图数据。图 4.17a 所示为第 N 级的切片数据,下一级由 4 个切片组成(图 4.17b),再下一级则由 16 个切片(图 4.17c)组成。无论由多少切片组成,其分辨率都保持不变,因此任何级别的请求都可以看到相同分辨率的切片服务。

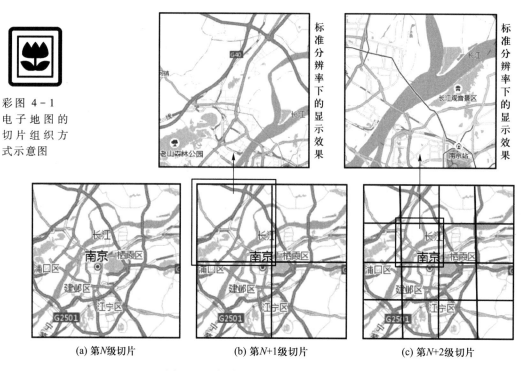

彩图 4-1
电子地图的
切片组织方
式示意图

(a) 第N级切片 (b) 第$N+1$级切片 (c) 第$N+2$级切片

图 4.17　电子地图的切片组织方式示意图

4.3　矢量数据与栅格数据的融合与转换

4.3.1　栅格数据与矢量数据结构的比较

第一,栅格数据结构类型具有"属性明显、位置隐含"的特点,它易于实现,且操作简单,有利于基于栅格的空间信息模型的分析,如在给定区域内计算多边形面积、线密度等。栅格结构可以很快算得结果,而采用矢量数据结构则麻烦得多。但是,栅格数据表达精度不高,数据存储量大,工作效率较低。如要提高一倍的表达精度(栅格单元减小一半),数据量就需增加三倍,同时也增加了数据的冗余。因此,对于基于栅格数据结构的应用来说,需要根据应用项目的自身特点及其精度要求来恰当地平衡栅格数据的表达精度和工作效率两者之间的关系。第二,因为栅格数据结构的简单性(不经过压缩编码),其数据格式容易为大多数程序设计人员和用户所理解,基于栅格数据结构的信息共享也较矢量数据容易。第三,遥感影像本身就是以像元为单位的栅格数据结构,所以,可以直接把遥感影像应用于栅格数据结构的地理信息系统中,也就是说栅格数据结构比较容易和遥感相结合。

矢量数据结构类型具有"位置明显、属性隐含"的特点,它操作起来比较复杂,许多分析操作(如叠置分析等)用矢量数据结构较为复杂;但它的数据表达精度较高,数据存储量小,输出图形美观且工作效率较高。两者的比较如表 4.16 所示。

表 4.16　栅格、矢量数据结构的对比

	优点	缺点
矢量数据结构	1. 数据结构严密,冗余度小,数据量小; 2. 空间拓扑关系清晰,易于网络分析; 3. 面向对象目标的,不仅能表达属性编码,而且能方便地记录每个目标的具体的属性描述信息; 4. 能够实现图形数据的恢复、更新和综合; 5. 图形显示质量好、精度高	1. 数据结构处理算法复杂; 2. 叠置分析与栅格图组合比较难; 3. 数学模拟比较困难; 4. 空间分析技术上比较复杂,需要更复杂的软、硬件条件; 5. 显示与绘图成本比较高
栅格数据结构	1. 数据结构简单,易于算法实现; 2. 空间数据的叠置和组合容易,有利于与遥感数据的匹配应用和分析; 3. 各类空间分析,地理现象模拟均较为容易; 4. 输出方法快速简易,成本低廉	1. 图形数据量大,用大像元减小数据量时,精度和信息量受损失; 2. 难以建立空间网络连接关系; 3. 投影变化实现困难; 4. 图形数据质量低,地图输出不精美

　　目前,大多数地理信息系统平台都支持这两种数据结构,而在应用过程中,应该根据具体的目的,选用不同的数据结构。例如,在集成遥感数据及进行空间模拟运算(如污染扩散)等应用中,一般采用栅格数据结构为主要形式;而在网络分析、规划选址等应用中,通常采用矢量数据结构。

4.3.2　矢栅一体化数据结构

　　矢量数据结构和栅格数据结构各有优缺点,如何充分利用两者的优点,在同一个系统中将两者结合起来,是 GIS 中的一个重要理论与技术问题。为将矢量数据与栅格数据更加有效地结合与处理,龚建雅(1993)研究提出了矢栅一体化结构。这种数据结构中,同时具有矢量实体的概念,又具有栅格覆盖的思想。其理论基础是:多级格网方法、三个基本约定和线性四叉树编码方式。

　　多级格网方法是将栅格划分成多级格网:粗格网、基本格网和细分格网(图 4.18)。粗格网用于建立空间索引,基本格网的大小与通常栅格划分的原则基本一致,即基本栅格的大小。由于基本栅格的分辨率较低,难以满足精度要求,所以在基本格网的基础上又细分为 256×256 或 16×16 个格网,以增加栅格的空间分辨率,从而提高点、线的表达精度。粗格网、基本格网和细分格网都采用线性四叉树编码方式,用三个 Morton 码(M_0、M_1、M_2)表示,其中 M_0 表示点或线所通过的粗格网的 Morton 码,是研究区的整体编码;M_1 表示点或线所通过的基本格网的 Morton 码,也是研究区的整体编码;M_2 表示点或线所通过的细分格网的 Morton 码,是基本栅格内的局部编码。

　　以上编码是基于栅格数据的,因而据此设计的数据结构必定具有栅格数据结构的性质。为了使之具有矢量数据的特点,对点状地物、线状地物、和面状地物做三个约定:

　　① 点状地物仅有空间位置而无形状和面积,在计算机中仅有一个坐标数据;

　　② 线状地物有形状但无面积,在计算机中需要组织一组元子(即栅格单元)填满的路径表达;

　　③ 面状地物有形状和面积,在计算机中由一组元子表达的填满路径的边界线和内部(空洞外均填满)的区域组成。

　　据此,点状地物、线状地物、面状地物的数据组织方式如下:

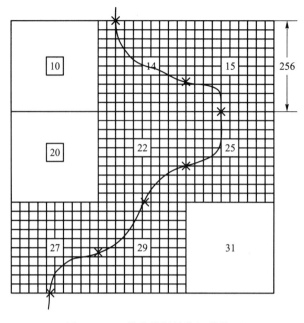

图 4.18　一体化数据结构细分格网

（1）点状地物：用(M_1, M_2)代替矢量数据结构中的(x, y)。

点标识号	M_1	M_2	属性值

（2）线状地物：用 Morton 码代替(x, y)记录原始采样的中间点的位置；必要时，还可记录线目标所穿过的基本网格的交线位置。

弧 ID	起点 ID	终点 ID	左域 ID	右域 ID	中间点坐标 (M_1, M_2) 序列	……

（3）面状地物：除用 Morton 码代替(x, y)记录面状地物边界原始采样的中间点位置，以及它们所穿过的所有基本网格的交线位置之外，还要用链指针记录多边形的内部栅格。必要时，还可以记录边界所穿过的所有基本网格的交线位置。

面域 ID	边界 ID 序列	面域内点指针	……

面域内点指针	面域内点坐标 (M_1, M_2) 序列

　　因此，点状地物、线状地物和面状地物不仅具有如同矢量数据结构的位置"坐标"，而且还可以有类型编码、属性值和拓扑关系，因而具有完全的矢量特性。与此同时，由于用元子表达了点，还用它填充了线性目标、多边形边界及其内部（空洞除外），实际上是进行了栅格化，因而可以进行各种栅格操作。

4.3.3　矢量数据与栅格数据结构的转换

　　矢量数据结构和栅格数据结构具有各自的优缺点。矢量数据精度高，具有拓扑关系，并且能够轻松实现数据的编辑。栅格数据的存储结构简单,常用的空间分析算法也易于实现。然而,由于矢量数据和栅格数据都存在各自的缺点,矢量、栅格数据的相互转换必不可少。例如,对数据精度要求较高时,可能由于数据存储成本过高而选择矢量结构对数据进行存储。在执行叠置等分析时,如果对分析效率有要求,则可能牺牲数据精度而选用栅格结构存储数据。在实际应用中,需要根据要解决问题的背景、数据存储和分析及建模的需要,选择符合实际需要的数据结构。因此,这两种数据结构之间的相互转换是极为常用的操作。

1. 矢量数据到栅格数据的结构转换

矢量数据转换为栅格数据之前,需要先确定栅格像元的大小、像元值分配类型及分配原则。栅格像元的大小决定了数据的输出精度。像元值的分配类型和分配原则主要用于确定多个对象落入同一个像元中时像元值的计算方式。矢量数据转栅格数据的常用要素类型有点、线、面和体要素类型。以点要素为例,介绍将矢量数据转换为栅格数据的取值方式。如图 4.19 所示,当以 d 作为像元的大小基于图中点要素构建栅格数据时,某些像元中落入了多个点要素,此类情况下,可以采用不同的赋值原则计算目标像元的值。例如,可以采用值总和的原则,即计算每个像元中要素属性值的总和作为像元值。也可以采用平均值、最大值、最小值和众数等原则计算像元值。

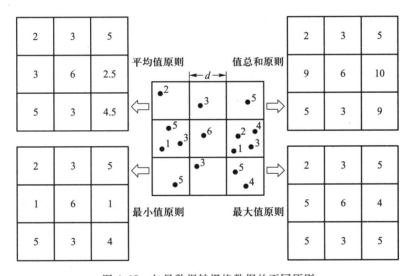

图 4.19 矢量数据转栅格数据的不同原则

线要素的转换基本原理是计算出线所经过的所有栅格,然后将其赋予线的属性值。面要素的转换要复杂一些。在矢量结构中,多边形面用组成面边界的线段表示,而在栅格数据结构中,整个面域所在的栅格单元都要用属性值充填。因此,要完成面域的栅格化,首先需要完成多边形边界线段的栅格化,然后用面域属性值充填。所以,矢量数据的面域向栅格数据转换又称为多边形填充。常用的多边形填充算法有内部点扩散法、射线法、扫描线法。

2. 栅格数据到矢量数据的结构转换

栅格数据向矢量数据转换处理的一个目的,是为了将栅格数据分析的结果,通过矢量绘图装置输出,或者为了数据压缩的需要,将大量的面状栅格数据转换为由少量数据表示的多边形边界。转换的另一个目的是为了能将自动扫描仪获取的栅格数据加入矢量形式的数据库。栅格数据向矢量数据转换的过程比较复杂,通常有两种情况:一种本身为遥感影像或已栅格化的分类图,在矢量化前首先要做边界提取,然后将它处理成近似线划图的二值图像(二值图),最后才能将它转换成矢量数据;另一种情况通常是从原来的线划图扫描得到的栅格图,二值化后的线划宽度往往占据多个栅格,这时需要进行细化处理后才能矢量化。矢量化的过程如下:

① 从图幅西北角开始,按顺时针或逆时针方向,从起始点开始,根据 8 个邻域的先后顺序进行搜索,依次跟踪相邻点,找出线段经过的栅格。

② 将栅格坐标 (i,j) 变成直角坐标 (x,y)。

③ 生成拓扑关系,对于以矢量表示的边界弧段,判断其与原图上各多边形的空间关系,形成完整的拓扑结构,并建立与属性数据的联系。

④ 去除多余点及对曲线平滑化。由于搜索是逐个栅格进行的,必须去除由此造成的多余点记录以减少冗余。搜索结果曲线由于栅格精度的限制可能不够圆滑,需要采用一定的插值算法进行平滑处理。常用的算法有线性迭代法、分段三次多项式插值法、正轴抛物线平均加权法、斜轴抛物线平均加权法、样条函数插值法等。

4.4 镶嵌数据结构

针对以正方形和矩形单元进行地理空间划分的规则镶嵌数据模型,完全可以采用栅格数据结构进行数据的组织。本节重点讨论以 Voronoi 多边形和不规则三角网(triangulated irregular network,TIN)进行空间划分的不规则镶嵌数据模型的数据结构。

4.4.1 Voronoi 数据结构

以 Voronoi 面块单元来组织 Voronoi 多边形数据。如图 4.20 所示,结点 $p_1 \sim p_8$ 将平面凸多边形 $ABCDE$ 区域划分为 8 个 Voronoi 单元,定义相邻 Voronoi 单元之间的垂直平分线的交点为顶点,且各顶点分别赋予顶点 ID 号。对于每个样点及其 Voronoi 单元,其数据结构包括一组文件,在这些文件中分别记录:

① 样点序号(与 Voronoi 单元的 ID 号相同)、样点的坐标及其属性值;

② 各样点所对应的相邻样点的序号;

③ 生成的 Voronoi 单元的顶点坐标;

④ Voronoi 单元的顶点组成。

数据结构如表 4.17~表 4.20 所示。在记录相邻 Voronoi 单元 ID 号时,统一采用逆时针方向。当某样点的 Voronoi 单元的边界就是地理区域的边界时,将 Voronoi 边与地理区域边界的交点也作为顶点,但使用特殊标识符予以区分。这种数据结构对 Voronoi 多边形的生成过程,以及基于 Voronoi 的空间分析将起到重要的作用。

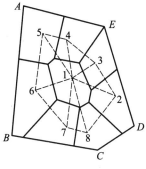

图 4.20 Voronoi 多边形

表 4.17 样点数据

样点 ID	样点坐标	样点属性值
1	x_1, y_1	A_1
2	x_2, y_2	A_2
3	x_3, y_3	A_3
4	x_4, y_4	A_4
5	x_5, y_5	A_5
6	x_6, y_6	A_6
7	x_7, y_7	A_7
8	x_8, y_8	A_8

表 4.18 Voronoi 单元邻接关系表

Voronoi 单元 ID	相邻 Voronoi 单元号
1	2,3,4,5,6,7,8
2	1,8,3
3	1,2,4
4	1,3,5
5	1,4,6
6	1,5,7
7	1,6,8
8	1,7,2

表 4.19 Voronoi 顶点信息表

Voronoi 顶点 ID	Voronoi 顶点坐标	Voronoi 顶点标识
v_1	x_1, y_1	
v_2	x_2, y_2	
v_3	x_3, y_3	
v_4	x_4, y_4	
...	...	
A	x_A, y_A	边界点
B	x_B, y_B	边界点
v_8	x_8, y_8	

表 4.20 Voronoi 单元顶点组成表

Voronoi 单元 ID	顶点 ID
1	$v_1, v_2, v_3, v_4, v_5, v_6, v_7, v_8$
2	v_2, v_3, F, D, G
3	......
4	......
5	......
6	......
7	......
8	......

4.4.2　TIN 数据结构

在数据结构上,TIN 可以采用类似于多边形的矢量拓扑结构,但不需要描述一般多边形中的 "岛"或"洞"的拓扑关系。可以采用多种方式来组织 TIN 数据模型,对图 4.21 所示的不规则三角网,可以以三角形作为基本的空间对象进行数据组织,见图 4.22。数据组织需要两个文件:

（1）点文件:每个样点对应一个记录,给出该点的 x,y 坐标,以及属性值;

（2）三角形拓扑文件:组织三角形与样点及三角形与相邻三角形的邻接关系,每个记录依顺时针方向列出三个顶点号及三个相邻的三角形号,其中相邻三角形的顺序按每个顶点对边给定的邻接三角形的顺序排列。

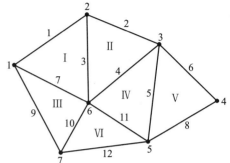

图 4.21　不规则三角网图

这种数据结构能够很好地描述三角形及其邻接关系,非常适合于需要面相邻关系的操作和分析。

点文件结构

点ID	x	y	属性
1	x_1	y_1	z_1
2	x_2	y_2	z_2
…	…	…	…
7	x_7	y_7	z_7

三角形拓扑文件结构

三角形 ID	三角形顶点			邻接三角形		
	1	2	3	1	2	3
I	1	2	6	II	III	×
II	2	6	6	IV	I	×
…	…	…	…	…	…	…
VI	7	6	5	IV	×	III

图 4.22　以三角形为基本对象的 TIN 数据结构

除直接表示三角形及其邻接关系外,也可以将结点作为基本的空间对象,进行不规则三角网的组织,使用显式来描述点、边、三角形的拓扑关系、来组织 TIN。对于图 4.21 所示的 TIN,以结点为基本空间对象的数据结构如图 4.23 所示,也需要两个文件:

点文件结构

点ID	x	y	属性值	指针
1	x_1	y_1	z_1	1
2	x_2	y_2	z_2	5
…	…	…	…	…
7	x_7	y_7	z_7	72

连接点文件结构

索引号	相连特征点
1	2
2	6
3	7
4	—
5	3
6	6
7	1
8	—
…	…

图 4.23　以特征点为基本对象的 TIN 数据结构

（1）点文件：与前一种数据结构的形式基本相同，但附加了指针项，指向相连特征点的索引号；

（2）相连特征点及索引号：按顺时针方向给出与每个特征点相连接的其他特征点的点 ID；索引号为顺序递增的流水号；在表中的"0"或"—"表示都了相连特征点的结尾处。

这种结构适合于需要三角形边相连关系的操作，如 TIN 的线性内插分析。

4.5 多维数据结构

4.5.1 多维数据的特征

现实世界呈现给我们的是一个三维甚至是多维的地理场景。地理信息系统作为对地理环境进行数字化建模和定量分析的工具，主要是构建二维和三维数据模型，并基于这些模型展开一系列的空间分析操作。但正如在概念数据模型中所述，这并不意味着在地理信息模型中不存在三维以上的数据。例如，严格意义上讲，气温不仅在二维空间分布上存在差异，随着海拔的升高，气温也会逐渐下降。这里就会涉及三个维度。但是，三个维度只能表示某个时刻任意位置的气温，而无法表示随时间的动态变化特征，这就需要添加第四个维度——时间维，从而形成了一个四维数据模型。通常将两个维度以上的数据称之为多维数据，因此，三维及更多维度的数据均可以被看作多维数据。如果用 x,y 和 z 分别代表三个维度，并以此表示三维空间，空间中的任意一个位置可以用 $L(x\_i,y\_j,z\_k)$ 表示。关于维度另一个比较重要的概念是：多个维度的任何组合都必须对应一个或多个属性值。任何地理对象，除了具有空间位置特征本身外，属性信息也是重要的数据特征。如果用 $F(m,\cdots,n)$ 表示特定维度序列的属性值，则可以用 $F(m\_{ijk},\cdots,n\_{ijk})=L(x\_i,y\_j,z\_k)$ 表示多维空间的任意属性值集合。

如果以 Z 轴分别表示高程（H）和时间（T），则时空可以用离散和连续两种方式表达。尽管三维空间模型和时空维模型的表达方式类似，但其内涵和分析范式完全不同。前者的三个维度的度量单位和度量尺度一致；而后者 T 轴所表示的时间其度量尺度和度量单位是不一致的，如 T 轴的最小度量尺度和度量单位可以是 1 分钟，也可以是 10 分钟或 1 小时。正是由于度量尺度和度量单位的不一致性导致两者的分析范式和分析模型可能不同。图 4.24 所示为三维离散数据结构、三维连续数据结构、时空离散数据结构和时空连续数据结构的示意图。

图 4.24a 所示为三维离散数据表达形式，相比二维离散数据的存储结构，只需要在空间位置的编码中加入一个新维度，即高程即可。需要指出的是，加入高程维度的点、线和面数据与将高程作为属性添加到要素中是完全不同的。属性数据只是与特定的空间要素相关联，而高程维度将作为一个维度变量，参与数据结构的设计，并影响拓扑关系的组织及空间分析算法的设计。同二维数据类似，三维数据也可以基于场模型（把地理现象作为连续变量或立方体来看待的一种模型）进行表达，图 4.24b 为常用的三维连续数据表达结构，其思想是将整个空间划分为长、宽和高相等的立方体，通过立方体的属性表示三维连续实体的属性信息，实际上，这种思想同二维平面基于格网的 GIS 类似，不同之处在于，这种三维连续数据结构不宜采用二维栅格形式存储。通常使用矢量形式，数据结构则选择采用八叉树等方式进行组织。

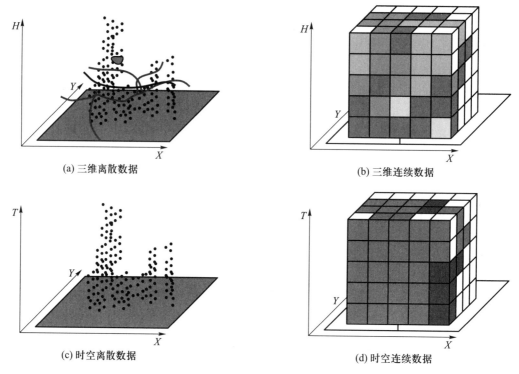

图 4.24　三维空间模型数据表达与时空维模型数据表达

图 4.24c 和图 4.24d 则分别是基于对象模型和场模型的时空数据表示方式。尽管在组织上与上面的三维数据结构类似,但在地理意义上完全不同。在数据结构方面,除了 Z 轴从高程 H 变为时间 T,并没有其他改变,但在三维数据结构中,X、Y、Z 轴的度量尺度是一致的,即某种长度单位一致的距离变量。在时空数据结构中,X、Y 轴的度量单位同三维数据结构一致,但 T 轴表示的是时间而非距离,无论是离散的表示方法还是连续的表示方法,T 轴的单位长度所表示的是特定的时间长度,而非距离长度,这必然会影响数据结构的组织及各种分析算法的实现。因此,尽管形式类似,但两种数据无论在逻辑上还是算法实现上,都具有较大的差异性。

4.5.2　多维数据结构

在概念数据模型中,将三维及以上维度的数据模型称之为多维数据模型。其中,三维数据模型和时空数据模型是最为常见的多维数据模型。要将多维数据模型应用于科学研究和应用分析,就必须提出并设计切实可行的多维数据结构。相比三维数据结构,时空数据模型整体上还处于理论与方法研究阶段,可用的数据结构并不多。但近年来,随着时空大数据的兴起,时空数据结构的研究和应用也越来越多,并逐步成为 GIS 的主流技术和研究热点。常用的三维数据结构有八叉树数据结构、三维边界表示数据结构等。成熟的时空数据结构有时空棱柱数据结构、时空立方体数据结构等。下面对八叉树数据结构和三维边界法进行介绍。

1. 八叉树数据结构

八叉树数据结构可以看成二维栅格数据中的四叉树在三维空间的推广。该数据结构是将所要表示的三维空间 V 按 X、Y、Z 三个方向从中间分割，把 V 分割成八个立方体；然后根据每个立方体中所含的目标来决定是否对各立方体继续进行八等分的划分，一直划分到每个立方体被一个目标所充满，或没有目标，或其大小已成为预先定义的不可再分的体素为止。

例如，图 4.25 所示的空间物体，其八叉树的逻辑结构可按图 4.26 表示。图 4.26 中，小圆圈表示该立方体未被某目标填满，或者说，它含有多个目标在其中，需要继续划分。有阴影线的小矩形表示该立方体被某个目标填满，空白的小矩形表示该立方体中没有目标，这两种情况都不需继续划分。

八叉树数据结构的主要优点在于可以非常方便地实现有广泛用途的集合运算（例如，可以求两个物体的并、交、差等运算），而这些恰是其他表示方法比较难以处理或者需要耗费许多计算资源的地方。不仅如此，这种方法由于具有有序性及分层性，还对显示精度和速度的平衡、隐线和隐面的消除等，带来了很大的方便。

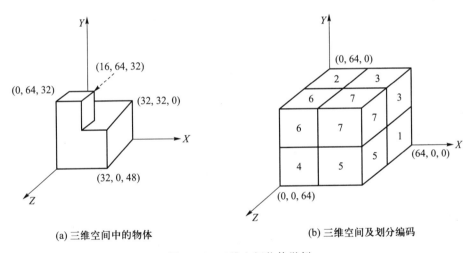

(a) 三维空间中的物体　　　　　　　(b) 三维空间及划分编码

图 4.25　三维空间物体举例

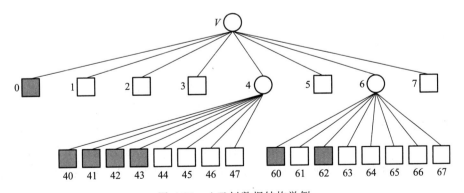

图 4.26　八叉树数据结构举例

○表示该立方体未被填满；□表示该立方体没有目标；▨表示该立方体被某目标填满

2. 三维边界表示法

在形形色色的三维物体中,平面多面体在表示与处理上均比较简单,而且又可以用它来逼近其他各种物体。平面多面体的每一个表面都可以看成一个平面多边形。为了有效地表示它们,总要指定它的顶点位置及由哪些点构成边,哪些边围成一个面这样一些几何与拓扑的信息。这种通过指定顶点位置、构成边的顶点及构成面的边来表示三维物体的方法被称为三维边界表示法。

比较常用的三维边界表示法是采用三张表来提供点、边、面的信息,这三张表就是:① 顶点表,用来表示多面体各顶点的坐标;② 边表,指出构成多面体某边的两个顶点;③ 面表,给出围成多面体某个面的各条边。对于后两个表,一般使用指针的方法来指出有关的边、点存放的位置。具体表示方法如图 4.27 中的三角形(面)、线和顶点这三张表。

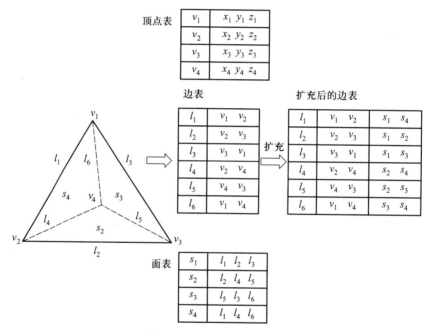

图 4.27 三维边界表示法

为了更快地获得所需信息,更充分地表达点、线、面之间的拓扑关系,可以把其他一些有关的内容结合到所使用的表中。图 4.27 中的扩充后的边表就是将边所属的多边形信息结合进边表中以后的形式。这样利用这种扩充后的表,可知某条边是否为两个多边形的公共边,如果是,相应的两个多边形也能很快得到。这是一种用空间换取时间的方法。是否要这样做,应视具体的应用而定,同样也可根据需要适当地扩充其他两张表来提高处理的效率。

除了描述它的几何结构,还要指出该多面体的一些其他特性。例如每个面的颜色、纹理等等。这些属性可以用另一个表独立存放。当有若干个多面体时,还必须有一个对象表。每个多面体在这个表中列出围成它的诸面,同样也可用指针的方式实现,这时面表中的内容,已不再是只和一个多面体有关。

采用这种分列的表来表示多面体,可以避免重复地表示某些点、边、面,因此一般来说,存储量比较小,对图形显示更有好处。例如,由于使用了边表,可以立即显示出该多面体的轮廓,也不会使同一条边重复地画上两次。可以想象,如果表中仅有多边形表而省略了边表,两个多边形的公共边不仅在表示上要重复,而且很可能会画上两次。类似地,如果省略了顶点表,那么作为一些边的公共顶点的坐标值就可能反复地写出好多次。

专业术语

实体数据结构、拓扑数据结构、网络数据结构、栅格数据结构、镶嵌数据结构、双重独立编码结构、游程长度编码、四叉树数据结构、链码数据结构、影像金字塔、多维数据结构、八叉树数据结构、三维边界表示法

复习思考题

一、思考题(基础部分)

1. 总结矢量数据和栅格数据在结构表达方面的特色。
2. 简述栅格数据压缩编码的几种方式和各自优缺点。
3. 简述矢量数据编码的几种方式和各自优缺点。
4. 常用的多维数据结构有哪些?
5. 矢量数据和栅格数据的结构都有通用标准吗? 请说明。
6. 有人说矢量数据的实质还是栅格数据,你怎么理解这句话?
7. 给出一张图,试写出图中的 DIME 数据文件和对其中多边形进行联结编辑的算法步骤,比较多边形联结编辑的异同。

二、思考题(拓展部分)

1. 试修改四叉树定义,使之适合存储数字化高程数据,并说明其存储结构的优缺点。
2. 试述栅格数据结构和矢量数据结构在一个 GIS 平台中可能结合的几种方案。

第5章 空间数据组织与管理

空间信息技术包括空间数据获取、空间数据处理和空间数据应用技术三个部分,而空间数据管理必将成为上述三种技术的基础和核心。 在数据获取过程中,空间数据库用于存储和管理空间信息及非空间信息; 在数据处理系统中,它既可以是资料的提供者,也可以是处理结果的存放处; 在检索和输出过程中,它是形成绘图文件或各类地理数据的数据源。 然而,空间数据以其惊人的数据量及其空间上的复杂性,给传统数据库系统空间数据的组织与管理上带来巨大挑战。 本章主要介绍空间数据库在空间数据库设计、数据管理组织方式、空间索引、空间查询语言等方面的技术和特点。

5.1 空间数据库概述

通用数据库作为文件管理的高级阶段,是建立在结构化数据基础上的。而空间数据具有其自身的特殊性,这就使得通用数据库管理系统在管理空间数据时表现出较多不相适应的地方,从而空间数据库应运而生。

5.1.1 数据库基础

数据库是在应用需求推动和计算机软硬件不断迭代提高基础上,经历了人工管理阶段和文件管理阶段之后发展而来的。

数据是描述事物的符号记录,可以是数字形式,也可以是文字、图形、图像、声音等多种表现形式。人们收集并抽取出应用所需的大量数据后,将其保存起来以供进一步加工处理,抽取有用信息。随着科学技术飞速发展,人们的视野越来越广,对数据的需求量急剧增加。过去人们把数据存放在文件柜里,现在借助计算机和数据库技术就能保存和管理大量复杂的数据。数据库是长期储存在计算机内的、有组织的、可共享的数据集合。数据库中的数据按一定的数据模型组织、描述和储存,具有较小的冗余度、较高的数据独立性和易扩展性,并可为各种用户共享。

过去,数据库领域中最常用的数据模型有 4 种:层次模型(hierarchical model)、网状模型(network model)、关系模型(relational model)和面向对象模型(object oriented model)。其中层次模型和网状模型统称为非关系模型。非关系模型的数据库系统在 20 世纪 70 年代至 80 年代非常流行,在数据库系统产品中占据了主导地位,现在已逐渐被关系模型的数据库系统取代。20 世纪 80 年代以来,面向对象的方法和技术在计算机各个领域,包括程序设计语言、软件工程、信息系统设计、计算机硬件设计等各方面都产生了深远的影响,也促进了数据库中面向对象数据模型的研究和发展。

目前,随着物联网技术、社交媒体等技术的发展,每天产生大量多源异构的大数据,由于关系模型数据库本身的一些不足,已经越来越无法满足互联网对数据扩展、读写速度、支撑容量及建设和运营成本的要求。在这种新变化、新要求之下产生了一种全新的非关系模型数据库产品NoSQL。NoSQL(Not Only SQL 的缩写),意即"不仅仅是 SQL"。NoSQL 数据库已经成为区别于传统关系型数据库的新一代非关系型数据库的总称,其应用也越来越广泛。

数据库数据模型发展如图 5.1 所示。

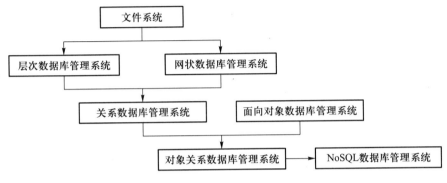

图 5.1　数据库数据模型发展历程

5.1.2　空间数据库

地理信息系统的数据库(简称空间数据库或地理数据库)是某一区域内关于一定地理要素特征的数据集合,是地理信息系统在计算机物理存储介质存储的与应用相关的地理空间数据的总和,一般是以一系列特定结构的文件的形式组织在存储介质之上的。换句话说,空间数据库是地理信息系统中用于存储和管理空间数据的场所。空间数据库系统在整个地理信息系统中占有极其重要的地位,是地理信息系统发挥功能和作用的关键,主要表现在:用户在决策过程中,通过访问空间数据库获得空间数据,在决策过程完成后再将决策结果存储到空间数据库中。空间数据库的布局和存储能力对地理信息系统功能的实现和工作的效率影响极大。如果在组织的所有工作地点都能很容易地存取各种数据,则能使地理信息系统快速响应组织内决策人员的要求;反之,就会妨碍地理信息系统的快速反应。如果获取空间数据很困难,就不可能进行及时的决策,或者只能根据不完全的空间数据进行决策,其结果都可能导致地理信息系统不能得出正确的决策结果。可见空间数据库在地理信息系统中的意义是不言而喻的。空间数据库与一般数据库相比,具有以下特点:

(1)数据量特别大:地理信息系统是一个复杂的综合体,要用数据来描述各种地理要素,尤其是要素的空间位置和空间关系等,其数据量往往很大。

(2)数据结构复杂:空间数据的组织和存储不同于传统数据,数据结构复杂。并且,顾及数据存储成本和分析需要,当前空间数据的类型比较多,且大多数数据类型都有复杂的存储结构。

(3)数据关系多样:地理信息不仅有地理要素的空间信息和属性数据,而且要定义空间信息之间、属性信息之间、空间信息和属性信息之间的空间关系和逻辑关系。仅空间关系,就存在多种复杂的拓扑关系。

（4）数据应用广泛:例如地理研究、环境保护、土地利用和规划、资源开发、生态环境、市政管理、道路建设等。

空间数据库的组成,从类型上分有栅格数据库和矢量数据库两类(图5.2),其中栅格数据包括航空遥感影像数据和DEM数据;矢量数据则包括各种空间实体数据(图形和属性数据)。

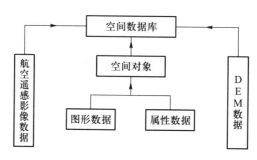

图 5.2　空间数据库的组成

5.2　空间数据库设计

5.2.1　空间数据库的设计内容

数据库设计(database design)是指对于一个给定的应用环境,构造最优的数据库模式,建立数据库及其应用系统,使之能够有效地存储数据,满足各种用户的应用需求。空间数据本身的特征,导致空间数据库的设计与传统数据库设计存在巨大的差异。良好的空间数据库设计,对于数据库的数据存储结构、存取效率等方面具有重要影响。因此对各GIS设计目标和方法有一个基本的了解至关重要。进行地理数据库设计,需要先确定要使用的数据专题,然后再指定各专题图层的内容和表现形式。

在传统的对象关系型数据库设计中,所有的实体可以抽象为类,类及其组成部分通常用二维属性表构建,实体对应于表中的行。在空间数据库中,属性数据一般用二维表存储,而用于表示地理实体的空间数据如矢量数据、栅格数据等则不能直接用表存储。此外,对于空间数据,要素和要素之间、要素与属性之间,还可能存在复杂的空间关系或逻辑关系,因此,空间数据库的设计在继承传统数据库设计原则的基础上,还必须遵循特有的设计范式。总之,空间数据库的设计具有自身的特殊之处。

相比传统数据库,在空间数据库的设计阶段,主要包括以下几个方面的内容:

（1）选择数据模型与划分地理实体:在空间数据库设计的初级阶段,选择合理的形式表达地理实体是至关重要的。所要建模的地理实体类是以矢量形式的点、线、面类型,还是以栅格形式进行表达,或者仅仅以属性表的形式存储,是首要关注的问题。例如在对河流进行建模时,必须考虑要解决问题的目标、空间数据的比例要求等方面,河流是以栅格形式表达,还是矢量形式表达,河流应建模为线要素还是面要素,诸如此类问题都是需要在空间数据库设计阶段解决的问题,并对后面的设计工作产生重要影响。

（2）确定数据实体属性与空间结构:对各主题的数据选择了合理的模型并完成地理实体划分后,需要进一步对每一个实体类的属性及结构进行设计。例如,对于河流的面要素实体,应该包含哪些必要的属性信息,例如河流长度、河流面积等空间信息,河流所辖行政区域,形成年代等属性信息。属性结构和类型的设计应当遵循与传统数据库相同的设计原则,如同一属性字段不可再分等设计范式。

（3）实现丰富的地理实体行为:较为主流的空间数据库采用对象关系型数据库进行设计。地理实体通常被抽象为要素类。地理实体的行为则通过定义要素类中要素之间的一般空间关系和拓扑关系等实现。设计空间数据库中要素的行为,是实现要素类功能自动化和智能化的主要手段。例如,通过定义线性河流要素的拓扑关系,可以保证在主干河流消失时,所依存的支流也会消失。尽管有时候事实并非如此,但类似于这样的智能化行为设计,至少在数据库设计过程中,需要这些智能化行为的时候,空间数据库能够支持。

（4）属性关系及完整性约束:相比空间关系和拓扑关系,属性关系及完整性约束则继承于传统的数据库设计内容。即使是在空间数据库中,也存在空间关系外的属性关系,或称之为逻辑关系。所谓逻辑关系是指地理实体之间,实体与相关属性表之间存在的关联关系。例如,一条河流可以属于多个行政区域管辖,一个行政区域可以管辖多条河流,这就是典型的"多对多"逻辑关系。完整性约束则指某个属性字段的值的可取值范围,取值范围可以是数值范围,也可以是枚举范围。例如,河流的平均宽度不可能是负值,也不可能是几百千米。对于河流的类型,属于一级河流、二级河流、三级河流、四级河流中的一种,而不能是其他值。前者属于数值范围,后者则属于枚举范围。因此,在空间数据库的设计过程中,可以设计这些完整性约束,从而最大程度上避免这些字段值出现异常值。

5.2.2 空间数据库的设计步骤

空间数据库的设计既要考虑各种业务需求,又要兼顾空间数据在采集、存储、管理和应用模型构建方面的内容。因此,空间数据库的设计是一个复杂的过程。其设计步骤主要包括以下几个方面:

（1）确定业务需求与目标信息产品:GIS 数据库设计应反映工作内容。考虑各种地图产品的编译和维护、分析模型、Web 制图应用程序、数据流、数据库报告、主要职责、3D 视图,以及组织中其他基于任务的要求,列出当前在此工作中使用的数据源,并通过使用这些数据源来满足数据设计的需求。针对具体应用,定义基本的 2D 和 3D 数字底图。确定将在平移、缩放和浏览底图内容时出现在每个底图中的地图比例集。

（2）根据信息需求,确定主要数据专题:较全面地定义每个数据专题的某些关键方面。确定每个数据集的用途、编辑、GIS 建模和分析、表示业务工作流,以及制图和 3D 显示。针对每个特定的地图比例指定地图用途、数据源和空间表示;针对每个地图视图和 3D 视图指定数据精度和采集指导方针;指定专题的显示方式、符号系统、文本标注和注记。考虑每个地图图层如何与其他主要图层以集成样式显示。在建模和分析时,考虑如何将信息与其他数据集一起使用（例如,如何将它们进行组合和集成）。这将帮助确定某些主要的空间关系以及数据完整性规则。确保这些 2D 和 3D 地图显示及分析属性被看作数据库设计过程的一部分。

（3）指定比例范围及每个数据专题在每个比例下的空间表示：编译数据以在地图比例的特定范围使用。为每个地图比例关联地理表示。地理表示通常在地图比例之间发生变化（例如，从面变成线或点）。在许多情况下，可能需要对要素表示进行概括，才能在更小的比例下使用。可以使用影像金字塔数据结构对栅格数据进行重采样。

（4）将各种表示形式分解为一个或多个地理数据集合：将离散要素建模为点、线和面要素类。可以考虑用高级数据类型（如拓扑、网络和地形）来建模图层中以及数据集间各要素之间的关系。

（5）为描述性的属性定义表格型数据库结构和行为：标识属性字段和列类型。表还可能包括属性域、关系和子类型。定义所有的有效值、属性范围和分类（以用作属性域）。使用子类型来控制行为。确定关系类的表格关系和关联。

（6）定义数据集的空间行为、空间关系和完整性规则：可以为要素添加空间行为和功能，也可以使用拓扑、地址定位器、网络、地形等突出相关要素中固有空间关系的特征来达到各种目的。例如，使用拓扑对共享几何的空间关系进行建模并强制执行完整性规则。使用地址定位器来支持地理编码。使用网络进行追踪和路径查找。对于栅格数据，可以确定是否需要栅格数据集或栅格目录。

（7）构建可用的原型，查看并优化设计及测试原型设计：使用地理数据库为推荐的设计构建示例地理数据库副本。构建地图，运行主要应用程序，并执行编辑操作，以测试设计的实用性。根据原型测试结果对设计进行修正和优化。具有了可用的方案后，可加载更大的数据集以检验其生产、性能、可伸缩性以及数据管理工作流程。这是很重要的一步。在开始填充地理数据库之前，先确定设计是很重要的步骤。

（8）记录地理数据库设计：有多种方法可用于描述数据库设计和决策。可以使用绘图、地图图层示例、方案图、简单的报表和元数据文档。部分用户喜欢使用 UML。但只使用 UML 是不够的。UML 无法表示所有地理属性及要做的决策。而且 UML 不能传达主要的 GIS 设计理念，例如，专题组织、拓扑规则和网络连通性。UML 无法以空间形式表现设计。许多用户使用 Visio 来创建地理数据库方案的图形表示。

5.3 空间数据特征与组织

5.3.1 空间数据的基本特征

1. 空间特征

每个空间对象都具有空间坐标，即空间对象隐含了空间分布特征。这意味着在空间数据组织方面，要考虑它的空间分布特征。除了通用性数据库管理系统或者文件系统关键字的索引和辅关键字索引外，一般都需要建立空间索引。

2. 非结构化特征

在当前关系数据库管理系统中,数据记录中每条记录都是定长的(结构化),数据项不能再分,不允许嵌套记录。而空间数据不能满足这种定长(结构化)要求。若用一条记录表达一个空间对象,其数据项可能是变长的,例如,一条弧段的坐标,其长度是不可限定的,可能是两对坐标,也可能是成百上千对坐标;另一方面,一个对象可能包含另外的一个或多个对象,例如一个多边形,可能含有多条弧段。若一条记录表示一条弧段,则该多边形的记录就可能嵌套多条弧段的记录,故它不满足关系数据模型的结构化要求,从而使得空间图形数据难以直接采用通用的关系数据管理系统。

3. 空间关系特征

空间数据除了空间坐标隐含了空间分布关系外,还通过拓扑数据结构表达了多种空间关系。这种拓扑数据结构一方面虽然方便了空间数据查询和空间分析,但另一方面也给空间数据的一致性和完整性维护增加了复杂度。特别是有些几何对象,没有直接记录空间坐标的信息,如拓扑的面状实体仅记录组成它的弧段标识,因而进行查找、显示和分析操作时都需要操纵和检索多个数据文件。

4. 多尺度与多态性

不同观察比例尺具有不同的尺度和精度,同一地物在不同情况下也会有形态差异。如,城市在空间上占据一定的范围,在较大比例尺中可以作为面状空间实体对象,而在较小比例尺中,则是作为点状空间对象来处理的。

5. 分类编码特征

一般情况下,每个空间对象都有一个分类编码,这种分类编码往往是按照国家标准,或者行业标准、地区标准来应用的。每一种地物类型在某个 GIS 中的属性项个数是相同的。因而在许多情况下,一种地物类型对应一个属性数据表文件。当然,如果几种地物类型的属性项相同,也可以多种地物类型共用一个属性数据表文件。

6. 海量数据特征

GIS 中数据量非常庞大,远大于一般的通用数据库,可称之为海量数据。一个城市地理信息系统数据量可达几十 GB,如果考虑影像数据的存储,可能达到几百个 GB。这样的数据量在城市管理的其他数据库中是很少见的。由此,需要在二维空间上划分块或图幅,在垂直方向上划分层来组织。

由于空间数据存在非结构化特征、空间关系特征,使得通用数据库管理系统在管理空间数据时,面临较多问题。具体如下:

① GIS 需要一些复杂的图形功能,一般的 DBMS(数据库管理系统)不能支持。

② DBMS 一般都难以实现对空间数据的关联、连通、包含、叠加等基本操作。

③ 地理信息表达复杂,表达单个地理实体需多个文件、多条记录,或许包括大地网、特征坐标、拓扑关系、空间特征量测值、属性数据的关键字及非空间专题属性等,一般的 DBMS 也难以

支持。

④ 具有高度内部联系的 GIS 数据记录需要更复杂的安全性维护系统。为了保证空间数据库的完整性,保护数据文件的完整性,保护系列必须与空间数据一起存储,否则一条记录的改变就会使其他数据文件产生错误。这是一般的 DBMS 都难以保证的。

⑤ GIS 中空间数据记录是变长的(存储的坐标点的数目随空间对象的变化而变化),而一般数据库都只允许把记录的长度设定为固定长度。另外,在存储和维护空间数据拓扑关系方面,DBMS 也存在严重的缺陷。因而,一般要对通用的 DBMS 增加附加的软件功能。

5.3.2 空间数据组织

1. 空间数据的分层组织

将表示同一地理范围内众多地理要素和地理现象的空间数据采用"分层"方式进行数据组织(图),这是一种起源于地图制图的空间数据组织方式。在分层数据组织中,图层(layer)可根据地理事物或地理现象的分类,按数据类型(矢量、栅格、影像等)、专题内容(theme)、要素几何类别(点、线和面)、时间次序等设定(图 5.3)。

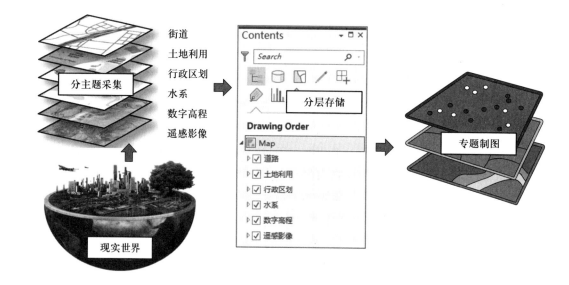

图 5.3　空间数据的分层组织

分层数据组织方式的优点是有利于用户根据实际需要,灵活地选择若干图层将其叠加组合在一起,构成数据层组(group)或子集(subset),进行分析和制图表达;分层数据组织既适合于矢量数据也适合于栅格数据,也是当今大多数 GIS 空间数据库所采用的主要数据组织形式。其缺点是层与层之间的数据必须经过层叠置(overlay)处理才能关联在一起,在叠置处理中,对栅格数据常需要大量存储空间来完成操作,而矢量数据则需大量的计算处理;同一图层内各要素的空间关系较为简单并易于处理,而不同图层上地理要素之间的空间关系则较难处理。

2. 空间数据的分块组织

当对大范围区域内众多类型空间数据进行存储和管理时,为了提高数据存储与管理的效率,可将空间数据所覆盖的区域范围分割为若干个块或分区,按块分别进行空间数据的组织。块可以是规则的,如遵照国家标准《国家基本比例尺地形图分幅和编号》(GB/T 13989—2012)的各级比例尺地形图图幅范围所划分的规则块,也可以是不规则的,如按照行政区边界范围进行不规则分块(图5.4)。

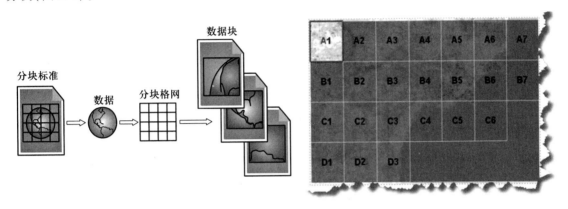

图 5.4　空间数据分块组织

在实际进行空间数据组织时,分块与分层可同时采用,并不冲突,即在每一分块范围内,空间数据仍可分层组织。分块式数据组织的优点是可提高数据存取的效率,是各级基础地理数据组织的主要方式,但其缺点是割裂了跨多个分块的地理要素,如水系、铁路等,给空间数据查询、分析操作造成障碍。

3. 空间数据的无缝组织

为了克服空间数据分幅或分块组织时,导致对跨越多个图幅或分块地理要素的割裂或不一致,从而难以查询和分析等问题,在涉及大范围、海量空间数据的数据组织时,通常采用连续、无缝的数据组织形式,以满足用户任意和透明地访问和操作数据的要求。无缝空间数据组织有三种实现途径:几何无缝、逻辑无缝和物理无缝。

几何无缝的各分幅或分块表示的地理要素都转换到该坐标框架下并进行几何接边处理,在进行数据查询和图形显示时,相邻若干图幅或分块的内容在视觉上不存在缝隙,得到的是连续一致的图形。但这种无缝仅是形式上的无缝,其实际的数据组织和存储仍然采用图幅或分块方式,要素间在图幅或分块接边处还是断续的,即有缝隙,使用时不能基于完整的要素进行查询和分析应用,例如对跨越四个图幅的面状水域进行淹没缓冲区分析,如图5.5a所示。

空间数据逻辑无缝组织是在几何无缝数据组织的基础上,对在分幅或分块边界处断裂的要素进行逻辑接边,并在逻辑上建立跨越多个图幅或分块的各个地理要素的唯一标识、链接关系或索引结构,甚至可使其共享相同属性,而要素本身在物理上仍然保持分幅或分块存储的一种空间数据组织方式,如图5.5b所示。显然,逻辑无缝数据组织有利于保证地理要素表达和分析的完

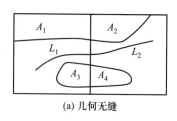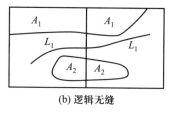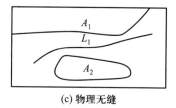

| (a) 几何无缝 | (b) 逻辑无缝 | (c) 物理无缝 |

图 5.5　无缝空间数据组织

整性,但这种方式的数据组织和存储方案技术复杂,而且由于在物理存储上仍然分离,是物理有缝的,导致查询和分析的速度受到极大影响。

物理无缝数据组织则是在逻辑无缝数据组织的基础上,将若干个或全部图幅或分块的空间数据通过物理接边,使其合并为一个整体,从而使被分幅或分块割裂的各个地理要素不仅在逻辑上共享相同的 OID(object identifier,对象标识符),也在物理上合并为同一个地理要素,并按单个要素进行组织和存储,如图 5.5c 所示。这种数据组织方案有利于按地理实体进行数据组织和操作及几何与属性数据的一体化管理。对分布在大范围区域中的地理对象,如长江、京广铁路等的查询和分析十分有利。但由于空间数据所覆盖的范围大,为了避免产生裂缝,对地理要素空间坐标只能采用地理坐标(即经度和纬度)表示,而不能采用某种投影坐标表示;而且为了提高大范围空间数据的检索和查询速度,必须建立高效的空间索引。

在实际空间数据组织中,通常将分层数据组织和无缝数据组织形式同时使用,在对不同类型地理要素进行分类分层的基础上,再进行物理无缝的数据组织和管理。

4. 多尺度空间数据组织

从理论上来说,在对现实世界的数字化表达中,不存在比例尺的概念,但从观察、理解及制图的角度来看,当涉及大范围区域时,往往需要从宏观到微观,以不同的层次细节来刻画地理要素,这就要求必须建立多尺度或多比例尺空间数据库。其目的主要有:① 从空间数据可视化的角度考虑,提供变焦数据处理能力,即随着观察范围的缩小,GIS 应能提供类别更多、数量更大和细节更详细的信息;② 可根据不同的应用和专业分析的需要,提高满足不同精度要求的空间量算和空间分析能力。

多尺度空间数据库的构建途径主要有三种:① 按比例尺的各个层级,事先分别构建多个比例尺的空间数据库,此为静态方式;② 建立一个较大比例尺的空间数据库,而其他层次比例尺的空间数据则采用自动综合算法由该库动态地派生,这一方式也称为动态方式;③ 事先建立少量等级且比例尺跨度较大的空间数据库作为基本骨架,对相邻比例尺的数据则采用自动综合方法予以生成,此为混合方式。后两种方式要求 GIS 应具有较高的自动综合能力,而自动综合至今仍是一个难题,所以第一种方式是当前主要的多尺度空间数据库构建方式。

在静态多比例尺空间数据组织中,首先按照地图比例尺的不同,如国家基本比例尺地图的比例尺,从 1∶100 万到 1∶5 000,乃至城市的 1∶1 000 和 1∶500,依比例尺序列组织具有不同层次细节的空间数据,每种比例尺的空间数据单独建库或构成子库(图 5.6)。这种多比例尺数据组织方式的优点是在应用中可根据用户的数据请求,由系统自动地调度相应比例尺的数据,实现从粗略到精细的数据查询和分析;其缺点是相同地理要素在不同比例尺数据库或子库中重复存储,存在很大的数据冗余;而且同一地理要素在各比例尺数据库中的表达存在不一致性且缺乏联系。

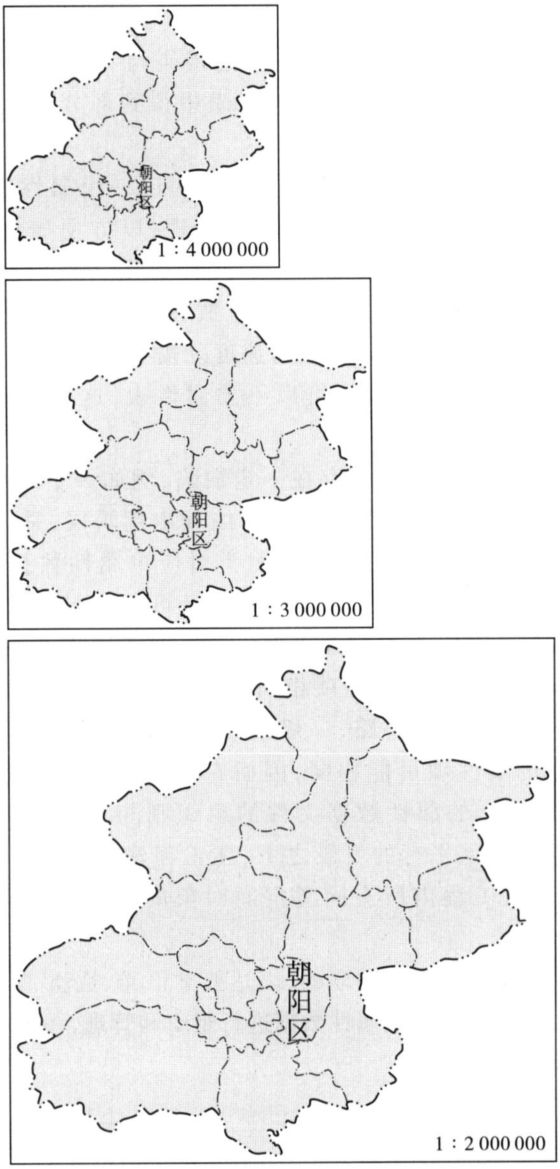

图 5.6　多尺度空间数据组织

5.3.3　属性数据组织

　　属性数据由关系数据库管理系统管理,但它的文件组织方式也要服从上述工作层、工作区和图库的要求,以便于图形文件协调工作,共同组成工作区、工作层,并进行跨图幅操作。在不同的商业化软件中,属性文件组织方式各不相同。主要的 3 种方式如下:

　　(1) 与工作层对应的组织方式:一个工作区对应一个属性文件,属性文件建立在工作区目录下。ArcGIS 采用这种方式,属性数据文件一般建立在对应的 Coverage 目录之下。无论一个工作区包含多少地物类,其目录下仅有一个 AAT 表(记录弧段属性数据)和一个 PAT

表（记录多边形属性数据）。为了表达不同地物类的不同属性项，可以按照每个地物类建立一个扩展的属性表，让它们通过地物编码和内部连接码与 AAT 表和 PAT 表相连。因此在查询某一空间地物的属性时，先从 AAT 表和 PAT 表中得到部分信息，再从关系连接查询到扩展属性信息。

（2）与地物类对应的组织方式：一个地物类文件对应一个属性表，在这种方式中，可以把这些属性数据文件放在工程（项目）目录下集中管理，以方便属性查询。MGE 的属性数据文件是建立在地物类的基础上，而且将所有的属性数据文件均放在对应的工程目录之下。也就是说，不同工作区的相同地物类的属性是放在一起的，这样属于属性的工程管理，而且大大提高了在工程范围内查找某一属性的速度。需要注意的是，MGE 并不要求每个地物类都带有属性表，一些无关紧要的地物可以不要属性表，这为 GIS 的空间数据组织提供了一定的灵活性。

（3）混合方式：由于上述两种方式都存在一定缺陷，例如一个工作区对应一个属性数据文件时，如果工作区涉及多个工作层，工作层下再细分出逻辑层，采用这种管理方式会给属性信息检索和更新带来极大不便；采用单个地物类对应单属性数据时又过于死板，更具弹性的方式是既可以设计一个地物类用一个属性表，又可以设计多个地物类共用一个属性表。GeoStar 的属性数据文件组织与管理方式吸收了前两者的优点，在 GeoStar 中，既可以对每一个地物类设计属性表，也可以对属性项相同或相近的多个地物类设计一个公用的属性表，以交通地理信息系统为例，高速公路、一级公路、二级公路、乡镇公路等，它们的地物类型编码可能不同，但它们的属性项可能相同，因而它们可以共用一个属性表，以便于查询、显示和最佳路径分析；GeoStar 的属性数据文件的组织则与 MGE 基本类似，在建立工程之前，属性数据文件位于与工作区平行的目录之下，在工程建立之后，则直接位于工程目录之下。一个属性文件包括了该工程内所有同类空间对象的属性，当属性文件趋于庞大时，则有必要建立关键字索引机制。

每一地理要素都有若干个与要素相关联的，表达要素语义、性质、等级、量度、时间等特征的属性数据。为了便于利用数据库对这些属性数据进行组织和管理，一般根据要素的不同，将各类属性按二维表进行数据组织（图 5.7）。

State	County	Rain	Total
Oklahoma	Atoka	1.80	10.16
Oklahoma	Kiowa	2.34	13.67
Oklahoma	Nowata	1.62	11.90

State	County	Avg_Rain	Max_Rain
Ohio	88	3.21	4.50
Oklahoma	77	2.56	3.86
Oregon	36	5.66	7.92

图 5.7　属性数据的组织示意图

对属性数据的二维表数据组织形式有利于采用商业化 DBMS（database management system，数据库管理系统）存储和管理属性数据，并采用结构化查询语言（structured query language，SQL）进行数据的查询、统计和分析。

5.4　空间数据管理

5.4.1　矢量数据的管理

对于矢量数据,其位置数据和属性数据通常是分开组织的。这一特点使得在管理时需要同时顾及空间位置数据和属性数据,其中属性数据很适合用关系型数据库来管理,空间位置数据则不太适合用关系型数据库管理。空间数据管理方式与数据库发展是密不可分的,按照发展的过程,对矢量数据的管理有文件-关系数据库型混合管理、全关系型管理、对象-关系型数据库管理等方式。

1. 文件-关系型数据库混合管理

由于空间数据的非结构化特征,早期关系型数据库难以满足空间数据管理的要求。因此,传统 GIS 软件采用文件与关系型数据库混合方式管理空间数据,比较典型的是 ArcInfo,有的系统也采用纯文件方式管理空间数据,如 MapInfo;即用文件系统管理几何图形数据,用商用关系型数据库管理属性数据,两者之间通过目标标识或内部连接码连接,如图 5.8 所示。

在这一管理模式中,除通过 OID(对象标识符)连接之外,图形数据和属性数据几乎是完全独立组织、管理与检索的。其中图形系统采用高级语言(如 C 语言,Delphi 等)编程管理,可以直接操纵数据文件,因而图形用户界面与图形文件处理是一体的,两者中间没有逻辑裂缝。但由于早期的数据库系统不提供高级语言的接口,只能采用数据库操纵语言,因此图形用户界面和属性用户界面是分开的。在 GIS 工作过程中,通常需要同时启动图形文件系统和关系型数据库系统,甚至在两个系统之间来回切换,使用起来很不方便。如图 5.9 所示。

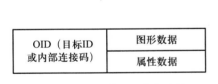

图 5.8　文件-关系型数据连接

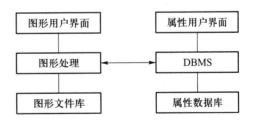

图 5.9　图形数据和属性数据的连接方式

近年来,随着数据库技术的发展,越来越多的数据库系统提供了高级语言的接口,使得 GIS 可以在图形环境下直接操纵属性数据,并通过高级语言的对话框和列表框显示属性数据;或通过对话框输入 SQL 语句,并将该语句通过高级语言与数据库的接口来查询属性数据,然后在 GIS 的用户界面下显示查询结果。这种工作模式,图形与属性完全在一个界面下进行咨询与维护,而不需要启动一个完整的数据库管理系统,用户甚至不知道何时调用了数据库系统。

在 ODBC(open database consortium,开放性数据库连接协议)推出之前,各数据库厂商分别提供一套自己的与高级语言对接的接口程序。因此,GIS 软件开发商就不得不针对每个数据库系统开发一套自己的接口程序,导致在数据共享(或数据复用)上受到限制。ODBC 推出之后,GIS 软件开发商只要开发 GIS 与 ODBC 的接口,就可以将属性数据与任何一个支持 ODBC 的关系型数据库管理系统连接。无论是通过高级语言还是 ODBC 与关系型数据库连接,GIS 用户都是在同一个界面下处理图形和属性数据,如图 5.10 所示,称为混合方式。该方式要比图 5.9 的方式方便得多。

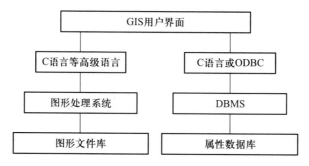

图 5.10　图形数据和属性数据的混合方式

这种管理方式的不足之处在于:① 属性数据和图形数据通过 ID 联系起来,使查询运算、模型操作运算速度减慢;② 数据分布和共享困难;③ 属性数据和图形数据分开存储,数据的安全性、一致性、完整性、并发控制及数据损坏后的恢复方面缺少基本的功能;④ 缺乏表示空间对象及其关系的能力。因此,目前空间数据管理正在逐步走出文件管理模式。

2. 全关系型数据库管理

全关系型数据库管理方式下,图形数据与属性数据都采用现有的关系型数据库存储,使用关系型数据库标准连接机制来进行空间数据与属性数据的连接。对于变长结构的空间几何数据,一般采用两种方法处理,如图 5.11 所示。

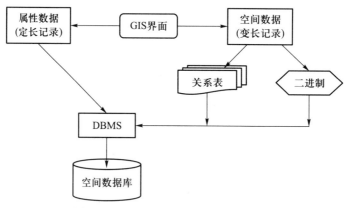

图 5.11　全关系型数据库管理空间数据

（1）按照关系型数据库组织数据的基本准则,对变长的几何数据进行关系范式分解,分解成定长记录的数据表进行存储;然而,根据关系模型的分解与连接原则,在处理一个空间对象时,如面对象时,需要进行大量的连接操作,非常费时,并影响效率。

（2）将图形数据的变长部分处理成 Binary 二进制 Block 块字段:当前大多数商用数据库都提供二进制块的字段域,以管理多媒体数据或可变长文本字符等。如 Oracle 公司引入 Long Raw 数据类型;Informix 版本引入的 BLOB（二进制数据块）数据类型;SQL Server 引入 IMAGE 数据类型。在 SQL-99(SQL-3)中,BLOB 被定义为新的数据类型,目前通用的数据库访问接口(ADO、ODBC)都支持 BLOB 类型数据的访问,通过这些接口可以对其进行读取、增加、删除和修改操作,对 BLOB 数据的所有操作和运算都需要相应的应用程序来支持。GIS 利用这种功能,通常把图形的坐标数据,当作一个二进制块整理交给关系型数据库管理系统进行存储和管理。其缺陷是,这种存储方式,虽然省去了前面所述的大量关系连接操作,但是二进制块的读写效率要比定长的属性字段慢得多,特别是涉及对象的嵌套,速度更慢。

3. 对象-关系型数据库管理

由于直接采用通用的关系型数据库管理系统的效率不高,而非结构化的空间数据又十分重要,所以许多数据库管理系统的软件商在关系型数据库管理系统中进行扩展,使之能直接存储和管理非结构化的空间数据(图 5.12),如 Informix 和 Oracle 等都推出了空间数据管理的专用模块,定义了操纵点、线、面、圆、长方形等空间对象的 API 函数。这些函数,将各种中间对象的数据结构进行了预先的定义,用户使用时必须满足它的数据结构要求,用户不能根据 GIS 要求(即使是 GIS 软件商)再定义。例如,这种函数涉及的空间对象一般不带拓扑关系,多边形的数据是直接跟随边界的空间坐标,那么 GIS 用户就不能将设计的拓扑数据结构采用这种对象-关系模型进行存储。

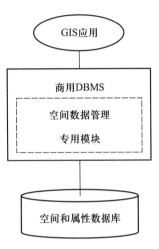

图 5.12 对象-关系型数据库管理空间数据

这种扩展的空间对象管理模块主要解决了空间数据的变长记录的管理,由数据库软件商进行扩展,效率要比前面所述的二进制块的管理高得多。但是它仍然没有解决对象的嵌套问题,空间数据结构也不能由用户任意定义,使用上仍受到一定限制。

矢量图形数据与属性数据的管理问题已基本得到解决。然而,从概念上说,空间数据还应包括数字高程模型、影像数据及其他专题数据。虽然利用关系型数据库管理系统中的大对象字段可以分块存储影像和 DEM 数据,但是对于多尺度 DEM 数据,影像数据的空间索引、无缝拼接与漫游、多数据源集成等技术还没有一个完整的解决方案。

5.4.2 栅格数据的管理

随着 GIS 应用的深入,影像数据和数字高程模型(digital elevation model, DEM)数据在整个 GIS 领域的应用越来越广泛。影像数据具有信息丰富、覆盖面广和经济、方便、快速获取等优点。DEM 数据表现了整个覆盖区域的地形起伏,可以广泛用于地理分析。目前,多数商业化的 GIS 软件都可以将影像数据、DEM 数据作为背景影像与矢量数据进行叠加显示输出。在实施栅格数据管理中,影像数据与 DEM 数据的组织与管理差别不大,这里以影像数据管理为例说明如何管理栅格数据。

栅格影像不仅包含了属性信息,还包含了隐藏的空间位置信息(即格网的行、列信息),即隐含着属性数据与空间位置数据之间的关联关系。其管理分为基于文件的影像数据库管理、文件结合数据库管理和关系型数据库管理三种方式。

1. 基于文件的影像数据库管理方式

目前大部分 GIS 软件和遥感图像处理软件都是采用文件方式来管理遥感影像数据。由于遥感影像数据库并不是仅仅包含图像数据本身,而且还包含大量的图像元数据信息(如图像类型、摄影日期、摄影比例尺等),遥感图像数据本身还具有多数据源、多时相等特点,另外,数据的安全性、并发控制和数据共享等都将使文件管理无法应付(图 5.13)。

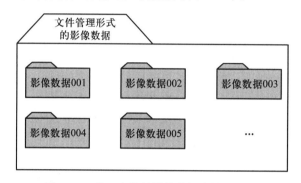

图 5.13　基于文件的影像数据库管理方式

2. 文件结合数据库管理方式

为了改进文件方式管理影像数据的效率,一种新的管理方式被提出来:文件结合数据库管理方式。实施这种方式管理影像数据时,影像数据仍按照文件方式组织管理(表 5.1);在关系型数据库中,每个文件都有唯一的标识号(ID)对应影像信息,如文件名称、存储路径等(图 5.14)。

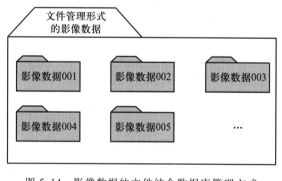

图 5.14　影像数据的文件结合数据库管理方式

表 5.1　影像信息数据库表

影像名称	块号	…
Image 001	011001	…
Image 002	011002	…
Image 003	011003	…
Image 004	021001	…
Image 005	021002	…
… …	… …	…
… …	… …	…

这种方式管理影像数据,不是真正的数据库管理方式,影像数据并没有放入数据库中,数据库管理的只是其索引。由于影像数据索引的存在,使影像数据的检索效率得到提高。

3. 关系型数据库管理方式

由于关系型数据库发展成熟,具有良好的安全措施和数据恢复机制;目前关系型数据库系统提供了存储复杂数据类型的能力,使利用关系型数据库来管理影像数据成为可能。基于扩展关系数据库的影像数据库管理是将影像数据存储在二进制变长字段中,然后应用程序通过数据访

问接口来访问数据库中的影像数据。同时影像数据的元数据信息存放在关系型数据库的表中，

二者可以进行无缝管理。数据库方式管理影像数据具有以下特点：

① 所有数据集中存储，数据安全，易于共享。

② 较方便管理多数据源和多时态的数据。

③ 支持事务处理和并发控制，有利于多用户的访问与共享。

④ 影像数据和元数据集成到一起，能方便地进行交互式查询。

⑤ 对 Client/Server 的分布式应用支持较好，网络性能和数据传输速度都有很大提高。

⑥ 影像数据访问只能通过数据库驱动接口访问，有利于数据的一致性和完整性控制，数据不会被随意移动、修改和删除。

⑦ 支持异构的网络模式，即应用程序和后台数据库服务器可以在不同操作系统平台下运行。现有商用数据库都有良好的网络通信机制，本身能够实现异构网络的分布式计算，使得应用程序的开发相对简单化。

5.4.3 时空大数据管理

1. 时空大数据的来源

随着计算机技术、物联网、移动通信及遥感等技术的进一步发展和完善，人类进入了一个前所未有的数据大爆炸时代。许多与地理位置、时间相关的时空大数据在数据管理方面给传统的 GIS 数据管理带来了挑战和机遇，一些应对时空大数据管理的方法和技术应运而生，时空大数据主要来源于以下几个方面：

（1）基础测绘数据与专题数据：尽管从传统意义上讲，基础测绘数据并不能称为时空大数据。但随着各类测绘技术的发展，基础数据的可获取能力逐步增强，数据类型越来越多，数据精度越来越高，更新频率越来越快，其数据来源也越来越广泛。例如，数据类型上，除了传统的 4D 产品外，如地理国情数据、地名普查大数据等行业地理数据共同组成了时空大数据的一大来源。

（2）遥感影像数据：随着遥感卫星技术越来越发达，遥感卫星数量越来越多，将会产生海量不同主题的遥感影像数据。基于航空摄影测量、无人机等方式的影像获取方法也越来越普及。这些均是影像数据的主要来源。此外，监控视频也会产生大量的影像数据，这些数据均具有位置和时间信息。

（3）导航定位数据：通过车载导航定位系统、智能手机等方式，可以获取大量时空大数据。如车辆追踪与轨迹大数据、手机信令数据等，几乎覆盖了所有的公共车辆和所有手机用户。

（4）互联网及物联网数据：随着自然语言处理等技术的兴起，网页数据、设计网络数据和用户行为日志等数据也成为时空大数据的主要来源。基于网络爬虫技术获取的各种互联网数据已经得到广泛应用。此外，如气象监测数据、水文监测数据等，均可以看作时空大数据。实际上，无论是偏向社会与城市的社会感知物联网大数据，还是偏向自然环节的物联网监测数据，物联网及其所产生的数据已经形成了一个规模较大的物联网生态和物联网大数据产业链，并在各行各业持续增长。

2. 时空大数据管理

时空大数据的管理必须充分考虑多方面的特殊性问题，才能满足需要。时空大数据往往来源

于不同的渠道,其数据结构各异,这就必须考虑如何整合这些数据;许多时空大数据的生产频率较高,这类数据属于实时数据,在数据存储与管理过程中,也需要充分考虑实时数据的接入和存储。时空大数据的存储管理除了需要考虑数据本身的特征外,还必须考虑其存取效率及对于分析模型的可接入性,另一个需要考虑的问题是数据的共享机制,因为时空大数据通常需要跨部门共享、多源海量的数据融合分析,才能发挥大数据的价值。就时空大数据的存储与共享而言,目前主要通过技术成熟的分布式存储方式对数据进行存储管理。在存储模型和处理机制方面,又充分考虑了数据存取的灵活性和可扩展性。图 5.15 所示为传统空间数据存储与时空大数据存储的比较。

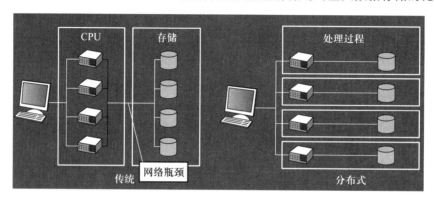

图 5.15　传统空间数据存储及时空大数据分布式存储对比示意图

　　总之,时空大数据的存储管理,不能仅仅考虑或者重点考虑数据存储层面的问题,必须从整个时空大数据平台入手展开顶层设计。既要考虑多源异构大数据的接入、组织和提取,又要考虑分析过程数据、分析结果数据的协调和组织。图 5.16 为典型的时空大数据管理平台整体框架示意图。图中,大数据资源层为时空大数据管理的主要业务层,但必须充分考虑与基础设施服务层、大数据云服务层的耦合关系。

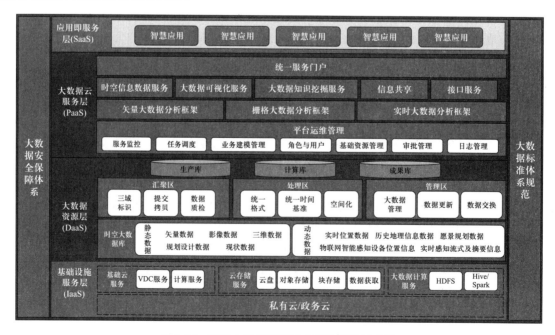

图 5.16　时空大数据管理平台整体框架示意图

5.4.4 空间数据库引擎

采用文件结合数据库管理方式的传统 GIS 数据库系统技术,在应用上取得了一定的成功,但不得不部分地采取文件方式管理,总体上无法达到数据库技术冗余度、独立性等要求,用现代数据库技术统一存放和管理空间数据与属性数据是 GIS 发展的必然趋势。1996 年,ESRI 公司与Oracle 等数据库开发商合作,开发出一种能将空间图形数据也存放到大型关系型数据库中管理的产品,将其定名为"spatial database engine",简称 SDE,即"空间数据库引擎"。之后许多的 GIS厂商和数据库厂商纷纷提出自己的商业化的产品和解决方案,比较成熟的有 GIS 厂商 ESRI 公司的 ArcSDE、MapInfo 公司的 SpatialWare、数据库厂商 Oracle 公司的 Spatial、Informix 公司的 SpatialData Blade 等产品和技术。

就其实质而言,空间数据引擎主要是为解决存储在关系型数据库中的空间数据与应用程序之间的数据接口问题。目前空间数据库引擎主要有两种主要方式。一种以 ESRI 与数据库开发商联合开发的空间引擎 SDE 为代表,可称之为"中间件"方式的空间数据库引擎。另一种空间数据库引擎由数据库厂商开发。这些厂商凭借其在数据库核心技术上的优势,在关系型数据库管理系统本身做出扩展,使之支持空间数据管理。如 Oracle 公司的 Spatial 即支持空间数据管理的专用模块,这种方式可成为"嵌入式"空间数据库引擎。其中,Oracle Spatial 实际上只是在原来的数据库模型上进行了空间数据模型的扩展,实现的是"点、线、面"等简单要素的存储和检索,所以它并不能存储数据之间复杂的拓扑关系,也不能建立一个空间几何网络。ArcSDE 则解决了这些问题,并利用空间索引机制来提高查询速度,利用长事务和版本机制来实现多用户同时操纵同一类型数据,利用特殊的表结构来实现空间数据和属性数据的无缝集成等,ArcSDE 原理示意如图 5.17 所示。

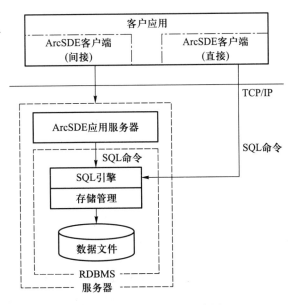

图 5.17 ArcSDE 原理示意图

5.5　空间数据检索

5.5.1　空间数据索引概述

　　索引是对数据库表中一列或多列的值进行排序的一种结构,使用索引可快速访问数据库表中的特定信息。当数据量较大时,构建索引是提高数据查询效率的主要手段。相比传统数据,空间数据的数据量更大,结构更加复杂,因此,要实现空间数据的快速检索,就必须构建空间数据索引。由于空间数据是多维的,传统的索引技术并不完全适用于空间数据。这就需要充分考虑空间数据的主要特征,设计空间索引算法。

　　空间索引是指依据空间对象的位置和形状或空间对象之间的某种空间关系按一定的顺序排列的一种数据结构,其中包括空间对象的概要信息,如对象的标识、外接矩形及其指向空间对象实体的指针。作为一种辅助性的空间数据结构,空间索引介于空间操作算法和空间对象之间,通过它的筛选,大量与特定空间数据操作无关的空间对象得以被排除,从而提高空间数据操作的速度和效率。空间索引的性能的优劣直接影响空间数据库和地理信息系统的整体性能,它是空间数据库和地理信息系统的一项关键技术。常见的空间索引一般是自顶向下、逐级划分空间的各种数据结构,比较有代表性的包括 R 树索引、四叉树索引、动态索引(多级格网索引)和图库索引(三级索引),每种空间索引都有自身的优势,只有合理选择空间索引的类型,才能满足高效地检索海量影像和矢量空间数据的需求。此外,结构较为简单的格网空间索引有着广泛的应用。

5.5.2　空间数据索引算法

1. 对象范围索引

　　在记录每个空间实体的坐标时,记录包围每个空间实体的外接矩形的最大最小坐标。这样,在检索空间实体时,根据空间实体的最大最小范围,预先排除那些没有落入检索窗口内的空间实体,仅对那些外接矩形落在检索窗口的空间实体做进一步的判断,最后检索出那些真正落入窗口内的空间实体。在如图 5.18 所示的查询窗口中,对所有空间实体的外接矩形最大最小坐标进行落入判别,其中空间实体 B、C 完全落入查询窗,从空间数据库中提取 B 和 C 的相应数据。

　　这种方法没有创建真正的空间索引文件,而是在空间对象的数据文件中增加了最大最小范围,主要依靠空间计算进行判别。此方法仍需要对整个数据文件的空间对象进行检索,只是某些对象可以通过判别予以直接判别,而有些对象仍需要进行复杂计算才能判别。虽然该方法仍需要花费大量时间来进行空间检索,但随着计算机的处理速度的加快,这种方法在一定程度上能够满足查询检索的效率要求。

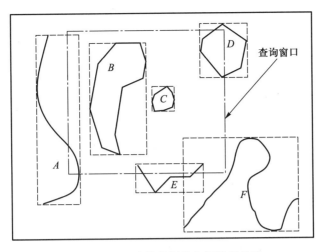

图 5.18　基于实体范围的空间数据检索

2. 格网空间索引

格网空间索引的思路比较简单,容易理解和实现。其基本思想是将研究区域用横竖线条划分大小相等和不等的格网,记录每一个格网所包含的空间实体。当用户进行空间查询时,首先计算出用户查询对象所在格网,然后再在该格网中快速查询所选空间实体,这样一来就大大地加速了空间索引的查询速度。

将覆盖整个研究区的范围按照一定的规则划分成大小相等的格网,然后记录每个格网内所包含的空间实体,为了便于建立空间索引的线性表,将每个格网按 Morton 码或称 Peano 码进行编码,建立 Peano 码与空间实体的关系,该关系表就成为格网索引文件,如图 5.19 所示。

空间索引表

Peano码	实体
7	B
14	F
15	F
25	A
26	F
32	D
33	D
35	D, G
37	F
38	D
39	F
48	F
50	F
54	C
55	C
60	C

实体索引表

实体	Peano码
A	25-25
B	7-7
C	54-55
C	60-60
D	32-33
D	35-35
D	38-38
F	14-15
F	26-26
F	37-37
F	39-39
F	48-48
F	50-50
G	35-35

21	23	29	31	53	55	61	63
20	22	28	30	52	54	60	62
17	19	25	27	49	51	57	59
16	18	24	26	48	50	56	58
5	7	13	15	37	39	45	47
4	6	12	14	36	38	44	46
1	3	9	11	33	35	41	43
0	2	8	10	32	34	40	42

(a)   (b)   (c)

图 5.19　基于 Peano 码的格网空间索引

从上例中可以看到,没有包含空间实体的格网,在索引表中没有出现该编码,即没有该条记录。如果一个格网中含有多个地物,则需要记录多个实体的标识,如图 5.19 中的 35 号格网,含有线状目标和点状目标两个地物,故记录了两个实体的标识。如果需要表格化,则需要使用串行指针将多个空间目标联系到一个格网内。

按格网空间索引对空间数据进行索引时,所划分的格网数不能太多,否则,索引表会因本身太大而不利于数据的索引和检索。

3. 四叉树空间索引

四叉树作为一种有效的数据结构,不仅可以用来对栅格数据进行组织,它还可用于建立空间数据的索引。四叉树中的线性四叉树和层次四叉树都可以用于建立空间索引。

在建立四叉树索引时,根据所有空间对象覆盖的范围,进行四叉树分割,使每个子块中包含单个实体,然后根据包含每个实体的子块层数或子块大小,建立相应的索引。在四叉树索引中,大区域空间实体更靠近树的根部,小实体位于叶端,以不同的分辨率来描述不同实体的可检索性。

线性四叉树采用 Morton 码或 Peano 码来表示四叉树的大小和层数(图 5.20)。

在图 5.20 中,空间实体 E 的外接矩形范围很大,涉及由结 0 开始的 4×4 个结点,所以在索引表的第一行,Peano 码为 0(表示涉及整个区域),边长为 4,实体标识符为 E;空间实体 D 虽然仅涉及 Peano 码为 0 和 2 两个格网,但对四叉树来说,它所涉及的 0、1、2、3 四个结点不可再分割,因此它需要 2×2 的结点来表达。同理,实体 C 也需要用 2×2 的结点表达。而点状实体 A、F、G 本身没有大小,直接使用最低一级结点来表示。由此就可建立 Peano 码与空间实体的索引关系。在进行空间数据检索和提取时,根据 Peano 码和边长值就可以检索出某一范围内的对象。

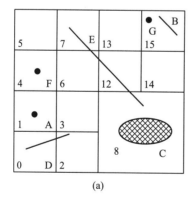

Peano码	边长	实体
0	4	E
0	2	D
1	1	A
4	1	F
8	2	C
15	1	B、G

(a)　　　　　　(b)

图 5.20　用线性四叉树组织的空间索引

使用层次四叉树建立空间数据的索引与线性四叉树基本相同,但是它需要记录不同层次结点间的指针,建立索引和维护都比较困难。

4. R 树和 R+树空间索引

与实体范围索引类似,R 树和 R+树利用空间实体的外接矩形来建立空间索引。就 R 树而言,认为有 n 个实体被 n 个外接矩形(Rectangles,R)所包围,现欲寻找某一特定的矩形,或是检索一个矩形中某一特定的点,若对数据不进行适当组织的话,那么测试的次数与外接矩形的个数成正比。假如有成千上万个矩形,则检索特定的空间数据所需的时间太多,检索效率低下。

R 树空间索引不仅利用单个实体的外接矩形,还将空间位置相近的实体的外接矩形重新组织为一个更大的虚拟矩形。在构造虚拟矩形时,虚拟矩形方向与坐标方位轴一致,同时满足以下条件:包含尽可能多的空间实体;矩形间的重叠率尽可能少;允许在每个矩形内再划分小矩形。对这些虚拟的矩形建立空间索引,它含有指向所包围的空间实体的指针。

R 树空间索引就是按包含实体的矩形来确定的,树的层次表达了分辨率信息,每个实体与 R 树的结点相联系,这点与四叉树相同。矩形的数据结构为

RECT(Rectangle-ID,Type,Min-X,Min-Y,Max-X,Max-Y)

其中 Rectangle-ID 为矩形的标识符;Type 表示矩形的类别是实体的外接矩形还是虚拟矩形;Min-X、Min-Y 为该矩形的左下角坐标;Max-X,Max-Y 为该矩形的右上角坐标。

在虚拟矩形与实体的外接矩形重合时,两者的标识符相同。由于虚拟矩形允许再划分,因此还必须建立不同层次矩形的相互关系:

PS(上层虚拟矩形标识符,下层虚拟矩形标识符)

在进行空间数据检索时,首先判断哪些虚拟矩形落入查询窗口内,再进一步判别哪些实体是被检索的内容,这样可以提高数据检索的速度。图 5.21 给出了 R 树空间数据索引的实例。在该例中,仅有 2 层,内层矩形为实体的外接矩形,外层矩形为建立的虚拟矩形。如虚拟矩形 *B* 中包含了实体外接矩形 *H*、*I*、*J*、*K*。

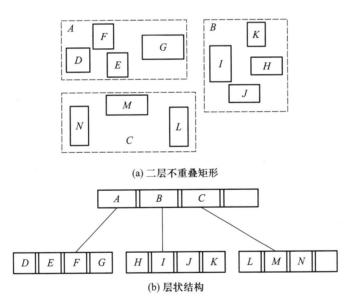

(a) 二层不重叠矩形

(b) 层状结构

图 5.21 R 树空间索引示意图

在构造 R 树时,要求虚拟矩形之间尽量不要重叠,而且一个空间实体通常仅被一个同级虚拟矩形所包围。但由于空间对象的复杂性,实体的外接矩形通常是重叠的,从而使包含它们的虚拟矩形难免会重叠。R+树是对 R 树空间索引的一种改进,它允许虚拟矩形重叠,并分割下层虚拟矩形,允许一个空间实体被多个虚拟矩形包围。在构造虚拟矩形时,尽量保持每个虚拟矩形包含相同个数的下层虚拟矩形或实体外接矩形,以保证任一实体具有相同的检索时间(图 5.22)。

R+树的数据结构与 R 树的相同,但是,对于被分割的下层虚拟矩形或实体外接矩形,还要增加关系表达:

DECOMP(原矩形标识符,分割后矩形 1 的标识符,分割后矩形 2 的标识符)

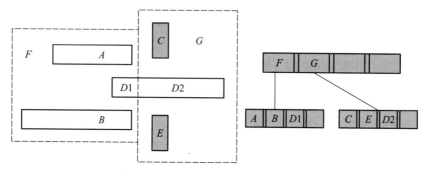

图 5.22 R+树空间索引示意图

5.5.3 空间数据库查询语言

查询语言是与数据库交互的主要手段,是数据库管理系统的一个核心要素。SQL 是用于关系型数据库管理系统的常见结构化查询语言,具有易用、直观、通用的特点。由于关系模型适合于处理简单数据类型,如字符串、日期类型等;而空间数据比较复杂,由点、线、多边形等混合而成,于是希望能将 SQL 扩展,用来支持空间数据。

1. 标准查询语言

SQL 是 1974 年由 Boyce 和 Chamberlin 提出的。1975—1979 年 IBM 公司在其关系型数据库管理系统原型 system R 实现了这种语言。由于它功能丰富、语言简洁而被众多计算机公司和软件公司所采用,经不断修改、扩充和完善,从最初的 SQL-86,经历 SQL-89、SQL-92(SQL-2)发展到 SQL-99(SQL-3,支持空间数据),SQL 发展成为关系型数据库的标准语言。其中 SQL-86 为 SQL 的最初版本,亦称为 SQL-1;SQL-92 是 SQL 成为关系型数据库标准语言的版本,也称为 SQL-2;而在设计 SQL-99 时则主要考虑对通用 SQL 进行扩展,以支持空间数据,是 SQL 的第三个版本,也称为 SQL-3。

SQL 是一种介于关系代数与关系演算之间的结构化查询语言,它不仅仅是具备查询功能,是一个通用的、功能极强的关系型数据库语言,还是一个综合的、简洁易学的语言。SQL 集数据查询(data query)、数据操纵(data manipulation)、数据定义(data definition)和数据控制(data control)功能于一体,主要特点包括:① 综合统一,SQL 集数据定义、操纵、控制功能于一体,能很好地满足数据操作要求;② 高度非结构化,SQL 进行数据操作时,只需提出"做什么",操作由系统自动完成;③ 面向集合的操作方式;④ 语言简洁,易学易用等。

SQL 功能极强,但由于设计巧妙,语言十分简单,完成核心功能只用 9 个动词,如表 5.2 所示。SQL 接近英语口语,因此容易学习,容易使用。

表 5.2　SQL 的动词

SQL 功能	动词
数据查询	select
数据定义	create, drop, alter
数据操纵	insert, update, delete
数据控制	grant, revoke

2. 扩展 SQL 处理空间数据

SQL 不足之处是只提供简单的数据类型：整型、日期型、字符串型等。空间数据库（SDB）的应用必须能处理多点、线和多边形这样的复杂的数据类型。亟须对 SQL 进行空间扩展。SQL 的空间扩展，需要一项普遍认可的标准。OGIS 协会（Open GIS）是由一些主要软件供应商组成的联盟，负责制定与 GIS 互操作相关的行业标准。OGIS 的空间数据模型可以嵌入各种编程语言中，例如 C 语言、Java 语言、SQL 等等。OGIS 提出了一套标准，把二维地理空间 ADT（abstract data type，抽象数据类型）整合到 SQL 之中，并且包括了指定拓扑的操作和空间分析操作。OGIS 标准所指定的操作可分成三类，如表 5.3 所示：

表 5.3　OGIS 标准定义的一些操作

基本函数	SpatialReference( )	返回几何体的基本坐标系统
	Envelope( )	返回包含几何体的最小外接矩形
	Export( )	返回以其他形式表示的几何体
	IsEmpty( )	如果几何体是空集则返回真
	IsSimple( )	如果几何体是简单的（即不自交）则返回真
	Boundary( )	返回几何体的边界
拓扑/集合运算符	Equal	如果两个几何体的内部和边界在空间上相等，则返回真
	Disjoint	如果内部和边界不相交，则返回真
	Intersect	如果几何体不相交，则返回真
	Touch	如果两个面仅仅是边界相交但是内部不相交，则返回真
	Cross	如果一条线和面的内部相交，则返回真
	Within	如果给定的几何题的内部不和另一个几何体的外部相交，则返回真
	Contains	判断给定的几何体是否包含另一个给定的几何体
	Overlap	如果两个几何体的内部有非空交集，则返回真
空间分析	Distance	返回两个几何体之间的最短距离
	Buffer	返回到给定几何体的距离小于或等于指定值得几何体的点集合
	ConvexHull	返回几何体的最小闭包
	Intersection	返回由两个几何体的交集构成的几何体
	Union	返回由两个几何体的并集构成的几何体
	Difference	返回几何体与给定几何体不相交的部分
	SysmmDiff	返回两个几何体与对方互不相交的部分

（1）用于所有几何类型的基本操作：例如，Spatial Reference 返回所定义对象几何体采用的基本坐标系统。常见的参照系统的例子包括：人们熟悉的经纬度（latitude and longitude）系统和用得最多的通用横轴墨卡托（universal traversal mercator，UTM）投影。

（2）用于空间对象间拓扑关系和集合关系的操作测试：例如，Overlap 判断两个对象内部是否有一个非空的交集。

（3）用于空间分析的一般操作：例如，Distance 返回两个空间对象之间的最短距离。

OGIS 标准 SQL-99（SQL-3）在一定程度上解决了将通用 SQL 扩展到空间的目标，但仍存在以下问题。

① OGIS 标准仅仅局限用于空间的对象模型，考虑到空间信息可以映射到场模型，OGIS 正在开发针对场数据类型和操作的统一模型。

② 即使在对象模型中，对于简单的选择-投影-连接查询来说，OGIS 的操作也存在局限性。

③ OGIS 标准过于关注基本拓扑的和空间度量的关系，而忽略了对度量操作的类的支持，不支持那些基于方位（例如，北、南、左、前等）谓词的操作。

④ OGIS 标准不支持动态的、基于形状及基于可见性的操作。

专业术语

空间数据库、空间数据库设计、空间数据库引擎、空间数据索引、对象范围索引、格网空间索引、R 树和 R+树空间索引

复习思考题

一、思考题（基础部分）

1. 什么是空间数据库，具有什么特点？
2. 空间数据库的设计步骤有哪些？
3. 矢量数据的管理方式有哪些，各有什么优缺点？
4. 栅格数据的管理方式有哪些，各有什么优缺点？
5. 数据库中空间数据是如何进行分幅分层组织的？
6. 空间数据的索引方式有哪些，比较各种方法的优缺点。

二、思考题（拓展部分）

1. 通过阅读资料，比较 ArcSDE、Oracle Spatial 等空间数据引擎的特点。
2. 以江苏省为例，讨论建立江苏省省级 GIS 的数据管理思路和方法。
3. 分析常用 GIS 软件的空间和属性数据管理的特点。
4. 试比较 ArcGIS、MapGIS 和 SuperMap 的属性数据管理策略的特点。

第6章 空间数据采集与处理

整个地理信息系统就是围绕着空间数据的采集、处理、存储、分析和表现而展开的,因此空间数据来源、采集手段、生成工艺、数据质量都直接影响地理信息系统应用的潜力、成本和效率。本章首先介绍数据源及其基本特征,同时概述空间数据采集与处理的基本流程;在此基础上,分别介绍空间数据和属性数据的采集方式,数据编辑、数学基础变换,以及数据重构等数据处理的原理与方法;然后讲解了数据质量评价与控制相关理论,最后简述了数据入库的主要流程。

6.1 概　　述

空间数据的准确、高效获取是 GIS 良性运行的基础。空间数据的来源多种多样,包括地图数据、野外实测数据、空间定位数据、摄影测量与遥感影像数据、多媒体数据等。不同的数据源有不同的采集方法,能够获取的空间数据也不尽相同,这其中涉及:① 数据源的选择;② 采集方法的确定;③ 数据的进一步编辑与处理,包括错误消除、数学基础变换、数据结构与格式的重构、图形的拼接、拓扑的生成、数据的压缩、质量的评价与控制等,保证采集的各类数据符合数据入库及空间分析的需求;④ 数据入库,让采集的空间数据统一进入空间数据库。本章将系统介绍数据采集与处理过程所涉及的理论方法和关键技术。

6.1.1 数据源分类

GIS 数据源比较丰富,类型多种多样,通常可以根据数据获取方式或数据表现形式进行分类(图 6.1)。

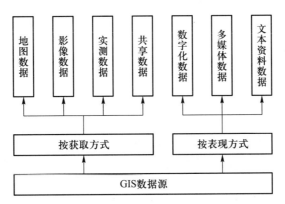

图 6.1　GIS 数据源分类示意图

根据数据获取方式可以分为:① 地图数据。地图是传统的空间数据存储和表达的方式,数据丰富且具有很高的精度。国家基本比例尺系列地形图及各类专题地图,经过数字化处理,成为GIS 最重要的数据源之一。② 遥感影像数据。随着航空、航天和卫星遥感技术的发展,影像数据以其现势性强等诸多优点迅速成为 GIS 的主要数据源之一。摄影测量技术可以从立体像对中获取地形数据,对遥感影像的解译和判读还可以得到诸如土地利用类型、植被覆盖类型等诸多数据信息。③ 实测数据。各种野外实验、实地测量数据也是 GIS 常用的获取数据的方式。实测数据具有精度高、现势性强等优点,可以根据系统需要灵活地补充。④ 共享数据。地理信息系统在发展的过程中,产生了大量的数据信息。经过格式转换,许多数据、信息在不同的系统中是可以重复利用的。因此,很多时候有必要进行数据共享以降低系统成本和减少资源浪费。同时,通信、网络技术的高度发达,为地理信息共享提供了高效可行的通道。⑤ 其他数据。通过其他方式获取的数据。

按照数据的表现形式还可以将数据分为数字化数据、多媒体数据及文本资料数据。

6.1.2 数据源特征

1. 地图数据

各种类型的地图是目前 GIS 最常见的数据源。地图是地理数据的传统描述形式,是具有共同参考坐标系统的点、线、面的二维平面形式的表示,内容丰富,图上实体之间的空间关系直观,而且实体的类别或属性可以用各种不同的符号加以识别和表示。不同种类的地图,其研究的对象不同,应用的部门、行业不同,所表达的内容也不同。主要包括普通地图和专题地图两类。普通地图是以相对平衡的详细程度表示地球表面上的自然地理和社会经济要素,主要表达居民地、交通网、水系、地貌、境界、土质和植被等。其中大比例尺地形图具有较高的几何精度,真实反映区域地理要素的特征。专题地图着重反映一种或少数几种专题要素,如地质、地貌、土壤、植被和土地利用等原始资料。通常以地图作为 GIS 数据源时可将地图内容分解为点、线和面三类基本要素,然后以特定的编码方式进行组织和管理。此外,地图是经过系列制图综合的产物,在 GIS 趋势分析、模式分析等方面具有非常重要的作用。

在应用地图数据时应注意以下几点:

(1) 地图存储介质的缺陷:由于地图多为纸质,在不同的存放条件下存在不同程度的变形,具体应用时,须对其进行纠正。

(2) 地图现势性较差:传统地图更新周期较长,造成现存地图的现势性不能完全满足实际需要。

(3) 地图投影的转换:使用不同投影的地图数据进行交流前,须先进行地图投影的转换。

2. 遥感影像数据

遥感影像(航空、卫星)数据也是 GIS 中一个极其重要的信息源(图 6.2,图 6.3)。通过遥感影像数据可以快速、准确地获得大面积的、综合的各种专题信息,航天遥感影像还可以取得周期性的资料,这些都为 GIS 提供了丰富的信息。每种遥感影像都有其自身的成像规律、变形规律,所以在应用时要注意影像的纠正、影像的分辨率、影像的解译特征等方面的问题。

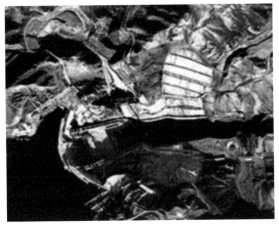

图 6.2　卫星遥感影像局部

图 6.3　航空影像局部

3. 实测数据

实测数据主要指各种野外实验、实地测量所得数据,它们通过转换可直接进入 GIS 的空间数据库以用于实时分析和进一步应用。其中,GPS 点位数据、地籍测量数据等通常具有较高的精度和较好的现势性,是 GIS 的重要数据来源。

4. 统计数据

许多部门和机构都拥有不同领域如人口、自然资源等方面的大量统计资料、国民经济的各种统计数据,这些常常也是 GIS 的数据源,尤其是属性数据的重要来源。统计数据一般都是和一定范围内的统计单元或观测点联系在一起,因此采集这些数据时,要注意包括研究对象的特征值、观测点的几何数据和统计资料的基本统计单元。当前,在很多部门和行业内,统计工作已经在很大程度上实现了信息化,除以传统的表格方式提供使用外,已建立起各种规模的数据库,数据的建立、传送、汇总已普遍使用计算机。各类统计数据可存储在属性数据库中与其他形式的数据一起参与分析。表 6.1 为一张统计图表,记录了不同地区不同月份的气温垂直递减率。

表 6.1　各地气温垂直递减率(据伍光和,2000)　　　　　　单位:℃/100m

地区	测站	高度差/m	1 月	4 月	7 月	10 月
天山南坡	阿克苏-阿合奇	883	0.03	0.57	0.59	0.31
天山北坡	乌鲁木齐-小渠子	1 266	-0.40	0.50	0.74	0.40
祁连山北坡	玉门镇-玉门市	800	-0.03	0.49	0.50	0.26
贺兰山区	银川-贺兰山	1 789	0.29	0.59	0.64	0.50

5. 共享数据

目前,随着各种专题图件的制作和各种 GIS 的建立,直接获取数字图形数据和属性数据的可能性越来越大。GIS 数据共享已成为地理信息系统技术的一个重要研究内容,已有数据的共享也成为 GIS 获取数据的重要来源之一。但对已有数据的采用需注意数据格式的转换和数据精度、可信度的问题。

6. 多媒体数据

由多媒体设备获取的数据(包括声音、录像等)也是 GIS 的数据源之一,目前其主要功能是辅助 GIS 的分析和查询,可通过通信口传入 GIS 的空间数据库中。

7. 文本资料数据

各种文字报告和立法文件在一些管理类的 GIS 中,有很大的应用,如在城市规划管理信息系统中,各种城市管理法规及规划报告在规划管理工作中起着很大的作用。在土地资源管理、灾害监测、水质和森林资源管理等专题信息系统中,各种文字说明资料对确定专题内容的属性特征起着重要的作用。在区域信息系统中,文字报告是区域综合研究不可缺少的参考资料。文字报告还可以用来研究各种类型地理信息系统的权威性、可靠程度和内容的完整性,以便决定地理信息的分类和使用。文字说明资料也是地理信息系统建立的主要依据,须认真加以研究,准确输入计算机系统,使资料搜集更加系统化。

对于一个多用途的或综合型的系统,一般都要建立一个大而灵活的数据库,以支持其非常广泛的应用范围。而对于专题型和区域型统一的系统,则数据类型与系统功能密切相关。

8. 物联网-传感器数据

目前,物联网技术已经日臻成熟。物联网传感器数据主要包括城市社会物联网大数据和自然环境监测大数据两部分。前一部分主要包括车辆的轨迹数据、智能卡的刷卡数据、手机 GPS 定位数据(手机信令数据)等与城市、社会强相关的物联网大数据。后一部分主要来源于各方面的监测数据,如污染物、天气、电网等监测数据。

9. 互联网数据

随着机器学习技术的发展、大数据分析的兴起,以网络爬虫技术为主要获取方式的互联网数据已经成为 GIS 的主要大数据来源。这些数据包括社交媒体数据和各类评论数据,如微博签到数据、美食点评数据、旅游日志等。有些社交媒体数据本身就有定位和时间信息,有些尽管不包含时空信息,但通过自然语言处理等技术可以获取与地理位置相关的信息。

6.1.3 空间数据采集与处理的基本流程

不同的数据源,有不同的采集与处理方法,总体上讲,空间数据的采集与处理包含图 6.4 所示的基本内容。

1. 数据源的选择

地理信息系统可用的数据源多种多样,进行选择时,应注意从以下几个方面考虑:① 是否能够满足系统功能的要求。② 所选数据源是否已有使用经验。如果传统的数据源可用的话,就应避免使用其他的陌生数据源。一般情况下,当两种数据源的数据精度差别不大时,宜采用有使用

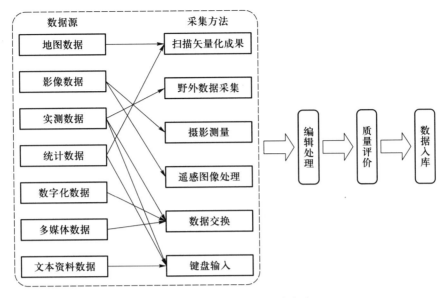

图 6.4　空间数据采集的基本内容

经验的传统数据源。③ 系统成本。因为数据成本占 GIS 工程成本的 70%甚至更多,所以数据源的选择对于系统整体的成本控制至关重要。

2. 采集方法的确定

根据所选数据源的特征,选择合适的采集方法。如图 6.4 所示,地图数据的采集,通常采用扫描矢量化的方法;影像数据包括航空影像数据和卫星遥感影像数据两类,对于它们的采集与处理,已有完整的摄影测量、遥感图像处理的理论与方法;实测数据指各类野外测量所采集的数据,包括平板仪测量,一体化野外数字测图、空间定位测量(如 GPS 测量)等;统计数据可采用扫描仪输入作为辅助性数据,也可直接用键盘输入;已有的数字化数据通常可通过相应的数据交换方法转换为当前系统可用的数据;多媒体数据通常也是以数据交换的形式进入系统;文本资料数据可用键盘直接输入。

3. 数据的编辑与处理

各种方法所采集的原始空间数据,都不可避免地存在错误或误差,属性数据在输入数据库时,也难免会存在错误,所以对图形数据和属性数据进行一定的检查、编辑是很有必要的。不同系统对图形的数学基础、数据结构等可能会有不同的要求,往往需要进行数学基础、数据结构的转换。此外,根据系统分析功能的要求,需要对数据进行图形拼接、拓扑生成等处理。如果考虑到存储空间和系统运行效率,往往需要对数据进行一定程度地压缩。

4. 数据质量控制与评价

无论何种数据源,使用何种方法进行采集,都不可避免地存在各种类型的误差,而且误差会在数据处理及系统的各个环节之中累积和传播。对于数据质量的控制和评价是系统有效运行的重要保障和系统分析结果可靠性的前提条件之一。

5. 数据入库

数据入库就是按照空间数据管理的要求,把采集和处理的成果数据导入空间数据库。

6.2 数 据 采 集

数据采集就是运用各种技术手段,通过各种渠道收集数据的过程。服务于地理信息系统的数据采集工作包括两方面内容:空间数据的采集和属性数据的采集,它们在过程上有很多不同,但也有一些具体方法是相通的。空间数据采集的方法主要包括野外数据采集、现有地图数字化、摄影测量方法、遥感图像处理方法等。属性数据采集包括采集的过程及采集后的分类和编码,主要是从相关部门的观测、测量数据、各类统计数据、专题调查数据、文献资料数据等渠道获取。此外,遥感图像解译也是获取属性数据的重要渠道。本节将对空间数据和属性数据的采集做系统介绍。

6.2.1 空间数据采集

1. 野外数据采集

野外数据采集是 GIS 数据采集的一个基础手段。野外数字测图技术利用全站仪、GNSS(global navigation satellite system,全球导航卫星系统)等设备和数字测图软件系统构成地面数字测图系统,实地进行基础地理数据的采集和处理,特别适合于小范围地区、大比例尺数据的获取。野外数据采集有如下两种模式:

(1) 数字测记:数字测记模式使用全站仪或 GNSS RTK 在实地测定或计算地形、地物特征点(也称碎部点)的三维坐标,用仪器内存储器或联机通信(使用数据线的有线通信或蓝牙无线通信)的电子手簿记录碎部点定位信息,用草图或简码记录其他绘图信息,在室内将测量数据传输到计算机,在数字测图软件的支持下,进行人机交互编辑与处理,得到 DLG、DEM 及全要素地形图。根据实地采集数据所使用设备的不同,又可进一步分为全站仪数据测记模式和 GNSS RTK 数字测记模式。

(2) 电子平板测绘:电子平板测绘模式实际上是使用"全站仪+便携机+测图软件"在实地进行数据采集与编辑、制图的作业方式。在该模式中,使用便携机(笔记本电脑或 PDA)的屏幕模拟测图平板,利用数字测图软件,在野外直接将全站仪测定的碎部点实时传输给便携机并展绘到屏幕上,依据测点的连接关系,进行地形、地物要素的矢量化编辑,从而实现测与绘的同步,达到"所测即所得"的目的。

2. 地图数字化

地图数字化一般采用扫描矢量化的方法。首先根据地图幅面大小,选择合适规格的扫描仪,对纸质地图扫描生成栅格图像。然后在几何校正之后,即可进行矢量化。其工作流程如图 6.5 所示。对栅格图像的矢量化有软件自动矢量化和屏幕鼠标跟踪矢量化两种方式。软件自动矢量化工作速度较快、效率较高,但是由于软件智能化水平有限,其结果仍然需要再进行人工检查和编辑。屏幕鼠标跟踪矢量化的作业方式与数字化影像测量仪基本相同,仍然是手动跟踪,但是数字化的精度和工作效率得到了显著的提高。

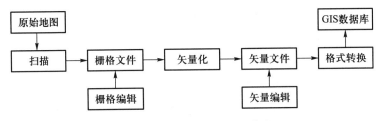

图 6.5 地图扫描矢量化的工作流程

扫描获得的是栅格数据,数据量比较大。除此之外,扫描获得的数据还存在噪声和中间色调像元的处理问题。噪声是指不属于地图内容的斑点污渍和其他模糊不清的物体形成的像元灰度值。噪声范围很广,没有简单有效的方法来完全消除,有的软件能去除一些小的脏点,但有些地图内容如小数点等和小的脏点很难区分。对于中间色调像元,则可以通过选择合适的阈值,选用一些软件来处理,如 Photoshop。常使用 GIS 软件如 ArcGIS、SuperMap、MapGIS、GeoStar 等对扫描所获取的栅格数据进行屏幕跟踪矢量化并对矢量化结果数据进行编辑和处理。

3. 摄影测量方法

摄影测量技术曾经在我国基本比例尺地形图生产过程中扮演了重要角色,我国绝大部分 1:1万和 1:5 万基本比例尺地形图使用了摄影测量方法。近年来,倾斜摄影测量等技术的发展,进一步丰富了空间数据获取的方式,并极大地提升了数据的获取能力。随着数字摄影测量技术的推广,在 GIS 空间数据采集的过程中,摄影测量也起着越来越重要的作用。

(1)摄影测量原理

摄影测量包括航空摄影测量和地面摄影测量。地面摄影测量一般采用倾斜摄影或交向摄影,航空摄影一般采用垂直摄影。摄影机镜头中心垂直于聚焦平面(胶片平面)的连线称为相机的主轴线。航测上规定当主轴线与铅垂线方向的夹角小于3°时为垂直摄影。摄影测量通常采用立体摄影测量方法(立体摄影测量的原理如图 6.6 所示)采集某一地区空间数据,对同一地区同时摄取两张或多张重叠的像片,在室内的光学仪器上或计算机内恢复它们的摄影方位,重构地形表面,即把野外的地形表面搬到室内进行观测。航测上对立体覆盖的要求是当飞机沿一条航线飞行时相机拍摄的任意相邻两张像片的重叠度(航向重叠)不少于 55%,在相邻航线上的两张相邻像片的旁向重叠应保持在 30%。

(2)数字摄影测量的数据处理流程

数字摄影测量一般指全数字摄影测量,它是基于数字影像与摄影测量的基本原理,应用计算机技术、数字影像处理、影像匹配、模式识别等多学科的理论与方法,提取所摄对象用数字方式表达的集合与物理信息的摄影测量方法。

数字摄影测量是摄影测量发展的全新阶段,与传统摄影测量不同的是,数字摄影测量所处理的原始影像是数字影像。数字摄影测量继承立体摄影测量和解析摄影测量的原理,同样需要内定向、相对定向和绝对定向。不同的是数字摄影测量直接在计算机内建立立体模型。由于数字摄影测量的影像已经完全实现了数字化,数据处理在计算机内进行,所以可以加入许多人工智能

m_1 P_1 a_1
d_1 c_1
m_2' P_2' a_2'
d_2' c_2'
m_2 P_2 a_2
d_2 c_2
S_1
S_2
S_3
M
A
D
C
M
A
D
C

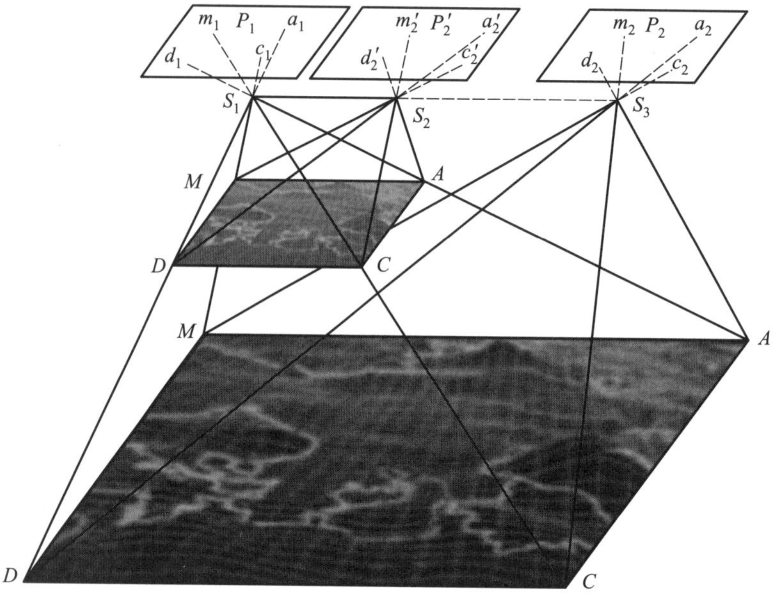

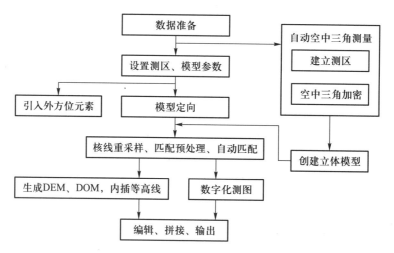

图 6.6 立体摄影测量的原理

的算法，使它进行自动内定向、自动相对定向、半自动绝对定向。不仅如此，还可以进行自动相关、识别左右像片的同名点、自动获取数字高程模型，进而生产数字正射影像。还可以加入某些模式识别的功能，自动识别和提取数字影像上的地物目标。图 6.7 为数字摄影测量系统 VirtuoZo 数据采集的作业流程，可以说明数字摄影测量数据采集的一般流程。

数据准备
自动空中三角测量
建立测区
设置测区、模型参数
空中三角加密
引入外方位元素
模型定向
核线重采样、匹配预处理、自动匹配
创建立体模型
生成DEM、DOM，内插等高线
数字化测图
编辑、拼接、输出

图 6.7 数字摄影测量方法采集数据的一般流程

(3) 倾斜摄影测量技术

倾斜摄影测量技术是国际测绘领域近些年发展起来的一项高新技术，它突破了以往正射影像只能从垂直角度拍摄的局限，通过在同一飞行平台上搭载多台传感器，同时从一个垂直、四个倾斜等五个不同的角度采集影像，将用户引入了符合人眼视觉的真实直观世界。

航空倾斜影像不仅能够真实地反应地物情况，而且还通过采用先进的定位技术，嵌入精确的地理信息、更丰富的影像信息、更高级的用户体验,极大地扩展了遥感影像的应用领域,并使遥感影像的行业应用更加深入。

倾斜摄影测量技术作为一个新兴的技术方法在三维建模和工程测量中有广泛的应用前景。由于倾斜影像为用户提供了更丰富的地理信息、更友好的用户体验,该技术在欧美发达国家和地区已经广泛应用于应急指挥、国土安全、城市管理、房产税收等行业。

倾斜摄影测量技术以大范围、高精度、高清晰的方式全面感知复杂场景,通过高效的数据采集设备及专业的数据处理流程生成的数据成果直观反映地物的外观、位置、高度等属性,为真实效果和测绘级精度提供保证。同时有效提升模型的生产效率,采用人工建模方式一两年才能完成的一个中小城市建模工作,通过倾斜摄影建模方式只需要三至五个月时间即可完成,大大降低了三维模型构建的经济代价和时间代价。目前,国内外已广泛开展倾斜摄影测量技术的应用,倾斜摄影建模数据也逐渐成为城市空间数据框架的重要内容。图 6.8 所示分别为倾斜摄影测量技术中倾斜影像(图 6.8a),相机镜头(图 6.8b)和影像采集(图 6.8c)的示意图。

(a) 倾斜影像示意图   (b) 相机镜头示意图

彩图 6-1
倾斜摄
影测量
技术

133

(c) 影像采集示意图

图 6.8　倾斜摄影测量技术

4. 遥感影像处理

通常所称的遥感影像数据指的是卫星遥感影像,其信息获取方式与航空像片不同。遥感成像基本原理如图 6.9 所示。

地面接受太阳辐射,地表各类地物对其反射的特性各不相同,搭载在卫星上的传感器捕捉并记录这种信息,之后将数据传输回地面,然后从所得数据,经过一系列处理过程,可得到满足 GIS 需求的数据。

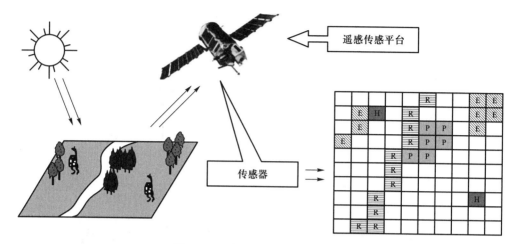

图 6.9　遥感成像基本原理示意图

遥感数据的处理与具体的数据类型(卫星影像、雷达影像)、存储介质等因素相关。遥感数据处理的主要内容见表 6.2。

表 6.2　遥感数据处理的主要内容

遥感数据处理	再生校正	图像重建
		图像复原
		辐射量校正
		几何校正
		镶嵌
	变换	灰度信息变换
		空间信息变换
		几何信息变换
		数据压缩
	分类	总体测定
		分类(classification)
		区域分割
		匹配

基本处理流程包括(图 6.10):

(1) 观测数据的输入:采集的数据包括模拟数据和数字数据两种,为了把像片等模拟数据输入到处理系统中,必须用胶片扫描仪等进行 A/D 变换。对数字数据来说,因为数据多记录在特殊的数字记录器(HDDT 等)中,所以必须转换到一般的数字计算机都可以读出的 CCT(computer compatible tape)等通用载体上。

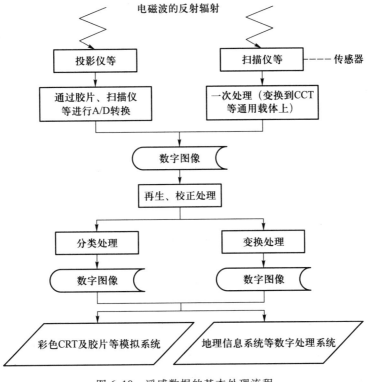

图 6.10　遥感数据的基本处理流程

（2）再生、校正处理：对于进入处理系统的观测数据，首先进行辐射量失真及几何畸变的校正，对于 SAR 的原始数据进行图像重建；其次，按照处理目的进行变换、分类，或者变换与分类结合的处理。

（3）变换处理：变换处理意味着从某一空间投影到另一空间上，通常在这一过程中观测数据所含的一部分信息得到增强。因此，变换处理的结果多为增强的图像。

（4）分类处理：指以特征空间的分割为中心的处理，最终要确定图像数据与类别之间的对应关系。因此，分类处理的结果多为专题图的形式。

（5）处理结果的输出：处理结果可分为两种情况，一种是经 A/D 变换后作为模拟数据输出到显示装置及胶片上；另一种是作为地理信息系统等其他处理系统的输入数据而以数字数据输出。

5. 社会经济与普查数据

社会经济数据是 GIS 的主要数据来源之一。许多部门和机构都拥有不同领域如人口、自然资源、国民经济等方面的大量统计资料，这些常常也是 GIS 的数据源，尤其是属性数据的重要来源。统计数据一般都是和一定范围内的统计单元或观测点联系在一起，因此采集这些数据时，要注意包括研究对象的特征值、观测点的几何数据和统计资料的基本统计单元。

当前，在很多部门和行业内，统计工作已经在很大程度上实现了信息化，除了以传统的表格方式提供使用外，已建立起各种规模的数据库，数据的建立、传送、汇总已普遍使用计算机。

6. 时空大数据采集

（1）定位导航时空大数据的采集

随着智能交通系统的发展及交通、通信网络的逐步完善,定位及导航时空大数据已经成为主要的时空大数据。目前,最为常见的交通大数据包括城市出租车轨迹数据、共享单车和公共单车定位数据及其他公共交通实时监测数据。此外,手机及相关移动设备已经成为人们必备的生活工具。基于手机基站定位的手机信令数据,也成为预测人口流动、日常行为模式的主要时空大数据源。

① 车辆追踪及轨迹数据:出租车是主要的公共交通工具,出租车具有完整轨迹记录数据,通过轨迹数据,可以分析居民的出行特征、城市的热点区域,预测城市的交通状况等。一个大型城市,每天的轨迹数据就可以达到几十 GB 之多。如上海就有五万多辆出租车,北京更多,仅出租车,全国每天所产生的轨迹数据规模就相当大,类似的还有滴滴打车等公共交通数据。图 6.11a所示为上海市某日的出租车数据,图 6.11b 分别为一辆出租车一天的轨迹及乘客上下车的位置数据(OD Data)。地铁和公交作为出租车外主要的公共交通工具,每天通过刷卡记录了所有居民出行的信息,这些数据对于城市研究具有重要的作用,是城市系统的"显微镜"。目前,公共自行车和共享单车也成为中大型城市的主要代步工具,其定位数据也是主要的公共交通大数据,对于城市和商业研究具有重要作用,同时,也为时空大数据的研究、分析和应用提供了"实验材料"。

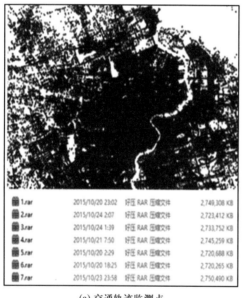

1.rar	2015/10/20 23:02	好压 RAR 压缩文件	2,749,308 KB
2.rar	2015/10/24 2:07	好压 RAR 压缩文件	2,723,412 KB
3.rar	2015/10/24 1:39	好压 RAR 压缩文件	2,733,752 KB
4.rar	2015/10/21 7:50	好压 RAR 压缩文件	2,745,259 KB
5.rar	2015/10/20 2:29	好压 RAR 压缩文件	2,720,688 KB
6.rar	2015/10/20 18:25	好压 RAR 压缩文件	2,720,265 KB
7.rar	2015/10/23 23:58	好压 RAR 压缩文件	2,750,490 KB

(a) 交通轨迹监测点

(b) 交通轨迹提取结果

图 6.11　交通轨迹大数据

② 手机信令基站定位数据:手机已经成为人们日常生活中必不可少的通信工具。实际上,手机就是一个传感器,它记录着每一个人每天的日常行为。通过手机信令数据,可以分析人口的迁徙、居民的日常活动等信息。不仅如此,腾讯、百度等公司,还通过人们使用 QQ、百度地图时的定位信息,模拟与预测全国范围内不同尺度的人口密度和人口迁徙。通过大数据分析和可视化技术,一些诸如人口迁徙、人口热力图的大数据应用已经走进大众的视野。图 6.12 所示为某地区不同时段的人口密度热力图。

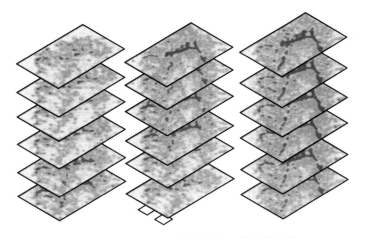

图 6.12　某地区不同时段的人口密度热力图

（2）互联网时空大数据的采集

互联网已经成为人们日常生活的主要组成部分。基于网络爬虫技术的互联网大数据获取成为大数据采集、应用和分析的一大主流方向。

① 基础网络时空大数据采集：例如，通过网络爬虫技术，可以获取数百种互联网兴趣点数据，这些兴趣点可能来自互联网地图，也可能来源于与位置服务相关，或者记录了地理位置的网站。例如微博签到数据、大众点评数据和房价等数据，都记录了详细的地址，有些甚至直接提供了经纬度坐标信息。对于仅提供详细地址的数据，可以通过地理编码技术获取对应的坐标信息。过去，由于互联网技术的不成熟，网络基础兴趣点数据并不全面，数据缺失问题严重，而现在很多方面都能够提供几乎接近全样本的兴趣点数据。这些都是基础性的时空大数据。

② 基于网页文本的地理信息采集：过去，很难将文本数据进行定量分析，也很难通过智能化的方式提取隐含的地理信息及与地理位置相关的语义信息。随着人工智能技术的发展，基于机器学习的自然语言处理技术能够从文本中提取地理位置信息和相关的语义信息，这些数据对于各个方面的舆情、文化和用户行为分析具有重要意义。也逐步成为地理学者们关注的内容，而这些数据也成为时空大数据的主要数据来源。

（3）物联网-传感器时空大数据的采集

物联网技术是实现智慧城市的主要支撑技术。其目标是将人、物通过传感器互联，从而构建一个人和人、物和物及人和物之间均互联的系统。物联网主要通过各种传感器实现。由于无论是静态的传感器还是动态移动的传感器，都与地理位置和时间强相关，因此，大多数物联网所产生的数据都属于时空大数据，因此也是 GIS 的主要数据源。除了基于遥感传感器的时空大数据，物联网-传感器时空大数据主要包括两个方面，分别是基于地面传感器的社会感知时空大数据和自然环境感知时空大数据。

① 社会感知时空大数据采集：社会感知时空大数据主要指与人类社会生活及经济交往紧密相关，并通过传感器获得的大数据。例如，交通智能卡的刷卡数据、航空轨迹、航线数据、手机信令数据、视频监控数据、经济交易活动数据等，这些都属于社会感知时空大数据的范畴。可以通过各种传感器或智能设备采集。另外，也可以通过手持设备记录个人的轨迹、心率、锻炼信息等，

这些也属于社会感知时空大数据。

② 自然环境感知时空大数据采集:这里的自然环境感知大数据主要指用于监测大气污染、温度、水文、电力等相关信息的传感器所产生的数据。在城市内,也出现了高密度布局的城市温度、城市空气、城市噪声等与环境息息相关的传感器应用,这些设备都是自然环境感知时空大数据的主要采集手段。

6.2.2　属性数据的采集

属性数据即空间实体的特征数据,一般包括名称、等级、数量、代码等多种形式,属性数据的内容有时直接记录在栅格或矢量数据文件中,有时则单独输入数据库存储为属性文件,通过关键码与图形数据相联系。

属性数据一般采用键盘输入。输入的方式有两种:一种是对照图形直接输入;另一种是预先建立属性表输入属性,或从其他统计数据库中导入属性,然后根据关键字与图形数据自动连接。

1. 属性数据的来源

《国家资源与环境信息系统规范》在《专业数据分类和数据项目建议总表》中,将数据分为社会环境、自然环境、资源与能源三大类共14小项,并规定了每项数据的内容及基本数据来源。

(1) 社会环境数据:包括城市与人口、交通网、行政区划、地名、文化和通信设施五类。这几类数据可从人口普查办公室、外交部、民政部、国家测绘地理信息局,以及林业、文化、教育、卫生、邮政等相关部门获取。

(2) 自然环境:包括地形数据、海岸及海域数据、水系及流域数据、基础地质数据四类。这些数据可以从国家测绘地理信息局、海洋局、水利部,以及地质、矿产、地震、石油等相关部门和机构获取。

(3) 资源与能源:包括土地资源相关数据、气候和水热资源相关数据、生物资源相关数据、矿产资源相关数据、海洋资源相关数据五类。这几类数据可从中国科学院、国家测绘局及农业、林业、气象、水电、海洋等相关部门获取。

2. 属性数据的分类

空间数据的分类,是根据系统的功能,以及相应的国际、国家和行业空间信息分类规范和标准,将具有不同空间特征和语义的空间要素区别开来的过程,是为了在空间数据的逻辑结构上将数据组织为不同的信息层并标识空间要素的类别。

空间数据一般采用线分类法对空间实体进行分类,即将分类对象按选定的空间特征和语义信息作为分类划分的基础,逐次地分成相应的若干个层级的类目,并排列成一个有层次的、逐级展开的分类体系。同级类之间是并列关系,下级类与上级类之间存在隶属关系,同级类不重复、不交叉,从而将地理空间的空间实体组织为一个层级树,因此也称作层级分类法。

我国《国土基础地理信息数据分类与代码》(GB/T 13923—2006)将地球表面的自然和社会基础信息分为9个大类,分别为测量控制点、水系、居民地、交通、管线与垣栅、境界、地形与土质、植被和其他类,在每个大类下又依次细分为小类、一级和二级类,如图6.13所示。

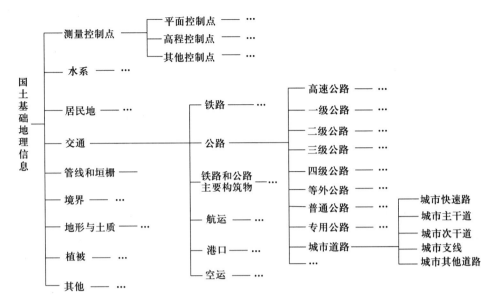

图 6.13　国土基础地理信息分类体系

3. 属性数据的编码

属性数据的编码是指确定属性数据的代码的方法和过程。代码是一个或一组有序的易于被计算机或人识别与处理的符号,是计算机鉴别和查找信息的主要依据和手段。编码的直接产物就是代码,而分类分级则是编码的基础。

对于要直接记录到栅格或矢量数据文件中的属性数据,则必须先对其编码,将各种属性数据变为计算机可以接受的数字或字符形式,以便于 GIS 存储管理。属性数据编码一般要基于以下几个原则:① 编码的系统性和科学性;② 编码的一致性和唯一性;③ 编码的标准化和通用性;④ 编码的简洁性;⑤ 编码的可扩展性。

（1）属性数据编码方案的制订

在属性数据分类编码的过程中,应力求规范化、标准化,有可遵循标准的尽量依标准。如要对交通 GIS 数据进行编码,就有许多规范及行业标准可以遵循(表 6.3)。

表 6.3　与交通 GIS 相关的国家及行业标准

GB/T 2260—2017	《中华人民共和国行政区划代码》
GB/T 10114—2003	《县级以下行政区划代码编制规则》
GB/T 12409—2009	《地理格网》
GB/T 13923—2006	《基础地理信息要素分类与代码》
GB 917.1—2016	《公路路线标识规则命名、编号和编码》
JT/T 0022—1990	《公路管理养护单位代码编制规则》
JTG H10—2009	《公路养护技术规范》
GB/T 920—2002	《公路路面等级与面层类型代码》
GB/T 919—2002	《公路等级代码》

GB/T 11708—1989	《公路桥梁命名编号和编码规则》
GBJ 124—98	《道路工程术语标准》
GB/T 4754—2017	《国民经济行业分类与代码》

如果没有适用的标准可遵循,可依照以下编码的一般方法,制定出有一定适用性的编码标准:

① 列出全部制图对象清单。

② 制定对象分类、分级原则和指标,将制图对象进行分类、分级。

③ 拟定分类代码系统。

④ 代码及其格式。设定代码使用的字符和数字、码位长度、码位分配等。

⑤ 建立代码和编码对象的对照表。这是编码最终成果档案,是数据输入计算机进行编码的依据。

属性的科学分类体系无疑是 GIS 中属性编码的基础。目前,较为常用的编码方法有层次分类编码法与多源分类编码法两种基本类型。

(2) 层次分类编码法

层次分类编码法是按照分类对象的从属和层次关系为排列顺序的一种代码,它的优点是能明确表示出分类对象的类别,代码结构有严格的隶属关系。图 6.14 以河流类型的编码为例,说明层次分类编码法所构成的编码体系。

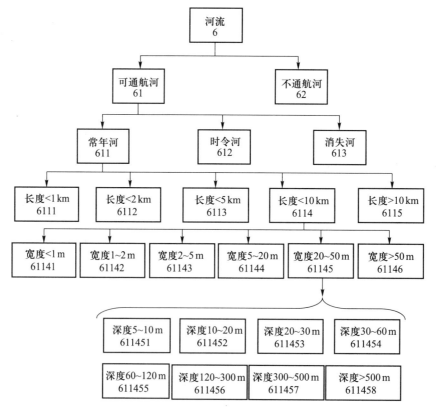

图 6.14 河流类型的层次分类编码方案

（3）多源分类编码法

又称独立分类编码法,是指对于一个特定的分类目标,根据诸多不同的分类依据分别编码,各位数字代码之间并没有隶属关系。表6.4以河流为例说明了属性数据多源分类编码法的编码方法。

表6.4 河流类型的多源分类编码方案

通航情况	流水季节	河流长度	河流宽度	河流深度
通航： 1 不通航： 2	常年河： 1 时令河： 2 消失河： 3	<1 km： 1 <2 km： 2 <5 km： 3 <10 km 4 >10 km 5	< 1 m： 1 1～2 m： 2 2～5 m： 3 5～20 m： 4 20～50 m： 5 >50 m： 6	5～10 m： 1 10～20 m： 2 20～30 m： 3 30～60 m： 4 60～120 m： 5 120～300 m： 6 300～500 m： 7 >500 m： 8

例如,表6.4中常年河、通航,主流长 7 km,宽 25 m,平均深度为 50 m 在该表中表示为:11454。由此可见,该种编码方法一般具有较大的信息载量,有利于对于空间信息的综合分析。

在实际工作中,也往往将以上两种编码方法结合使用,以达到更理想的效果。

6.3 数据编辑与拓扑关系

6.3.1 数据编辑

由于各种空间数据源本身的误差,以及数据采集过程中不可避免的错误,使得获得的空间数据不可避免地存在各种错误。为了"净化"数据,满足空间分析与应用的需要,在采集完数据之后,必须对数据进行必要的检查,包括空间实体是否遗漏、是否重复录入某些实体、图形定位是否错误、属性数据是否准确及与图形数据的关联是否正确等。数据编辑是数据处理的主要环节,并贯穿于整个数据采集与处理过程。

1. 图形数据编辑

空间数据采集过程中,人为因素是造成图形数据错误的主要原因。如数字化过程中手的抖动,两次录入之间图纸的移动,都会导致位置不准确,并且在数字化过程中,难以实现完全精确的定位。常见的数字化错误是线条连接过头和不及两种情况。此外,在数字化后的地图上,经常出现的错误有以下几种(图6.15):

（1）伪结点(pseudo node):当一条线没有一次录入完毕时,就会产生伪结点。伪结点使一条完整的线变成两段。

（2）悬挂结点(dangling node):当一个结点只与一条线相连接,那么该结点称为悬挂结点。

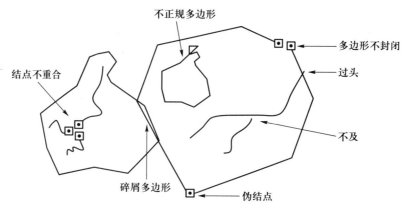

图 6.15　数据错误示意图

悬挂结点有过头和不及、多边形不封闭、结点不重合等几种情形。

（3）碎屑多边形（sliver polygon）：碎屑多边形也称条带多边形。因为前后两次录入同一条线的位置不可能完全一致，就会产生碎屑多边形，即由于重复录入而引起。另外，当用不同比例尺的地图进行数据更新时也可能产生。

（4）不正规多边形（weird polygon）：在输入线的过程中，点的次序倒置或者位置不准确会引起不正规的多边形。在进行拓扑关系生成时，会产生碎屑多边形。

上述错误一般会在建立拓扑关系的过程中发现。其他图形数据错误，包括遗漏某些实体、重复录入某些实体、图形定位错误等的检查一般可采用如下方法进行：

（1）叠合比较法：把成果数据打印在透明材料上，然后与原图叠合在一起，在透光桌上仔细地观察和比较。叠合比较法是空间数据数字化正确与否的最佳检核方法，对于空间数据的比例尺不准确和空间数据的变形马上就可以观察出来。如果数字化的范围比较大，分块数字化时，除检核一幅（块）图内的差错外，还应检核已存入计算机的其他图幅的接边情况。

（2）目视检查法：指在屏幕上用目视检查的方法，检查一些明显的数字化误差与错误。

（3）逻辑检查法：根据数据拓扑一致性进行检验，如将弧段连成多边形，数字化结点误差的检查等。

对于检查出的错误，对图形数据编辑是通过向系统发布编辑命令（多数是窗口菜单）用光标激活来完成的。编辑命令主要有增加数据、删除数据和修改数据三类。编辑的对象是点元、线元、面元及目标，编辑工作的完成主要利用 GIS 的图形编辑功能来完成（表 6.5）。

表 6.5　地理信息系统的图形编辑功能

点编辑	线编辑	面编辑	目标编辑
删除	删除	弧段加点	删除目标
移动	移动	弧段删点	旋转目标
拷贝	拷贝	弧段移动	拷贝目标
旋转	追加	删除弧段	移动目标
追加	旋转（改向）	移动弧段	放大目标

点编辑	线编辑	面编辑	目标编辑
水平对齐	剪断	插入弧段	缩小目标
垂直对齐	光滑	剪断弧段	开窗口
	求平行线		

2. 属性数据编辑

属性数据检核包括两部分：

① 属性数据与空间数据是否正确关联,标识符是否唯一,不含空值。

② 属性数据是否准确,属性数据的值是否超过其取值范围等。

对属性数据进行检核很难,因为不准确性可能归结于许多因素,如观察错误、数据过时和数据输入错误等。属性数据错误检核可通过以下方法完成：

① 首先可以利用逻辑检查,检查属性数据的值是否超过其取值范围,属性数据之间或属性数据与地理实体之间是否有荒谬的组合。在许多数字化软件中,这种检核通常使用程序来自动完成。例如有些软件可以自动进行多边形结点的自动平差,属性编码的自动查错等。

② 把属性数据打印出来进行人工校对,这和用校核图来检查空间数据准确性相似。

对属性数据的输入与编辑,一般在属性数据处理模块中进行。但为了建立属性描述数据与几何图形的联系,通常需要在图形编辑系统中设计属性数据的编辑功能,主要是将一个实体的属性数据连接到相应的几何目标上,亦可在数字化及建立图形拓扑关系的同时或之后,对照一个几何目标直接输入属性数据。一个功能强大的图形编辑系统可提供删除、修改、拷贝属性等功能。

在图形修改完毕后,需要对图形要素建立正确的拓扑关系。目前,大多数 GIS 软件都提供了完善的拓扑关系生成功能。正如拓扑的定义所描述的,建立拓扑关系时只需要关注实体之间的连接、相邻关系,而结点的位置、弧段的具体形状等非拓扑属性则不影响拓扑关系的建立过程。

6.3.2　拓扑关系

1. 点线拓扑关系的建立

点线拓扑关系的建立方法有两种方案。一种是在图形采集和编辑中实时建立,此时有两个文件表,一个记录结点所关联的弧段,一个记录弧段两端点的结点。如图 6.16 所示,已经数字化了两条弧段 A_1、A_2,涉及 3 个结点,当从 N_2 出发数字化第三条弧段 A_3 时,起始结点首先根据空间坐标,寻找它附近是否存在已有的结点或弧段,若存在结点,则弧段 A_3 不产生新的起结点号,而将 N_2 作为它的起结点。当它到终结点时,进行同样的判断和处理,由于 A_2 的终结点不能匹配到现有结点,因而产生一个新结点。将新弧段和新结点分别填入弧段表中,同时在结点表一栏的 N_2 的记录添加 N_2 所关联的新弧段 A_3。同理在数字化弧段 A_4 时,由于起结点和终结点都匹配到原有的结点,所以不需要创建新结点记录,只是创建一个新的弧段记录,然后在原来的 N_3 和 N_4 结点关联的弧段记录中分别增加这一条弧段号 A_4。

建立结点弧段拓扑关系的第二种方案是在图形采集与编辑之后,系统自动建立拓扑关系。

其基本思想与前面类似,在执行过程中逐渐建立弧段与起终结点和结点关联的弧段表。

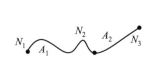

弧段-结点表

ID	起结点	终结点
A_1	N_1	N_2
A_2	N_2	N_3

结点-弧段表

ID	关联弧段
N_1	A_1
N_2	A_1, A_2
N_3	A_2

弧段-结点表

ID	起结点	终结点
A_1	N_1	N_2
A_2	N_2	N_3
A_3	N_2	N_4

结点-弧段表

ID	关联弧段
N_1	A_1
N_2	A_1, A_2, A_3
N_3	A_2
N_4	A_3

弧段-结点表

ID	起结点	终结点
A_1	N_1	N_2
A_2	N_2	N_3
A_3	N_2	N_4
A_4	N_3	N_4

结点-弧段表

ID	关联弧段
N_1	A_1
N_2	A_2, A_2, A_3
N_3	A_2, A_4
N_4	A_3, A_4

图 6.16 结点与弧段拓扑关系的实时建立

2. 多边形拓扑关系的建立

多边形有三种情况:① 独立多边形,它与其他多边形没有共同边界,如独立房屋,这种多边形可以在数字化过程中直接生成,因为它仅涉及一条封闭的弧段;② 具有公共边界的简单多边形,在数据采集时,仅输入了边界弧段数据,然后用一种算法自动将多边形的边界聚合起来,建立多边形文件;③ 嵌套的多边形,除了要按第二种方法自动建立多边形外,还要考虑多边形内的多边形(也称作内岛)。

下面以第二种情况为例,讨论多边形自动生成的步骤和方法。

首先进行结点匹配(snap)。如图 6.17 所示的 3 条弧段的端点本来应该是同一结点,但由于数字化误差,三点坐标不完全一致,造成它们之间不能建立关联关系。因此,以任一弧段的端点为圆心,以给定容差为半径,产生一个搜索圆,搜索落入该搜索圆内的其他弧段的端点,若有,则

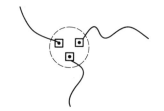

(a) 三个没有吻合在一起的弧段端点

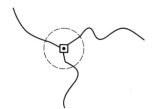

(b) 经结点匹配处理后产生的同一结点

图 6.17 结点匹配示意图

取这些端点坐标的平均值作为结点位置,并代替原来各弧段的端点坐标。

然后建立结点–弧段拓扑关系。在结点匹配的基础上,对产生的结点进行编号,并产生两个文件表,一个记录结点所关联的弧段,另一个记录弧段两端的结点(图6.18)。

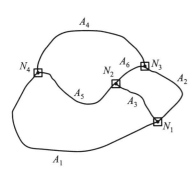

弧段–结点表			结点–弧段表	
ID	起结点	终结点	ID	关联弧段
A_1	N_1	N_4	N_1	A_2, A_3, A_1
A_2	N_1	N_3	N_2	A_6, A_5, A_3
A_3	N_1	N_2	N_3	A_4, A_6, A_2
A_4	N_4	N_3	N_4	A_4, A_1, A_5
A_5	N_4	N_2		
A_6	N_2	N_3		

图6.18 结点与弧段拓扑关系的建立

最后进行多边形的自动生成。多边形的自动生成实际上就是建立多边形与弧段的关系,并将弧段关联的左右多边形填入弧段文件中。建立多边形拓扑关系时,必须考虑弧段的方向性,即弧段沿起结点出发,到终结点结束,沿该弧段前进方向,将其关联的两个多边形定义为左多边形和右多边形。多边形拓扑关系是从弧段文件出发建立的。

在建立多边形拓扑关系之前,首先将所有弧段的左、右多边形都置为空,并将已经建立的结点–弧段拓扑关系中各个结点所关联的弧段按方位角大小排序。方位角是指从x轴按逆时针方向量至结点与它相邻的该弧段上后一个(或前一个)顶点的连线的夹角(图6.19)。建立多边形拓扑关系的算法如下:

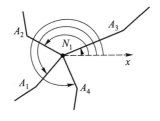

ID	关联弧段
N_1	A_3, A_2, A_1, A_4

图6.19 在结点处弧段按方位角大小排序

从弧段文件中得到第一条弧段,以该弧段为起始弧段,并以顺时针方向为搜索方向,若起终点号相同,则这是一条单封闭弧段,否则根据前进方向的结点号在结点–弧段拓扑关系表中搜索下一个待连接的弧段。由于与每个结点有关的弧段都已按方位角大小排过序,则下一个待连接的弧段就是它的后续弧段。如图6.18所示,假如从A_4开始,其起结点为N_4,终结点为N_3,在结点N_3上,连接的弧段分别为A_4、A_6、A_2,则后续弧段为A_6,沿A_6向前追踪,其下一结点为N_2,N_2连接的弧段为A_6、A_5、A_3,后续弧段为A_5,A_5的下一结点为N_4,回到弧段追踪的起点,形成一个弧段号顺时针排列的闭合的多边形,该多边形–弧段的拓扑关系表建立完毕。在多边形建立过程中,将形成的多边形号逐步填入弧段–多边形关系表的左、右多边形内。

对于嵌套多边形,需要在建立简单多边形以后或建立过程中,采用多边形包含分析方法判别一个多边形包含了哪些多边形,并将这些内多边形按逆时针排列。

3. 网络拓扑关系的建立

在输入道路、水系、管网、通信线路等信息时,为了进行流量、连通性、最佳线路分析,需要确定实体间的连接关系。网络拓扑关系的建立主要是确定结点与弧段之间的拓扑关系,这一工作可以由 GIS 软件自动完成,其方法与建立多边形拓扑关系时相似,只是不需要建立多边形。但在一些特殊情况下,两条相互交叉的弧段在交点处不一定需要结点,如道路交通中的立交桥,在平面上相交,但实际上不连通,这时需要手工修改,将在交叉处连通的结点删除(图 6.20)。

图 6.20　删除不需要的结点

6.4　数学基础变换

每一个地理信息系统所包含的空间数据都应具有同样的地理数学基础,包括坐标系统、地图投影等。扫描得到的图像数据和遥感影像数据往往会有变形,与标准地形图不符,这时需要对其进行几何纠正。当在一个系统内使用不同来源的空间数据时,它们之间可能会有不同的投影方式和坐标系统,需要进行坐标变换使它们具有统一的空间参照系统。统一的数学基础是运用各种分析方法的前提。

6.4.1　几何纠正

由于如下原因,使扫描得到的地形图数据和遥感数据发生变形,必须加以纠正。

① 地形图的实际尺寸发生变形。

② 在扫描过程中,工作人员的操作会产生一定的误差,如扫描时地形图或遥感影像没被压紧、产生斜置或扫描参数的设置不恰当等,都会使被扫入的地形图或遥感影像产生变形,直接影响扫描质量和精度。

③ 遥感影像本身就存在几何变形。

④ 地图图幅的投影与其他资料的投影不同,或需将遥感影像的中心投影或多中心投影转换为正射投影等。

⑤ 扫描时受扫描仪幅面大小的影响,有时需将一幅地形图或遥感影像分成几块扫描,这样会使地形图或遥感影像在拼接时难以保证精度。

对扫描得到的图像进行纠正,主要是建立要纠正的图像与标准的地形图或地形图的理论数值或纠正过的正射影像之间的变换关系,消除各类图形的变形误差。目前,主要的变换函数有:仿射变换、双线性变换、平方变换、双平方变换、立方变换、四阶多项式变换等。具体采用哪一种函数,则要根据纠正图像的变形情况、所在区域的地理特征及所选点数来决定。

1. 地形图的纠正

对地形图的纠正,一般采用四点纠正法或逐网格纠正法。

四点纠正法,一般是根据选定的数学变换函数,输入需纠正地形图的图幅行、列号、地形图的比例尺、图幅名称等,生成标准图廓,分别采集四个图廓控制点坐标来完成。

逐网格纠正法,是在四点纠正法不能满足精度要求的情况下采用的。这种方法和四点纠正法的不同点就在于采样点数目的不同,它是逐方里网进行的,也就是说,对每一个方里网,都进行采点。

具体采点时,一般要先采源点(需纠正的地形图),后采目标点(标准图廓),先采图廓点和控制点,后采方里网点。

2. 遥感影像的纠正

遥感影像的纠正,一般选用和遥感影像比例尺相近的地形图或正射影像图作为变换标准,选用合适的变换函数,分别在要纠正的遥感影像和标准地形图或正射影像图上采集同名地物点。

具体采点时,要先采源点(影像),后采目标点(地形图)。选点时,要注意选点的均匀分布,点不能太多(图 6.21)。如果在选点时没有注意点位的分布或点太多,这样不但不能保证精度,反而会使影像产生变形。另外选点时,点位应选由人工建筑构成的并且不会移动的地物点,如道路交叉点、桥梁等,尽量不要选河床易变动的河流交叉点,以免点的移位影响配准精度。

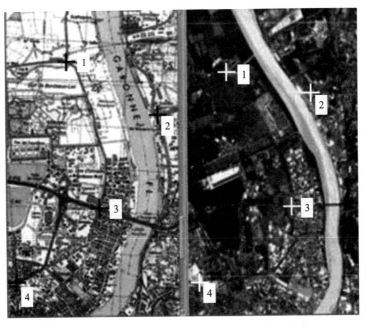

图 6.21　遥感影像纠正选点示例

6.4.2 坐标变换

对于采集完毕的数据,由于原始数据来自不同的空间参考系统,或者数据输入时是一种投影,输出是另外一种投影,造成同一空间区域的不同数据,它们的空间参考有时并不相同,为了进行空间分析和数据管理,经常需要进行坐标变换,将数据统一到同一空间参考系下。坐标变换的实质是建立两个空间参考系之间点的一一对应关系。常用的坐标变换的方法如图 6.22 所示。

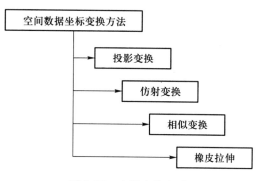

图 6.22 坐标变换方法

1. 投影变换

投影变换必须已知变换前后的两个空间参考的投影参数,然后利用投影公式的正解和反解算法,推算变化前后两个空间参考系之间点的一一对应函数关系。投影变换是坐标变换中精度最高的变换方法。但是,有时在一些特殊情况下,即便知道变换前后的两个空间参考的投影参数、投影方式,但投影变换的正解和反解也很难直接推求,此时往往采用投影变换的综合算法(参见第 2 章具体内容)。

2. 仿射变换

仿射变换是在不同的方向上进行不同的压缩和扩张,可以将球变为椭球,将正方形变为平行四边形,如图 6.23 所示。其公式为

$$X' = AX + BY + C$$
$$Y' = DX + EY + F$$

(6.1)

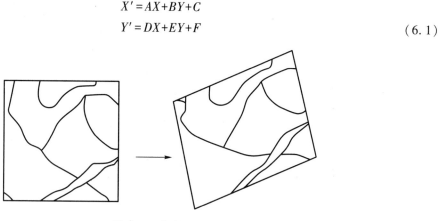

图 6.23 仿射变换

仿射变换要求至少三个位移关联点。

3. 相似变换

相似变换是由一个图形变换为另一个图形,在改变的过程中保持形状不变(大小可以改变)。在二维坐标变换过程中,经常遇到的是平移、旋转和缩放三种基本的相似变换操作。

（1）平移：平移是将图形的一部分或者整体移动到笛卡尔直角坐标系中另外的位置,如图6.24所示,其变换公式为

$$X' = X + T_x$$
$$Y' = Y + T_y \tag{6.2}$$

（2）旋转：在地图投影变换中,经常要应用旋转操作,如图6.25所示。实现旋转操作要用到三角函数,假定顺时针旋转角度为 θ,其公式为

$$X' = X\cos\theta + Y\sin\theta$$
$$Y' = -X\sin\theta + Y\cos\theta \tag{6.3}$$

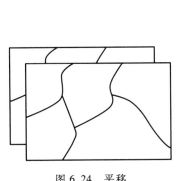

图 6.24　平移

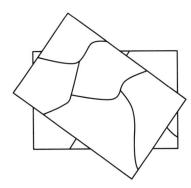

图 6.25　旋转

（3）缩放：缩放操作可用于输出大小不同的图形,如图6.26所示,其公式为

$$X' = X S_x$$
$$Y' = Y S_y \tag{6.4}$$

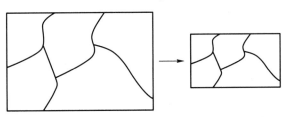

图 6.26　图形缩放

4. 橡皮拉伸

橡皮拉伸通过坐标几何纠正来修正缺陷。主要针对几何变形,通常发生在原图上。它们可能由于在地图编绘中出现的配准缺陷、缺乏大地控制或其他各种原因产生。

如图6.27所示,原图层(实心线)被纠正成更精确的目标(虚线)。类似于变换,位移关联点在橡皮拉伸中被用于确定要素移动的位置。

目前,大多数 GIS 软件是采用正解变换法来完成

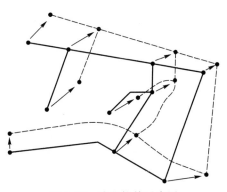

图 6.27　橡皮拉伸示意图

不同投影之间的转换的,并直接在 GIS 软件中提供常见投影之间的转换。

6.4.3 栅格数据重采样

重采样是栅格数据空间分析中处理栅格分辨率匹配问题的常用数据处理方法。进行空间分析时,用来分析的数据资料由于来源不同,经常要对栅格数据进行几何纠正、旋转、投影变换等处理,在这些处理过程中都会产生重采样问题(图 6.28)。因此重采样在栅格数据的处理中占有重要地位。下面介绍三种常用的重采样方法。

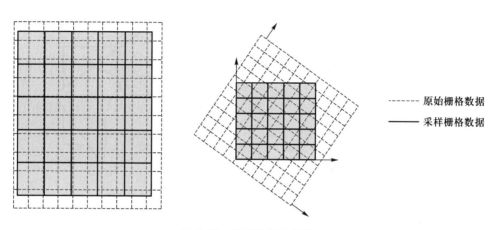

------ 原始栅格数据

—— 采样栅格数据

图 6.28 栅格数据重采样

1. 最邻近像元法

直接取与 $P(x,y)$ 点位置最近像元 N 的值作为该点的采样值,即

$$I(P) = I(N)$$

N 为最近点,其坐标值为

$$x_N = \mathrm{INT}(x + 0.5)$$
$$y_N = \mathrm{INT}(y + 0.5) \tag{6.5}$$

INT 表示取整。

2. 双线性插值法

根据最邻近的四个数据点,确定一个双线性多项式:

$$Z = (1 \quad x) \begin{bmatrix} a_{00} & a_{01} \\ a_{10} & a_{11} \end{bmatrix} \begin{bmatrix} 1 \\ y \end{bmatrix} \tag{6.6}$$

当四个数据为正方形排列时,设边长为 1,内插点相对于 A 点的坐标为 $\mathrm{d}x$、$\mathrm{d}y$,则有

$$Z_p = \left(1 - \frac{\mathrm{d}x}{L}\right) \cdot \left(1 - \frac{\mathrm{d}y}{L}\right) \cdot Z_A + \left(1 - \frac{\mathrm{d}y}{L}\right) \cdot \frac{\mathrm{d}x}{L} \cdot Z_B + \frac{\mathrm{d}x}{L} \cdot \frac{\mathrm{d}y}{L} \cdot Z_C + \left(1 - \frac{\mathrm{d}x}{L}\right) \cdot \frac{\mathrm{d}y}{L} \cdot Z_D \tag{6.7}$$

3. 双三次卷积法

当推广到双三次多项式时,采用分块方式,每一分块可以定义出一个不同的多项式曲面,当 n 次多项式与其相邻分块的边界上所有 $n-1$ 次导数都连续时,称之为样条函数。

在数据点为方格网的情况下,采用三次曲面来描述格网内的内插值时,待定点内插值 Z_p 为

$$Z_p = (1 \quad x \quad x^2 \quad x^3) \begin{bmatrix} a_{00} & a_{01} & a_{02} & a_{03} \\ a_{10} & a_{11} & a_{12} & a_{13} \\ a_{20} & a_{21} & a_{22} & a_{23} \\ a_{30} & a_{31} & a_{32} & a_{33} \end{bmatrix} \begin{bmatrix} 1 \\ y \\ y^2 \\ y^3 \end{bmatrix} \qquad (6.8)$$

样条函数可用于精确的局部内插(即通过所有的已知采样点)。由于采用分块技术,每次只采用少量已知数据点,故内插运算速度很快,此外由于保留了局部微特征,在视觉上也有令人满意的效果。

6.5 数 据 重 构

数据重构主要包括数据结构的转换和数据格式转换。通用的空间数据结构有栅格和矢量两种,在地理信息系统中,它们之间的相互转换是经常性的。GIS 在其发展过程中,出现了很多研究机构和企业,它们所使用的数据格式往往不尽相同。为了实现相互之间的数据和资源共享,需要对数据格式进行转换。

6.5.1 数据结构转换

1. 矢量数据向栅格数据的转换

许多数据如行政边界、交通干线、土地利用类型、土壤类型等通常都是以矢量的方式存储在计算机中的。在一些特殊的空间分析中,如多层数据的复合分析,用矢量数据实现得比较复杂,相比之下利用栅格数据处理则容易得多。因此它们的叠置复合分析更需要把其从矢量形式转变为栅格形式。

矢量数据的基本坐标是直角坐标 (X,Y),其坐标原点一般取图的左下角。栅格数据的基本坐标是行和列 (i,j),其坐标原点一般取图的西南角。两种数据变换时,令直角坐标轴 X 轴和 Y 轴分别与行与列平行,按确定的栅格大小采样。由于矢量数据的基本要素是点、线、面,因而只要实现点、线、面的转换,各种线划图形的变换问题基本上就都可以得到解决。点的转换原理很简单,只需要计算出点所在的栅格行列号即可。线的转换基本原理是计算出线所经过的所有栅格,然后将其赋予线的属性值。面的转换要复杂一些。在矢量结构中,多边形面用组成面边界的线段表示,而在栅格结构中,整个面域所在的栅格单元都要用属性值充填。因此,要完成面域的栅格化,首先需要完成多边形边界线段的栅格化;然后,用面域属性值充填。所以,矢量的面域向栅格转换又称为多边形填充。常用的多边形填充算法有内部点扩散法、射线法、扫描线法。

2. 栅格数据向矢量数据的转换

栅格数据向矢量数据转换处理的目的,是为了将栅格数据分析的结果,通过矢量绘图装置输出,或者为了数据压缩的需要,将大量的面状栅格数据转换为由少量数据表示的多边形边界。转换的另一个主要目的是为了能将自动扫描仪获取的栅格数据加入矢量形式的数据库。栅格数据向矢量数据转换的过程比较复杂,通常有两种情况:一种本身为遥感影像或已栅格化的分类图在矢量化前首先要做边界提取,然后将它处理成近似线划图的二值图像(二值图),最后才能将它转换成矢量数据(矢量数据);另一种情况通常是从原来的线划图扫描得到的栅格图,二值化后的线划宽度往往占据多个栅格,这时需要进行细化处理后才能矢量化。处理流程如图 6.29 所示。

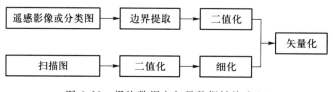

图 6.29　栅格数据向矢量数据转换流程

矢量化的过程如下:

① 从图幅西北角开始,按顺时针或逆时针方向,从起始点开始,对八个邻域进行搜索,依次跟踪相邻点,找出线段经过的栅格。

② 将栅格(i,j)坐标变成直角坐标(X,Y)。

③ 生成拓扑关系,对于矢量表示的边界弧段,判断其与原图上各多边形的空间关系,形成完整的拓扑结构,并建立与属性数据的联系。

④ 去除多余点及曲线圆滑化。由于搜索是逐个栅格进行的,必须去除由此造成的多余点记录以减少冗余。搜索结果曲线由于栅格精度的限制可能不够圆滑,需要采用一定的插补算法进行光滑处理。常用的算法有线性迭代法、分段三次多项式插值法、正轴抛物线平均加权法、斜轴抛物线平均加权法、样条函数插值法等。

6.5.2　数据格式转换

如果不同的数据生产者在获取空间数据时采用的数据采集平台不同,地理几何数据和属性数据存储方式和表现方法也就各不相同。不论何种平台,地理几何数据都可以归结为至少包括点、线、面三种要素,但在地图符号化的表现方式上,以及空间关系的组织上各不相同,不能简单地进行转换使用。属性数据的组织虽然也各不相同,但一般都采用表的形式,只要找到对应的字段映射关系就可实现转换,相对而言地理几何数据更易于实现在不同平台下的相互转换。数据格式转换是 GIS 获取空间数据、共享空间数据的常用手段。

实现数据交换的模式大致有四种,即外部数据交换模式、直接数据访问模式、数据互操作模式和空间数据共享平台模式。后三种数据交换模式提供了较为理想的数据共享模式,但是对大多数普通用户而言,外部数据交换模式在具体应用中更具可操作性和现实性,与现实的技术、资金条件更相符。数据转换可直接利用软件商提供的交换文件(如 DXF、MIF、E00 等),也可以采用中介文件转换方式,即在数据加工平台软件支持下,把空间数据连同属性数据按自定义的格式输出为一个文本文件,作为中介文件,该数据文件的要素和结构符合相应的数据转换标准,然后在 GIS 平台下开发数据接口程序,读入该文件,自动生成基础地理信息系统支持的数据格式。

数据转换的内容包括空间数据、属性数据、拓扑信息,以及相应的元数据和数据描述信息。根据数据转换的程度、数据分层和编码对应情况,数据转换可以分为三类:

(1)分层和编码原则都不同的数据转换:在数据转换过程中,系统最大限度地保证空间数据和属性数据的转入,并把相应的分层和编码转换过来。

(2)分层不同,编码原则相同的数据转换:两者数据编码原则是一致的,为空间数据和数据描述信息的相互转换提供了有利条件。

(3)分层不同,编码原则完全一致的数据转换:除描述信息外,两者数据质量和数据情况是完全一致的。

实现数据转换的方法多种多样,一般可以通过以下三种途径实现。

1. 外部数据交换方式

外部数据交换方式是目前空间转换的主要方式。大部分商用 GIS 软件定义了外部数据交换文件格式,一般为 ASCII 码文件,如 ArcInfo 的 EOO、MapInfo 的 MID、AutoCAD 的 DXF 等。如图 6.30 所示,要想从系统 A 的内部文件转换到系统 B,如果系统 B 能够直接读系统 A 的外部交换文件,那么从 A 的内部文件转换到 A 的外部交换文件,即转换两次即可;否则还需要从 A 的外部交换文件到 B 的外部交换文件,即转换三次。

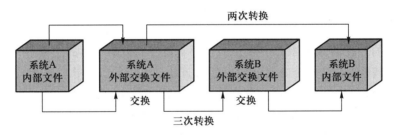

图 6.30　通过外部交换文件的数据转换方式

2. 标准空间数据交换标准方式

这种方式是采用一种空间数据的转换标准来实现空间数据格式转换,尽量减少空间数据格式交换造成的信息损失,使之更加科学化与标准化。许多国家和国际组织制定了空间数据交换标准,例如美国国家空间数据协会(National Spatial Data Institute,NSDI)制定了统一的空间数据格式规范 SDTS,包括几何坐标、投影、拓扑关系、属性数据、数据字典,也包括栅格和矢量等不同空间数据格式的转换标准。根据 SDTS,目前有许多 GIS 软件提供了标准的空间数据交换格式,如 ArcInfo 的 SDTSIMPORT 和 SDTSEXPORT 模块等,可供其他系统调用。有了空间数据交换的标准格式后,每个系统都提供读写这一标准格式空间数据的程序,避免了大量的编程工作,而且数据转换只需两次,如图 6.31 所示。

3. 空间数据的互操作方式

空间数据的互操作方式是基于公共接口的数据融合方式。接口相当于一种规程,它是大

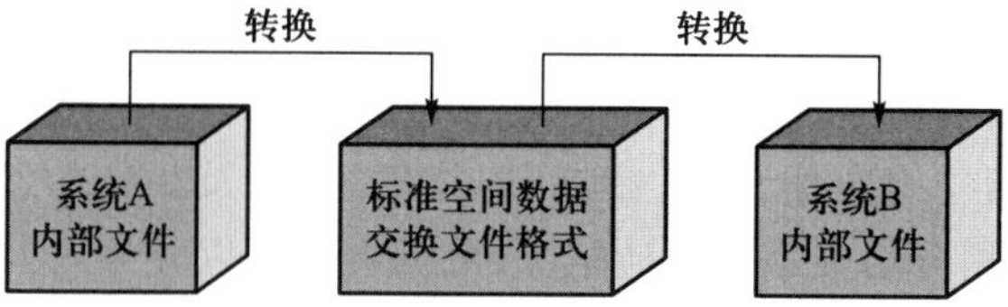

图 6.31 通过标准格式完成不同系统的数据转换

家都遵守并达成一致的标准。在接口中不仅要考虑数据格式和数据处理方式,而且还要提供数据处理所采用的协议,各个系统通过公共接口相互联系,而且允许各自系统内部数据结构和数据处理各不相同。例如,OGC(Open GIS Consortium)为数据互操作制定了统一的规范,从而使一个系统同时支持不同的空间数据格式成为可能。Open GIS 的思想是将空间数据的转换变成一次转换或者不进行转换,实现不同 GIS 软件系统之间空间数据的互操作。如图 6.32 所示,从系统 A 到系统 B 只需一次转换。空间数据的互操作是实现异构空间数据库数据共享的有效途径。

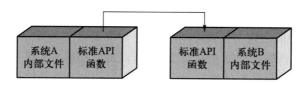

图 6.32 通过 Open GIS 的空间数据交换

在数据转换的过程中,数据格式的不一致实质上是空间数据模型的定义不一致。因此,基于语义的数据格式转换也是一种非常有前景的转换方法。基于语义层次上的空间数据转换,除了数据结构的转换外,更重要的是对语义数据模型的转换和操作,更注重数据所蕴含的知识背景。语义转换与传统数据转换有着很大的不同。

如图 6.33 所示,语义转换就像一个宽宽的管道把两个数据集连接起来,数据转换双方可以自由地进行数据的转换与共享。语义转换,就像一个引擎,通过要素操作语言,不仅可以对输入数据也可以对输出数据进行数据的重定义。因为在语义转换的背后存在一个丰富的数据转换模型,它具有内部一致性和外部可扩展性。

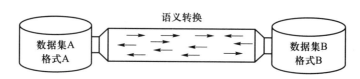

图 6.33 语义转换概念示意图

如图 6.34 所示,数据模型 A 和数据模型 B 可以自由映射到数据转换模型中,而这种映射不是基于最低数据转换标准的映射机,也就是说不是基于公共要素的映射。在这种映射中,针对输入、输出数据,数据转换模型提供了一系列的方法来实现数据模型之间的定义和转换。这种功能使得数据的转入方和数据的转出方可以相互自由地变换,并且可以继续使用各自独立的系统和数据格式。

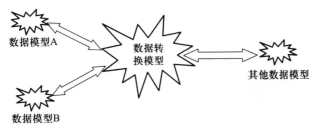

图 6.34　基于语义数据模型的转换示意图

　　在数据转换模型中的映射不仅能够实现高度的定制,而且这种映射是双向的。数据转换模型是基于语义层次建立的一种数据的转换机制和规则。数据转换模型不仅考虑到了各个数据源的空间数据模型及空间数据组织方式,而且更重要的是侧重于语义的继承及丰富程度。语义层次转换如图 6.35 所示。

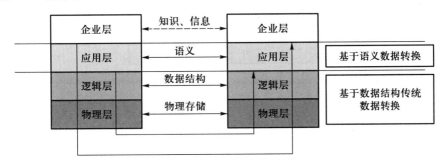

图 6.35　语义层次转换示意图

　　基于语义层次上的空间数据转换,除了数据结构的转换外,更重要的是对语义数据模型的转换和操作。基于语义层次上的空间数据转换在考虑数据模型的基础上,引入语义信息,如元数据、转换的规则与规范、转换的机制与原则等,来解决模型之间的冲突,即数据转换器通过语义的继承和丰富来生产出符合用户要求的数据。

　　数据转换模型在逻辑上可分为许多的模型单元。针对各个不同格式的数据源,将这些模型单元有机地组合形成不同的模型块。

　　基于组件思想的数据转换模型留有很大的扩展空间,是一种可伸缩的、开放的数据转换模型。这样,以此模型为支持的转换共享功能也就具有了很强的伸缩性,可以根据不同的数据转换共享的需要对数据转换模型进行丰富,进而便于在异构空间数据转换共享平台构建时进行功能的配置和扩充。

6.6　图形拼接

　　在相邻图幅的边缘部分,由于原图本身的数字化误差,使得同一实体的线段或弧段的坐标数据不能相互衔接,或是由于坐标系统、编码方式等不统一,需进行图幅数据边缘匹配处理。

　　图幅的拼接总是在相邻两个图幅之间进行的,如图 6.36 所示。要将相邻两个图幅之间的数据集中起来,就要求相同实体的线段或弧的坐标数据相互衔接,也要求同一实体的属性码相同,因此必须进行图幅数据边缘匹配处理。具体步骤如下：

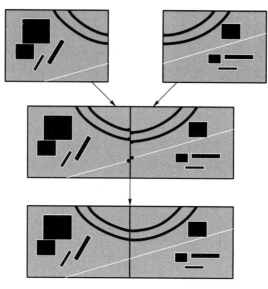

图 6.36 图幅拼接

1. 逻辑一致性的处理

由于人工操作的失误，两个相邻图幅的空间数据库在接合处可能出现逻辑裂缝，如一个多边形在一幅图层中具有属性 A，而在另一幅图层中属性为 B。此时，必须使用交互编辑的方法，使两个相邻图斑的属性相同，取得逻辑一致性。

2. 识别和检索相邻图幅

首先，将待拼接的图幅数据按图幅编号，编号有 2 位，其中十位数指示图幅的横向顺序，个位数指示纵向顺序（图 6.37），并记录图幅的长宽标准尺寸。因此，当进行横向图幅拼接时，总是将十位数编号相同的图幅数据收集在一起；进行纵向图幅拼接时，是将个位数编号相同的图幅数据收集在一起。其次，图幅数据的边缘匹配处理主要是针对跨越相邻图幅的线段或弧而言的。为了减少数据容量，提高处理速度，一般只提取图幅边界 2 cm 范围内的数据作为匹配和处理的目标，同时要求图幅内空间实体的坐标数据已经进行过投影转换。

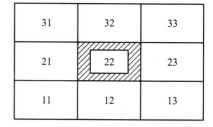

图 6.37 图幅编号及图幅
边缘数据提取范围

3. 相邻图幅边界点坐标数据的匹配

相邻图幅边界点坐标数据的匹配采用追踪拼接法。只要符合下列条件，两条线段或弧段即可匹配衔接：相邻图幅边界两条线段或弧段的左右码各自相同或相反；相邻图幅同名边界点坐标在某一允许值范围内（如±0.5 mm）。

匹配衔接时是以一条弧或线段作为处理的单元，因此，当边界点位于两个结点之间时，须分别取出相关的两个结点,然后按照结点之间线段方向一致性的原则进行数据的记录和存储。

4. 相同属性多边形公共边界的删除

当图幅内图形数据完成拼接后,相邻图斑会有相同属性。此时,应将相同属性的两个或多个相邻图斑组合成一个图斑,即消除公共边界,并对共同属性进行合并(图6.38)。

多边形公共界线的删除,可以通过构成每一面域的线段坐标链,删去其中共同的线段,然后重新建立合并多边形的线段链表。

图 6.38　相同属性多边形
公共边界的删除

对于多边形的属性表,除多边形的面积和周长须重新计算外,其余属性保留其中任一图斑的属性即可。

6.7　数 据 压 缩

数据压缩是指从取得的数据集合中抽取一个子集,这个子集作为一个新的信息源,在规定的精度范围内最大限度上逼近原集合,而又取得尽可能大的压缩比。

1. 栅格数据的压缩

栅格数据的压缩是指栅格数据量的减少,这是与栅格数据结构密切相关的话题。其压缩技术有游程长度编码、块状编码、四叉树法等,详见第4章。

2. 矢量数据的压缩

矢量数据压缩的目的是删除冗余数据,减少数据的存储量,节省存储空间,加快后续处理的速度。压缩的主要任务是根据线性要素中心轴线和面状要素的边界线的特征,减少弧段矢量坐标串中顶点的个数(结点不能去除),常用的压缩方法有如下几种。

(1)间隔取点法:每隔规定的距离取一点,或者每隔 k 个点取一点,但首末点一定要保留。如图6.39所示,弧段由顶点序列 $\{P_1, P_2, \cdots, P_n\}$ 构成,$D_{临}$ 为临界距离。首先保留弧段的起始点

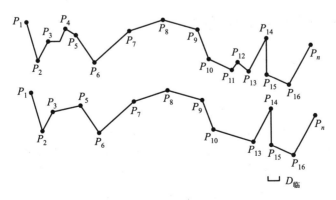

图 6.39　间隔取点法

P_1,再计算 P_2 点与 P_1 点之间的距离 D_{21},若 $D_{21} \geq D_{临}$,则保留 P_2 点,否则舍去 P_2 点。依此方法,逐一比较相邻两点间的距离,以确定需要舍弃的点。

（2）垂距法和偏角法：这两种方法是按照垂距或偏角的限差选取符合或超过限差的点。如图 6.40 所示,P_2 点的垂距和偏角小于限差,应舍弃;P_3 点的垂距和偏角大于限差,应保留。

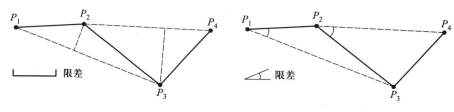

图 6.40 垂距法和偏角法

（3）分裂法(Douglas-Peucker法)：这种方法试图保持曲线走向,并允许用户规定合理的限差。其步骤为：

① 把曲线首末两端点连成一条直线。

② 计算曲线上每一点与直线的垂距。若所有这些距离均小于限差,则将直线两端点间的各点全部舍去。

③ 若上一步条件不满足,则保留含有最大垂距的点,将原曲线分成两段曲线,再递归地重复使用分裂法。

6.8 数据质量评价与控制

空间数据是地理信息系统最基本和最重要的组成部分,也是一个地理信息系统项目中成本比重最大的部分。数据质量的好坏,关系到分析过程的效率高低,乃至影响系统应用分析结果的可靠程度和系统应用目标的真正实现。因此,对数据质量的评价与控制就显得尤为重要。

6.8.1 空间数据质量的相关概念

与空间数据质量相关的几个概念分别是：

1. 误差(error)

简而言之,误差表示数据与其真值之间的差异。误差的概念是完全基于数据而言的,没有包含统计模型在内,从某种程度上讲,它只取决于测量值,因为真值是确定的。如测量地面某点高程为 1 002.4 m,而其真值为 1 001.3 m,则该数据误差为 1.1 m。

误差与不确定性有着不同的含义。在上例中,认为测量值(1 002.4 m)与误差(1.1 m)都是确定的。也就是说,存在误差,但不存在不确定性。不确定性指的是"未知或未完全知",因此,不确定性是基于统计的推理、预测。这样的预测即针对未知的真值,也针对未知的误差。

2. 准确度(accuracy)

准确度是测量值与真值之间的接近程度。它可以用误差来衡量。仍以前问所述某点高程为例,如果以更先进测量方式测得其值为 1 002.1 m,则此测量方式比前一种方式更为准确,亦即其准确度更高。

3. 偏差(bias)

与误差不同,偏差基于一个面向全体测量值的统计模型,通常以平均误差来描述。

4. 精密度(precision)

精密度指在对某个量的多次测量中,各测量值之间的离散程度。可以看出,精密度的实质在于它对数据准确度的影响,同时在很多情况下,它可以通过准确度而得到体现,故常把二者结合在一起称为精确度,简称精度。精度通常表示成一个统计值,它基于一组重复的监测值,如样本平均值的标准差。

图 6.41 中,离中心圆圆心距离越近,表示具有越高的准确度(accuracy)。图中,A 组测量值中,只有一个距离圆心较近,准确度相对较高,整体值比较分散,说明这一组数据偏差大、精密度较差;B 组测量值偏差不大但精密度较低,数据整体准确度较低;C 组测量值偏差较大,虽具有较高的精密度,整体准确度仍较低;D 组测量值偏差较小且具有很高的精密度,数据整体准确度较高。

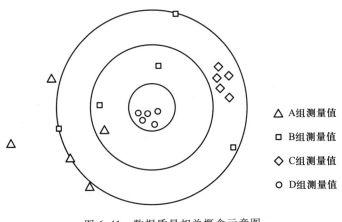

△ A组测量值

□ B组测量值

◇ C组测量值

○ D组测量值

图 6.41 数据质量相关概念示意图

5. 不确定性(uncertainty)

不确定性是指对真值的认知或肯定的程度,是更广泛意义上的误差,包含系统误差、偶然误差、粗差、可度量和不可度量误差、数据的不完整性、概念的模糊性等。在 GIS 中,用于进行空间分析的空间数据,其真值一般无从测量,空间分析模型往往是在对自然现象认识的基础上建立的,因而空间数据和空间分析中倾向于采用不确定性来描述数据和分析结果的质量。

此外,GIS 数据的规范化和标准化直接影响地理信息的共享,而地理信息共享又直接影响到 GIS 的经济效益和社会效益。为了利用已有数据资源,并为今后数据共享创造条件,各国都在努力开展标准化研究工作。国家制定的规范和标准是信息资源共享的基础,不但有利于国内信息交流,也有利于国际信息交流。但是目前空间数据的标准化仍然存在不少问题,还缺乏统一的标准和规范,各部门间也缺乏必要的联系和协调,对空间数据科学的分类和统计缺乏严格的定义,直接导致建立的各类信息系统之间数据杂乱,难以相互利用,信息得不到有效的交流和共享。为使数据库和信息系统能向各级政府和部门提供更好的信息服务,实现数据共享,数据的规范化和标准化刻不容缓。

6.8.2 空间数据质量评价

1. 评价指标

数据质量是数据整体性能的综合体现,而空间数据质量标准是生产、应用和评价空间数据的依据。为了描述空间数据质量,许多国际组织和国家都制定了相应的空间数据质量标准和指标(表 6.6)。空间数据质量指标的建立必须考虑空间过程和现象的认知、表达、处理、再现等全过程。

从实用的角度来讨论空间数据质量,空间数据质量指标应包括以下几个方面:

(1)完备性:要素、要素属性和要素关系的存在和缺失。完备性包括两个方面的具体指标:① 多余:指数据集中多余的数据;② 遗漏:指数据集中缺少的数据。

(2)逻辑一致性:对数据结构、属性及关系的逻辑规则的依附度(数据结果可以是概念上的、逻辑上的或物理上的)。包括四个具体指标:① 概念一致性:指对概念模式规则的符合情况;② 值域一致性:指值对值域的符合情况;③ 格式一致性:指数据存储同数据集的物理结构匹配程度;④ 拓扑一致性:指数据集拓扑特征编码的准确度。

(3)位置准确度:要素位置的准确度。包括三个具体指标:① 绝对或客观精度:指坐标值与可以接受或真实值的接近程度;② 相对或内在精度:指数据集中要素的相对位置和其可以接受或真实的相对位置的接近程度;③ 格网数据位置精度:指格网数据位置值同可以接受或真实值的接近程度。

(4)时间准确度:要素时间属性和时间关系的准确度。包括三个具体指标:① 时间测量准确度:指时间参照的正确性(时间量测误差报告);② 时间一致性:指事件时间排序或时间次序的正确性;③ 时间有效性:指时间上数据的有效性。

(5)专题准确度:定量属性的准确度,定性属性的正确性,要素的分类分级,以及其他关系。包括四个具体指标:① 分类分级正确性:要素被划分的类别或等级,或者它们的属性与论域(例如,地表真值或参考数据集)的比较;② 非定量属性准确度:指非定量属性的正确性;③ 定量属性准确度:指定量属性的正确性;④ 其他指标:对于任意的数据质量指标,都可以根据需要建立其他的具体指标。

表 6.6 不同标准中的质量指标和质量参数

STDS(1992)	ICA(1996)	CEN/TC287(1997)	ISO/TC211(1997)
数据渊源	数据渊源	数据渊源 (潜在的)用途	数据总揽(数据渊源、数据目的、数据用途)
分辨率	分辨率		分辨率
几何精度	几何精度	几何精度	数据精度
属性精度	属性精度	属性精度	专题精度
完整性	完整性	完整性	完整性
逻辑一致性	逻辑一致性	逻辑一致性	逻辑一致性
	语义精度	元数据质量	
	时态精度	时态精度	时态精度
		数据同质性	
			数据测试和一致性

当然,还可以根据实际需要建立其他指标来描述数据定量质量的某一方面。

2. 评价方法

空间数据质量评价方法分直接评价和间接评价两种。直接评价法是对数据集通过全面检测或抽样检测方式进行评价的方法,又称验收度量。间接评价法是对数据的来源和质量、生产方法等间接信息进行数据集质量评价的方法,又称预估度量。这两种方法本质区别是面向的对象不同,直接评价法面对的是生产出的数据集,而间接评价法则面对的是一些间接信息,只能通过误差传播的原理,根据间接信息估算出最终成品数据集的质量。

(1)直接评价法:直接评价法又分为内部和外部两种。内部直接评价法要求对所有数据仅在其内部对数据集进行评价。例如在属于拓扑结构的数据集中,为边界闭合的拓扑一致性做的逻辑一致性测试所需要的所有信息。外部直接评价法要求参考外部数据对数据集进行测试。例如对数据集中道路名称做完整性测试需要另外的道路名称原始性资料。

(2)间接评价法:间接评价法是一种基于外部知识的数据集质量评价方法。外部知识可包括但不限定于数据质量综述元素和其他用来生产数据集的数据集或数据的质量报告。本方法只是推荐性的,仅在直接评价法不能使用时使用。在下列几种情况下,间接评价法是有效的:使用信息中记录了数据集的用法;数据日志信息记录了有关数据集生产和历史的信息;用途信息描述了数据集生产的用途。

6.8.3 空间数据的误差源及误差传播

空间数据的误差包括随机误差、系统误差,以及粗差。数据是通过对现实世界中的实体进行解译、测量、数据输入、空间数据处理,以及数据表示而完成的。其中每一个过程均有可能产生误差,从而导致相当数量的误差积累。图 6.42 表示了 GIS 中数据的误差源及误差的传播过程。

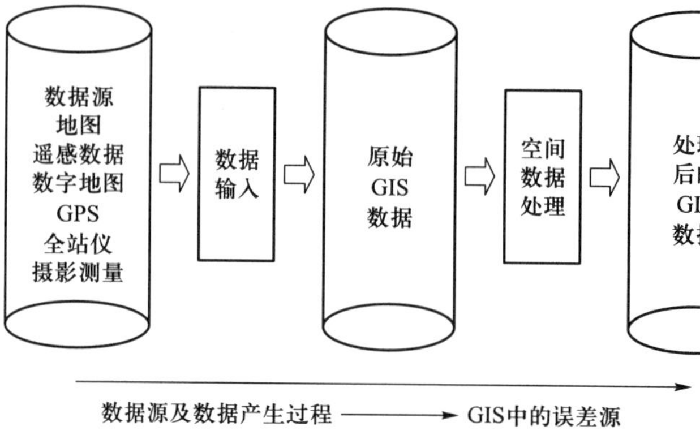

图 6.42 GIS 中数据的误差源及误差的传播过程

在图 6.42 中,GIS 的各类空间数据源本身都会有误差存在,这种误差会一直传播到 GIS 的分析结果中。在对数据进行输入时,会由于采样方法、仪器设备等的固有误差,以及一些无法避免的因素造成新的误差,这些误差会随着数据进入空间数据库。GIS 对数据库中数据的处理和分析过程也会产生误差,并传播到处理、分析结果数据中。

总之,空间数据的误差源蕴含在整个 GIS 运行的每个环节,并且往往会随系统的运行不断传播,使得 GIS 空间数据的误差分析相当复杂,甚至在某些环节没有任何方式可对其进行分析。

6.8.4 误差类型分析

空间数据误差包括几何误差、属性误差、时间误差和逻辑误差四大类。其中又以几何误差和属性误差对数据质量影响最大。本节分别对这两类误差进行解释和分析。

1. 几何误差

几何误差即空间数据在描述空间实体时,在几何属性上的误差。此处以地图数字化采集为例,分析其误差来源及累积过程(表 6.7)。

表 6.7 地图数字化几何误差

误差类型	具体内容
地形图本身的误差	1)地形图的位置误差 2)地形图的属性误差 3)时间误差 4)逻辑不一致性误差 5)不完整性误差
数据转换和处理的误差	1)数字化误差 2)格式转换误差 3)不同 GIS 间数据转换误差
应用分析时的误差	1)数据层叠加时的冗余多边形 2)数据应用时,由应用模型引进的误差

从表 6.7 可以了解误差分布特点、误差源、处理方法和产生误差的特点。

2. 属性误差

属性数据可以分为命名、次序、间隔和比值四种类型。间隔和比值的属性数据误差可以用点误差的分析方法进行分析评价。此处主要讨论命名和次序这类定性,也是离散型的数据误差评价方法。多数专题图都用命名或次序表现,如人口分布图、土地利用图、地质图等的内容主要为命名数据,而反映坡度、土壤侵蚀度等一般是次序数据。如将土壤侵蚀度分为若干级,级数即为次序数据。考察空间任意点处定性属性数据与其真实的状态是否一致,只有对或错两种可能。因此可以用遥感分类中常用的准确度评价方法来评价定性数据的属性误差。

定性属性数据的准确度评价方法比较复杂,它受属性变量的离散值(如类型的个数),每个属性值在空间上分布和每个同属性地块的形态和大小,检测样点的分布和选取,以及不同属性值在特征上的相似程度等多种因素的影响。因此本书对此暂不做详细介绍,读者可参阅相关参考文献。

6.8.5　空间数据质量的控制

空间数据质量的控制是指在 GIS 建设和应用过程中,对可能引入误差的步骤和过程加以控制,对这些步骤和过程的一些指标和参数予以规定,对检查出的错误和误差进行修正,以达到提高系统数据质量和应用水平的目的。在进行空间数据质量控制时,必须明确数据质量是一个相对的概念,除了可度量的空间和属性误差外,许多质量指标是难以确定的。因此空间数据质量控制主要是针对其中可度量和可控制的质量指标而言的。空间数据质量控制是个复杂的过程,要从数据质量产生和扩散的所有过程和环节入手,分别采取一定的方法和措施来减少误差。

1. 空间数据质量控制的方法

空间数据质量控制常见的方法有以下几种:

(1)传统的手工方法:空间数据质量控制的手工方法主要是将数字化数据与数据源进行比较,图形部分的检查包括目视方法、绘制到透明图上与原图叠加比较,属性部分的检查采用与原属性逐个对比或其他比较方法。

(2)元数据方法:数据集的元数据中包含了大量的有关数据质量的信息,通过它可以检查数据质量,同时元数据也记录了数据处理过程中数据质量的变化,通过跟踪元数据可以了解数据质量的状况和变化。

(3)地理相关法:用空间数据的地理特征要素自身的相关性来分析数据的质量。例如,从地表自然特征的空间分布着手分析,山区河流应位于微地形的最低点,因此,叠加河流和等高线两层数据时,若河流的位置不在等高线的汇水线上且不垂直相交,则说明两层数据中必有一层数据有质量问题,如不能确定哪层数据有问题时,可以通过将它们分别与其他质量可靠的数据层叠加来进一步分析。因此,可以建立一个有关地理特征要素相关关系的知识库,以备各空间数据层之间地理特征要素的相关分析之用。

2. 空间数据生产过程中的质量控制

数据质量控制应体现在数据生产和处理的各个环节。下面仍以地图数字化生成空间数据过程为例,介绍数据质量控制的措施。

（1）数据源的选择

由于数据处理和使用过程的每一个步骤都会保留甚至加大原有误差,同时可能引入新的数据误差,因此,数据源的误差范围至少不能大于系统对数据误差的要求范围。

所以对于大比例尺地图的数字化,原图应尽量采用最新的二底图,即使用变形较小的薄膜片基制作的分版图,以保证资料的现势性和减少材料变形对数据质量的影响。

（2）数字化过程的数据质量控制

主要从数据预处理、数字化设备的选用、数字化对点精度、数字化限差和数据的精度检查等环节出发。

① 数据预处理:主要包括对原始地图、表格等的整理、誊清或清绘。对于质量不高的数据源,如散乱的文档和图面不清晰的地图,通过预处理工作不但可减少数字化误差,还可提高数字化工作的效率。对于扫描数字化的原始图形或图像,还可采用分版扫描的方法,来减小矢量化误差。

② 数字化设备的选用:主要按手扶数字化仪、扫描仪等设备的分辨率和精度等有关参数进行挑选,这些参数应不低于设计的数据精度要求。一般要求数字化仪的分辨率达到 0.025 mm,精度达到 0.2 mm;对扫描仪的分辨率则不低于 300 DPI(dot per inch,每英寸的像素数,即分辨率的单位)。

③ 数字化对点精度(准确性):数字化对点精度是指数字化时数据采集点与原始点重合的程度。一般要求数字化对点误差小于 0.1 mm。

④ 数字化限差:数字化时各种最大限差规定为:曲线采样点密度 2 mm、图幅接边误差 0.2 mm、线划接合距离 0.2 mm、线划悬挂距离 0.7 mm。对于接边误差的控制,通常当相邻图幅对应要素间距离小于 0.3 mm 时,可移动其中一个要素以使两者接合;当这一距离在 0.3 mm 与 0.6 mm 之间时,两要素各自移动一半距离;若距离大于 0.6 mm,则按一般制图原则接边,并做记录。

⑤ 数据的精度检查:主要检查输出图与原始图之间的点位误差。一般要求,对直线地物和独立地物,这一误差应小于 0.2 mm;对曲线地物和水系,这一误差应小于 0.3 mm;对边界模糊的要素应小于 0.5 mm。

6.9　数　据　入　库

6.9.1　数据入库流程

空间数据系统包含多种数据类型,每种数据都有各自的特点和用途,但从数据管理和数据集成的角度来看空间数据库系统,其中的所有数据按照管理属性可分为三个子数据库(图 6.43):① 向用户提供的现势性最好的成果数据,存放在成果管理数据库;② 被更新下来的成果数据,称为历史数据,存放在历史数据库;③ 为了实现对成果数据在线检索查询、分析应用而建立的临时数据,存放在工作数据库。

每种数据的采集工作虽然是分散由各数据单位按照相应的生产技术规定来完成的,但数据库建库工作一般由一个专门的机构来统一组织实施。空间数据库建库就是经过一系列的转换,

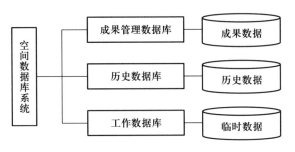

图 6.43 空间数据库系统基本结构

对采集和处理后的成果数据进行统一的组织和管理。空间数据库建库是一个复杂的工程,涉及空间数据库的建库方案设计、环境准备、数据生产、数据入库、安全设置、数据库维护等多方面的内容。各个环节具体实现已有许多的专著,这里主要对 GIS 数据的入库加以详细说明。

入库流程一般在数据库建库设计阶段就基本确定,不同数据源,不同的空间数据库库体,它们在具体的入库过程中,需要完成的工作各不相同,但通常包括图 6.44 所示的主要工作:首先,对待入库成果数据进行全面质量检查。包括资料完整性检查、数据完整性检查、数据正确性检查,并编写数据检查报告。如果质量不合格,则将数据返回生产单位进行修改,修改后重新进行

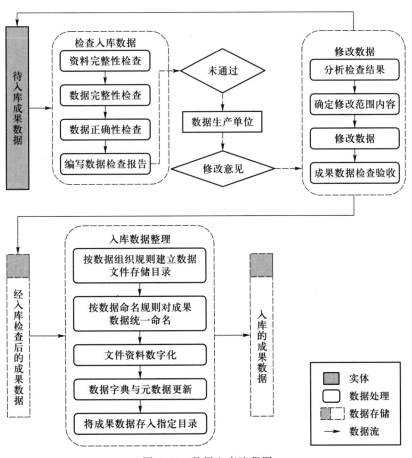

图 6.44 数据入库流程图

质量检查直至满足入库要求方可进入下一步。其次,对检查合格的数据进行整理。包括以下工作:① 按数据组织规则建立数据文件存储目录;② 按数据命名规则对成果数据统一命名;③ 文件资料数字化;④ 根据入库内容对数据字典及元数据进行相应更新;⑤ 将成果数据存入指定目录。最后,将数据入库,完成全部入库工作。

6.9.2 元数据及其作用

1. 元数据与元数据的作用

元数据的英文名称是"metadata",它是关于数据的描述数据。在地理空间信息中用于描述地理数据集的内容、质量、表示方式、空间参考、管理方式,以及数据集的其他特征,它是实现地理空间信息共享的核心标准之一。元数据的主要作用是:

(1)帮助用户了解和分析数据:元数据提供丰富的引导信息,以及由纯数据得到的分析、综述和索引等。根据元数据提供的信息,用户可对空间数据库进行浏览、检索、研究、分析,了解数据的基本情况、数据的可用性和获取方法等内容。

(2)空间数据质量控制:不论是统计数据还是空间数据都存在数据精度问题,影响空间数据精度的原因主要有两个方面:一是源数据的精度,二是数据加工处理工程中精度质量的控制情况。空间数据质量控制内容包括:① 有准确定义的数据字典,以说明数据的组成、各部分的名称、表征的内容等;② 保证数据逻辑科学地集成,如植被数据库中不同亚类的区域组合成大类区,这要求数据按一定逻辑关系有效地组合;③ 有足够的说明数据来源、数据的加工处理工程、数据释译的信息。通过按一定的组织结构集成到数据库中构成数据库的元数据信息系统可以实现上述功能。

(3)在数据集成中的应用:元数据记录了数据格式、空间坐标体系、数据的表达形式、数据类型、数据使用软硬件环境、数据使用规范、数据标准等信息。这些信息在数据集成的一系列处理中,如数据空间匹配、属性一致化处理、数据交换等方面是必需的。

(4)数据存储和功能实现:元数据系统用于数据库的管理,可以实现数据库设计和系统资源利用方面开支的合理分配,避免数据的重复存储,并可以高效查询检索分布式数据库中任何物理存储的数据。减少用户查询数据库及获取数据的时间。

2. 元数据实例

美国联邦地理数据委员会(Federal Geographic Data Committee,FGDC)于 1994 年 8 月通过并发布了第一版地理空间数据的元数据内容标准(*Content standard for digital geospatial metadata*,CSDGM)。该标准获得了行业较为广泛的认可,成为具有普遍应用价值的元数据标准。著名地理信息系统软件 ArcGIS 也支持该标准。FGDC 于 1997 发布了第二版 CSDGM。

CSDGM 说明一组数字地理空间数据的元数据的信息内容,提供与元数据有关的术语和定义,说明哪些元数据元素是必需的、可选的、重复出现的,或者是按 CSDGM 产生规则编码的。CSDGM 是参照文件,它说明当用户在评价数据集的用途、获得该数据或有效使用数据时,需要知道的事情。

第二版的 CSDGM 包含 7 个主要子集和 3 个次要子集(表 6.8),共有 460 个元数据实体(含复合实体）和元素。

表 6.8　FGDC 元数据标准的主要内容

主要子集	次要子集
标识信息	引用文献（引证）信息
数据质量信息	时间信息
空间数据组织信息	联系信息
空间参照系统信息	
实体和属性信息	
发行信息	
元数据参考信息	

　　元数据元素是元数据的关键术语，是其最基本的单元。一个元数据元素说明地理空间数据的某一方面特征。按数据库语言，它们是填入数据的"字段"。一个或若干个元数据元素组成元数据实体。复合实体则由元数据实体、元数据元素和（或）其他复合实体构成。每个元数据元素、实体或复合实体均需说明其名称、定义、类型、值域、简称等特征信息。元数据子集是由若干元素、简单的或复合的元数据实体组成的集合。

　　CSDGM 规定了三种性质的子集、实体和元素。这三种性质是：必需的，即必须提供的信息；一定条件下必需的，即如果正在建立的元数据包含某子集、某个实体，或某个元素说明的特征，则必须提供的信息；可选的，即该信息是可选的，由用户决定是否将其包含在元数据文件中。

167

专业术语

　　正解、反解、卷积、二值化、语义数据模型、拓扑、误差、偏差、不确定性、分辨率、元数据

复习思考题

一、思考题（基础部分）

　　1. GIS 的数据源有哪些？　简述其特征并叙述通过何种途径来获取这些数据源。

　　2. 假设一条矢量等高线上的点太密集，如何减少占用系统的存储空间？　你能给出多少方法？　各有什么适用范围？

　　3. 对于扫描仪输出的结果一般需要做哪些处理？

　　4. 从地图上能得到 GIS 需要的所有数据吗？　请举例说明。

　　5. 如果两个作业小组各自从数字化仪上得到两张相邻图幅的地图数据，在 GIS 中不能准确对接，该怎么办？

　　6. 如何发现进入 GIS 中的数据有错误？

　　7. 比较栅格数据重采样的几种方法。

　　8. 数据格式转换的途径有哪些？

9. 空间数据共享的方法有哪些？

10. 简述空间数据入库流程。

11. 简述 GIS 空间数据编辑的主要内容和方法。

12. 如何评价 GIS 的数据质量，以野外测量为例，分析其数据误差的来源。

二、思考题（拓展部分）

1. 通过文献和网络资料，分析目前 GIS 的数据采集新技术方法。

2. 思考以下几种 GIS 应用或数据生产中需要的数据源，并阐述原因。

（1）1：100 万 DEM；（2）1：5 万 DEM；（3）我国东部某县的城区规划；（4）太湖地区水体富营养化调查。

3. 设计一个 GPS 道路测量系统的硬件和软件构成，要求能测量出道路中心线、路面状况，以及路边的附属设施（需应用 GPS 技术和 GIS 技术）；

4. 空间数据共享的方法有哪些？ 简述空间数据共享中除技术因素外主要存在哪些方面的问题。

第7章 GIS 基本空间分析

空间分析是从空间数据中获取有关地理对象的空间位置、分布、形态、形成和演变等信息的分析技术，是地理信息系统的核心功能之一。 它特有的对地理信息的提取、表现和传输的功能，是地理信息系统区别于一般管理信息系统的主要功能特征。 在空间分析的研究和实践中，很多在应用领域具有一定普遍意义的、涉及空间位置的分析手段和方法被总结、提炼出来，形成了在各种 GIS 软件中均包含的一些固有的空间分析功能模块。 这些功能和方法具有一定的通用性质，故而称之为 GIS 基本空间分析，具体的有叠置分析、缓冲区分析、窗口分析和网络分析等。 了解 GIS 基本空间分析对于进一步掌握复杂空间分析方法，具有一定的指导意义。

7.1 空间分析概述

7.1.1 空间分析的概念

空间分析(spatial analysis)的目的是探求空间对象之间的空间关系，并从中发现规律。但在不同的应用背景中，所提及的空间分析强调的侧重点有所不同。例如，在空间数据操作过程中，矢量数据图层之间的裁剪操作，其本质是地图叠置分析；在空间查询过程中，查找距离事故点最近的医院实际上是基本的邻域分析；根据一个特定的空间问题进行地理建模，例如在选址分析中，根据人口、交通、设施和土地利用等因素进行适宜性建模与分析，其本质也是空间分析。实际上，很难区分这些方法是空间数据操作、空间数据查询，还是空间数据分析。

空间分析更为普遍的过程是：首先对收集的数据进行可视化和描述性分析，然后基于基本的查询和统计展开初步的数据探索性分析，接着提出问题并为感兴趣的现象选择合理的空间分析和统计方法进行建模，最后通过一系列分析方法构建的分析模型挖掘现象中所隐含的规律。整个流程便是空间分析与建模过程。基于以上认识，我们可以将空间分析定义为：空间分析是在一系列空间算法的支持下，以地学原理为依托，根据地理对象在空间中的分布特征，获取地理现象或地理实体的空间位置、空间形态、空间分布、空间关系和空间演变等信息并进行模拟、解释和预测的分析技术。

空间分析之所以与传统的分析方法存在本质的差异，其根本原因在于空间数据所具有的特殊性和地理现象的复杂性。具体表现为：① 空间数据具有更为复杂的关系。② 空间数据模型具有更多的类型。③ 空间数据蕴藏着更为复杂的机理。④ 空间现象的描述与建模具有多样性。

7.1.2 空间分析的类型

空间分析的类型,通过不同的视角形成了多种分类方法。可以依据数据模型划分,可以依据数据维度划分,也可以按照分析方法的级别等划分。

1. 依据数据模型划分

空间分析算法的实现,依赖于分析数据所属的数据模型类型,即使是同一数据模型,所采用的数据结构不同,也会对分析算法的实现产生影响。场模型和对象模型是 GIS 中两种最为基本的空间数据模型,大多数空间分析方法都分别基于这两种数据模型实现分析算法。此外,网络模型、时空模型等也是 GIS 中的重要数据模型,其应用也越来越广泛,基于这些模型也衍生出各类空间分析方法。依据不同的空间数据模型,常用的空间分析方法主要包括:

(1)基于场模型的空间分析:尽管场模型的表达方式多种多样,但基于栅格数据结构的表达方式最为常用,基于栅格形式的规则格网(grid)数据的空间分析方法在场模型支持下的空间分析中应用最为广泛。其他的还包括基于等高线和 TIN 数据的分析方法。由于场模型强调对连续地理现象的建模,因此,其分析方法也主要是对连续地理现象或事物相关问题的分析和建模。

(2)基于对象模型的空间分析:由于对象模型强调对离散地理对象进行建模,且矢量数据结构更擅长于表示离散的对象,因此,许多基于对象模型的空间分析方法主要针对矢量数据实行。

(3)基于网络模型的空间分析:网络模型是特殊的对象模型。相比一般的对象模型,网络模型更加强调地理对象或事物的空间交互特征,强调交互性的空间分析方法具有一定的特殊性,这些针对网络的空间分析方法更加注重网络的拓扑关系和交互规则。例如,针对河网、道路网络的常用分析方法均基于网络模型设计算法。近年来,随着"流"空间研究的兴起,基于复杂网络的空间社会网络分析进一步扩展了传统意义上基于网络模型的空间分析。

(4)基于时空模型的空间分析:空间和时间是空间问题建模和分析需要考虑的主要维度。过去,由于长时间序列、高时间密度数据可获取性难的原因,大多数空间分析方法并不考虑时间维度。近年来,随着时空大数据的兴起及数据的可获取性增强,时空分析已经成为空间分析的核心内容,因而也衍生出许多新的时空分析方法。

2. 依据数据维度划分

空间分析所用数据维度的不同,使其在分析方法实行上也存在较大的差异性。有些问题可能仅需要在二维空间上建模,有些问题则需要在三维空间上建模。甚至同一地理对象,其关注视角不同,地理对象的抽象表达维度也可能存在差异。基于数据维度的空间方法类型主要包括:

(1)二维空间分析:无论是不具有 Z 值(高程)的二维矢量数据,还是用像元值代表一般属性信息的栅格数据,基于这些数据的空间分析均属于二维空间分析方法。

(2)2.5 维空间分析:由于特定问题的需要及某些空间数据结构的局限性,在对地理事物建模的过程中,无法直接生成真正意义上的三维模型。例如在对地形的建模过程中,一般采用诸如等高线、grid 和 TIN 等表面模型,这些数据结构仅能表达地形的表面特征,而无法直接表达地形内部的实体特征。基于这些数据结构的算法均属于 2.5 维空间分析方法。

(3)多维空间分析:基于三维及更多维度数据的空间分析,称之为多维空间分析。带有高程的点、线、面数据和体数据,带有时间维度的时空数据,均属于多维空间数据。建立在这些数据之上的分析算法均属于多维空间分析方法。

3. 依据空间分析级别划分

在任何数据分析方法体系中,都有基本分析方法和高级分析方法之分。在空间分析中,也不例外。在 GIS 发展之初,就出现了一些用于解决基本空间问题的分析方法,构成了 GIS 的基本空间分析方法体系。与此同时,为了使空间分析更加科学化,将统计学也逐步融入空间分析方法中,并逐步完善和发展,形成了完善的空间统计分析方法体系。此外,随着人工智能技术的发展,机器学习等算法也逐步被引入空间问题的分析当中,并形成了基于机器学习的一系列智能化空间分析方法。回顾 GIS 空间分析的过去并预测其发展趋势,可以将 GIS 空间分析方法划分为基本空间分析、空间统计分析和智能化空间分析三类方法。

(1)基本空间分析方法:用于解决基本空间问题的分析算法称之为基本空间分析方法,如用于分析地理事物的影响范围的缓冲区分析、计算地理对象空间关系的邻域分析均属于基本空间分析方法。实际上,空间分析方法中的"基本""高级"和"智能"也是相对的,并随着方法和技术的进步,一些昔日的高级空间分析也会逐步成为基本的空间分析方法。例如网络分析,在发展之初属于扩展的 GIS 高级空间分析,随着应用越来越广泛及复杂网络空间分析方法的出现,传统的网络分析已经成为基本空间分析方法。

(2)空间统计分析方法:空间统计方法是指将经典的统计学方法引入空间问题的分析中。空间统计分析方法贯穿于大多数空间分析模型中。空间统计分析方法极大地促进了空间分析的科学性。主要包括基于对象模型的空间统计分析和基于场模型的地统计分析。近年来,时空统计分析方法也得到发展并逐步完善。

(3)智能化空间分析方法:大数据技术的出现,极大地增强了时空数据的可获取性和精确性,相比传统空间分析中的空间数据,更多的是分析同时具有空间性、时间性、流动性和多元性的时空大数据,传统的空间分析方法已经难以应对时空大数据的分析需要,极大地提升了分析算法的复杂性和时间复杂度,同时也无法满足人们对智能化空间分析服务的需求。而机器学习被视为大数据的核心,将机器学习方法引入空间分析中,成为实现智能化空间分析的必要手段。目前,基于机器学习技术的空间分析越来越受到学者们的关注。

7.2 空间对象的基本度量方法

空间是地理信息科学的主要研究对象。空间可以是二维空间,也可以是三维空间,如果将时间作为一个维度,也可以是时-空间。空间对象作为空间的主要组成内容,如何对空间对象进行测量,是空间分析的基本内容之一。常见的空间对象测量包括几何测量、距离测量和角度测量等。

7.2.1 几何度量

1. 长度测算

线状地物对象最基本的形态参数之一就是长度。在矢量数据结构下,线表示为坐标对(x,y)或(x,y,z)序列,在不考虑比例尺的情况下,线状物体长度的计算公式为

$$L = \sum_{i=0}^{n-1} \left[(x_{i+1} - x_i)^2 + (y_{i+1} - y_i)^2 + (z_{i+1} - z_i)^2 \right]^{1/2} = \sum_{i=0}^{n-1} l_i \tag{7.1}$$

对于复合线状地物对象,则需要求各分支曲线的长度总和。

通过离散坐标点对串来表达线状对象,选择反映曲线形状的选点方案非常重要。选点方案不同,往往会带来长度计算的精度问题。为提高计算精度,增加点的数目,会对数据获取、管理与分析带来额外的负担,折中的选点方案是在曲线的拐弯处加大点的数目,在平直段减少点数,以达到计算允许的精度要求。

在栅格数据结构里,线状地物的长度就是累加地物骨架线通过的格网数目后乘以格网单元大小。骨架线通常采用 8 方向连接,当连接方向为对角线方向时,还要乘上 $\sqrt{2}$ 。

2. 面积和周长量算

面积是面状地物最基本的参数。在矢量数据结构下,面状地物以其轮廓边界弧段构成的多边形表示。在 GIS 中,梯形法是进行多边形面积量算的主要方法之一。其基本思想是:在平面直角坐标系中,按多边形顶点顺序依次求出多边形所有边与 x 轴(或 y 轴)组成的梯形的面积,然后求其代数和(图 7.1)。对于没有空洞的简单多边形,假设有 N 个顶点,其中 S 为多边形面积,(x,y) 为多边形顶点坐标。其面积计算公式为

$$S = \frac{1}{2} \sum_{i=0}^{n-1} \left[(x_{i+1} - x_i)(y_{i+1} + y_i) \right] \tag{7.2}$$

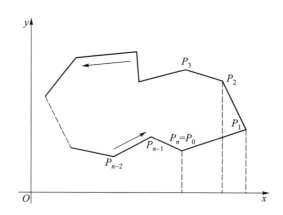

图 7.1 矢量数据周长和面积量算示意图

对于有洞或岛的多边形,可分别计算外多边形与岛的面积,其差值为原多边形面积。此方法

亦适合于体积的计算。多边形的周长可以通过围绕多边形的相互连接的线段,即封闭绘图模型来计算。这里,第一条线段的起点坐标等于最后一条线段的终点坐标。因此,计算周长是使用距离公式计算每条线段长度,然后累加。

对于以栅格数据表示的面状物体,其面积可以直接通过栅格计数来获取,边界上的像元的面积,根据边界线的走向予以分配,如图 7.2。对于栅格数据,计算周长时,必须先对格网单元集合外部的周长进行单独地识别,周长由格网单元分辨率乘以格网单元的总数来确定。

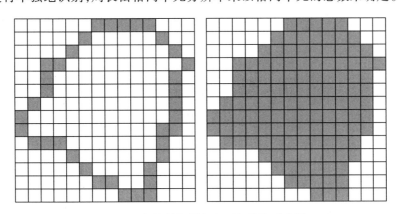

图 7.2　栅格数据周长和面积量算示意图

3. 曲率和弯曲度

曲率反映曲线的局部特征。在数学分析中,线状物体的曲率定义为曲线切线方向角相对于弧长的变化率。设曲线的形式为 $y=f(x)$,则曲线上的任意一点的曲率为

$$K = \frac{y''}{(1+y'^2)^{3/2}} \qquad (7.3)$$

对于以参数形式 $x=x(t)$,$y=y(t)$($\alpha \leqslant t \leqslant \beta$)表示的曲线,其上任一点的曲率的计算公式为

$$K = \frac{x'y''-x''y'}{(x'^2+y'^2)^{3/2}} \qquad (7.4)$$

计算曲线曲率的前提是曲线是光滑的,对于用离散点表示的线状物体,要先进行光滑插值,然后按照上式计算。

弯曲度是描述曲线弯曲程度的参数,定义为曲线长度与曲线两端点定义的线段长度之比

$$S = L/l \qquad (7.5)$$

在实际应用中,弯曲度主要用来反映曲线的迂回特性,如图 7.3 所示。在交通网络中,弯曲度可以衡量交通的便利性,曲线的弯曲度越小,交通越便利。

图 7.3　曲线的弯曲度示意图

4. 质心

质心是描述地理对象空间分布的一个重要指标。质心通常定义为一个多边形的几何中心,当多边形比较简单时,例如矩形,计算也比较简单;当多边形复杂时,计算也会很复杂。

在某些情况下,质心描述的是分布中心,而不是绝对几何中心。以某区域的人均年收入为例,当绝大部分人均年收入明显集中于该区域的一侧时,可以把质心放在分布中心上,这种中心

称为平均中心或重心。如果考虑其他一些因素的话,可以赋予权重系数,称为加权平均中心。计算公式是

$$X_G = \frac{\sum_i W_i X_i}{\sum_i W_i}, Y_G = \frac{\sum_i W_i Y_i}{\sum_i W_i} \tag{7.6}$$

式中:W_i 为第 i 个离散目标物权重;X_i、Y_i 为第 i 个离散目标物的坐标。

质心测量经常用于宏观经济分析和市场区位选择,还可以用于跟踪某些地理分布的变化,如人口变迁,土地类型变化等。

5. 形状

描述面状地物形状特征要比计算多边形周长和面积困难得多。不同的二维平面物体的形状有不同的测度,相似的形状应有描述该物体形状的近似数值。

较之用类似平行四边形、梯形和三角形等几何形状来描述多边形形状特征,用圆来描述最简单、最紧凑。圆有理想的凸度,因为圆的表面没有凹面或锯齿形。用圆来描述多边形形状特征的测量方法叫作测量多边形的凸度或凹度的方法。

把多边形的几何形状和圆的几何形状相比较,本质上等于考察多边形相对于圆的凸度数量。对于矢量表示的多边形,通常使用的凸度计算公式为

$$CI = \frac{kP}{S} \tag{7.7}$$

式中:CI 为凸度;k 为常数;P 为周长;S 为面积。

这样,所得结果是每个多边形的周长与面积比,再乘以常数。常数部分是根据要描述不规则多边形的圆的大小确定的。另外,CI 提供从 1 到 99 的一系列正值,100 表示 100% 类似于一个圆。从 1 到 99 说明了接近圆形的程度,1 表示最不像圆形,99 表示接近于圆形(图 7.4)。这样,一个标准圆形的值只能是 100。

在栅格数据中,公式是以准确统一的概念为基础的。但是,现在面积作为单元的数量被记录,它的平方根被用于提供相同的 1 到 99 范围内的近似值。因此,对于用栅格数据表示的多边形,凸度计算公式的一般形式是

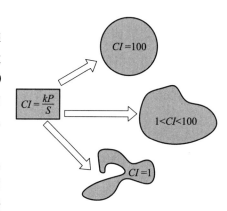

图 7.4　多边形的凸度

$$CI = \frac{P}{\sqrt{S}} \tag{7.8}$$

式中:CI 为凸度;P 为周长;S 为以栅格数据表示的面积。

测量的结果如果是 1,表示最不成圆形,而 99 表示形状上最接近圆。用栅格数据表示的图形不能形成完美的圆形。

6. 最小边界几何图形

在 GIS 中,应用较为广泛的最小边界几何是最小凸包和包络线矩形,其他的最小边界几何图形还包括外接圆、最小面积矩形和最小边长矩形等。

所谓最小凸包是数据点的自然极限边界,为包含所有数据点的最小凸多边形,连接任意不相邻两点的线段必须完全位于该凸多边形之中,同时区域的面积达到最小值。最小凸包在概括多边形形状方面有很重要的作用,如提取散点数据的边界(如图7.5,粗实线表示的是散点数据构成的最小凸包)、对多变形进行收缩分类。

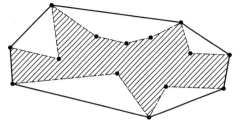

图 7.5 散点边界构成的最小凸包示意图

包络线矩形是一个矩形区域,它定义了一个要素的空间范围,是每个几何体的最小外接矩形。实际上,基于多边形要素的包络线矩形只是众多最小外接矩形中的一种。其他的还包括基于面积最小原则和边长最小原则的外接矩形。包络线矩形的特殊之处在于,它要求矩形的边长必须在水平或垂直方向上。图7.6所示分别为基于多边形要素的包络线矩形(图7.6a)和最小边长矩形(图7.6b)。

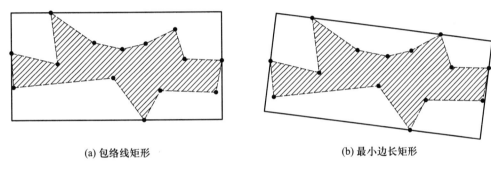

(a) 包络线矩形　　　　　　　　　　　　(b) 最小边长矩形

图 7.6 包络线矩形和最小边长矩形示意图

7.2.2 距离量算

"距离"是人们日常生活中经常涉及的概念,它描述了两个实体或事物之间的远近或亲疏程度。距离的量算与度量空间的介质有关,要区分匀质空间和非匀质空间,如图7.7所示。

1. 匀质空间距离的量算

在匀质空间,广义距离的一般形式为

$$d_{ij}(q) = \Big[\sum_{l=1}^{n} (x_{li} - x_{lj})^q \Big]^{1/q} \qquad (7.9)$$

式中:i,j 代表物体 i 和物体 j。

在空间数据查询和定位分析中,研究的对象通常发生在二维或三维的地理空间上,因此一般取 $n \leq 3$。

当 $q = 1$ 时,有

$$d_{ij}(1) = |x_{li} - x_{lj}| \qquad (7.10)$$

此时称为曼哈顿距离。

当 $q = 2$ 时,即为最常用的欧氏距离,用于计算两点之间的直线距离

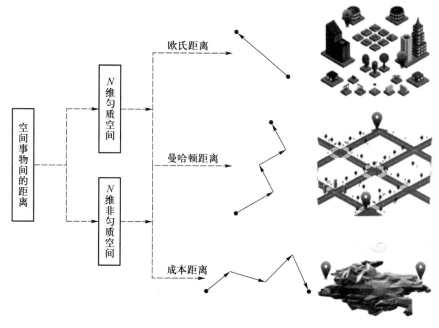

图 7.7　匀质空间与非匀质空间的距离量算

$$d_{ij} = \left[\sum_{l=1}^{n} (x_{li} - x_{lj})^2 \right]^{1/2} \tag{7.11}$$

当 q 趋向于无穷时,有

$$d_{ij}(\infty) = \max\{|x_{li} - x_{lj}|\}, l = 1, 2, \cdots \tag{7.12}$$

此时称为切比雪夫距离。

2. 非匀质空间距离的量算

当度量空间为非匀质时,用匀质空间的简单距离的表达式就不能计算了,此时的距离称为函数距离。函数距离不仅仅是表达式上的变化,而且还有研究区域上的变化。以旅行时间为例,如果从某一点出发,到另一点所耗费的时间只与两点之间的欧氏距离成正比,则从一固定点出发,旅行特定时间后所能达到的点必然组成一个等时圆。而现实生活中,旅行所耗费的时间不只与欧氏距离成正比,还与路况、运输工具性能等有关,即从固定点出发,旅行特定时间后所能到达的点在各个方向上是不同距离的,从而形成各向异性距离表面(图 7.8)。

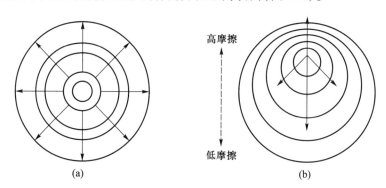

图 7.8　各向同性(a)和各向异性(b)的距离表面

地理空间的距离概念与上述广义距离概念不甚相同,地理空间的距离所描述的对象一定是发生在地理空间上的,也就是说它具有空间概念,是基于地理位置的,反映了空间物体间的几何接近程度。由于空间物体分为点、线、面、体 4 类,那么根据各类物体间的组合,它就不仅仅只是表现为点与点之间的距离,还可以表现为其他更多的形式,如点与面的距离、线与线间的距离等等。归纳起来可以概括成 10 种距离形式:点点、点线、点面、点体、线线、线面、线体、面面、面体及体体的距离。

7.2.3 方向量算

方向是描述两个物体之间位置关系的另一种度量。空间方向的描述可分为定量描述和定性描述。定量描述精确地给出空间目标之间的方向,用于方位角、象限角等比率量标(ration)(图7.9)。

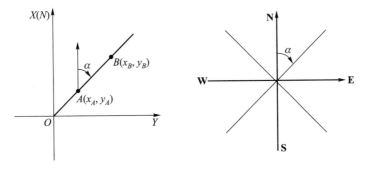

图 7.9 方向的定量描述

对于地理信息系统而言,其所进行的空间数据查询与定位分析通常都是针对平面的(各种投影的地图平面),我们通常将 x 轴设为纵轴(正北方向),将 y 轴设为横轴,B 相对于 A 的方位角计算公式为

$$\alpha = \tan^{-1}\left[(y_B - y_A)/(x_B - x_A)\right] \tag{7.13}$$

α 最终值的确定根据 $(x_B - x_A)$ 和 $(y_B - y_A)$ 的符号来确定。定性描述用于有序尺度数据(ordinal)概略描述空间方向关系,常用的方法有四方向描述法、八方向描述法和十六方向描述法。图 7.10 为十六方向描述法。

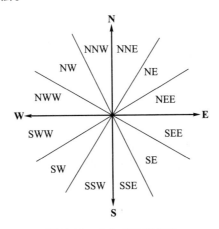

图 7.10 十六方向描述法

7.3 叠置分析

叠置分析(overlay analysis)是地理信息系统中常用的提取空间隐含信息的方法之一,叠置分析是将有关主题层组成的各个数据层面叠置产生一个新的数据层面,其结果综合了原来两个或多个层面要素所具有的属性,同时叠置分析不仅生成了新的空间关系,而且还将输入的多个数据层的属性联系起来产生新的属性关系。其中,被叠置的要素层面必须是基于相同坐标系统的、基准面相同的、同一区域的数据。

按照 GIS 中最常用的两种数据结构分类,可将叠置分析分成矢量数据叠置分析和栅格数据叠置分析,具体如图 7.11。

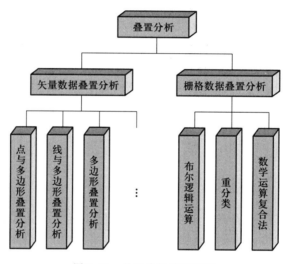

图 7.11　叠置分析结构框架

根据操作形式的不同,叠置分析可以分为图层擦除、交集操作、图层合并等;根据操作要素的不同,可以将矢量数据叠置分析分成点与多边形叠置、线与多边形叠置、多边形与多边形叠置,栅格数据叠置分析分为单层与多层栅格数据叠置分析。要注意的是这里也要对属性进行一定的操作,所指的属性是较为简单的属性,但注解属性、尺度属性、网络属性等均不能作为输入的属性。

7.3.1 矢量数据的叠置分析

1. 点与多边形叠置

点与多边形叠置,是指一个点图层与一个多边形图层相叠,叠置分析的结果往往是将其中一个图层的属性信息注入另一个图层,然后更新得到的数据图层;基于新数据图层,通过属性直接获得点与多边形叠置所需要的信息。

从根本上来说,点与多边形叠置是首先计算多边形对点的包含关系,矢量结构的 GIS 能够通过计算每个点相对于多边形线段的位置,进行点是否在一个多边形中的空间关系判断,其次是进行属性信息处理,最简单的方式是将多边形属性信息叠加到其中的点上,或点的属性叠加到多边形上,用于标识该多边形。通过点与多边形叠置可以查询每个多边形里有多少个点,以及落入各多边形内部的点的属性信息。例如一个县各乡镇农作物产量图与该县的乡镇行政图进行叠置分析后,更新点属性表,可以计算各乡镇有多少种农作物及其产量,或者查询哪些农作物在哪些乡镇有分布等信息(图 7.12)。

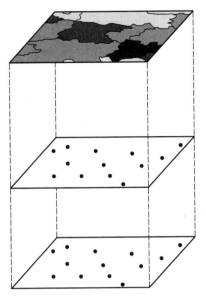

乡镇区划图层

ID	名称
1	大王镇
2	张家村
3	李家村
…	…

乡镇农作物图层

ID	农作物产量
1	600
2	2 000
3	1 000
…	…

叠置结果图层

ID	名称	农作物产量
1	大王镇	600
2	大王镇	2 000
3	李家村	1 000
…	…	…

图 7.12　点与多边形叠置分析

2. 线与多边形叠置

线与多边形的叠置同点与多边形叠置类似。线与多边形的叠置,指一个线图层与一个多边形图层相叠,叠置结果通常是将多边形图层的属性注入另一个图层中,然后更新得到的数据图层;基于新数据图层,通过属性直接获得线与多边形叠置所需要的信息。

同样,线与多边形的叠置首先要比较线坐标与多边形坐标的关系,判断哪一条线落在哪一个或哪些多边形内,由于一条线常常跨越多个多边形,因此必须首先计算线与多边形的交点,将原线分割为两个或两个以上落入不同多边形的新弧段。然后重建线的属性表,表中既包含每条新弧段原来所属的线的所有属性,也包含新添加的、它所落入的多边形标识序号,以及该多边形的某些附加属性。例如将河流网络与乡镇区划图进行叠置分析,这样河流网络图层中的各个河流的线属性表,将不仅包含原河流的信息,还含有该河流所在行政区的标号和其他信息,可以依此得到任意省市内的河流的分布密度和长度等(图 7.13)。

3. 多边形叠置

多边形叠置是 GIS 空间分析中的最常用的功能之一,也是叠置分析中最经典的形式。多边形叠置是将两个或多个多边形图层进行叠置,产生一个新的多边形图层。新图层的多边形是原来各图层多边形相交分割的结果,每个多边形的属性含有原图层各个多边形的所有属性数据。

多边形的叠置首先要进行几何相交,即首先求出所有多边形边界线的交点,再根据这些交点

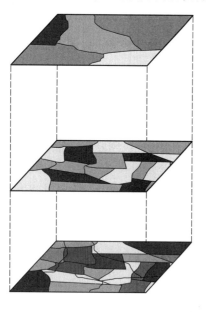

ID	名称
1	大王镇
2	张家村
3	李家村
...	...

乡镇区划图层

ID	河流
1	裕河
2	昌河
3	十里沟
...	...

河流图层

叠置结果图层

ID	名称	河流
1	大王镇	裕河
2	大王镇	昌河
3	李家村	昌河
...	...	...

图 7.13　线与多边形叠置分析

重新装配多边形,建立拓扑关系,每个多边形赋予唯一标识码,并判断新生的多边形分别落在各图层的哪个多边形内,建立新多边形与原多边形的关系。其次,在关系数据库中建立结果层的多边形属性表,将原图层中对应多边形的属性数据,关联到新的多边形属性表中,但前提是多边形对象内属性是均质的,将它们分割后,属性不变(图 7.14)。

乡镇区划图层

ID	名称
1	高家庄
2	贾家村
3	周家堡
...	...

土地利用图层

ID	土地利用编号
1	110
2	111
3	112
...	...

叠置结果图层

ID	名称	土地利用编号
1	高家庄	110
2	贾家村	110
3	周家堡	112
...	...	...

图 7.14　多边形叠置分析

由于两个多边形叠置时,其边界在相交处是被分割的,因此,输出多边形的数目可能远大于输入多边形数目之和。在多边形叠置操作中,往往因此产生很多较小的多边形,其中大部分并不代表实际的空间变化,这些小而无用的多边形称为破碎多边形或伪多边形,它们是多边形叠置的主要问题。

破碎多边形即沿着两张输入地图的相关或共同边界线的细小多边形(图7.15),它是由数字化过程中的误差造成的,输入地图上的共同边界线不会刚好相互重叠。当两幅地图叠置后,数字化边界线的相交形成了破碎多边形。引起破碎多边形的其他原因包括源地图的误差或解译误差。一般来说,多边形边界通常是由野外调查数据、航空像片和卫星图像解译出来的,解译差错也可能产生不正确的多边形边界。

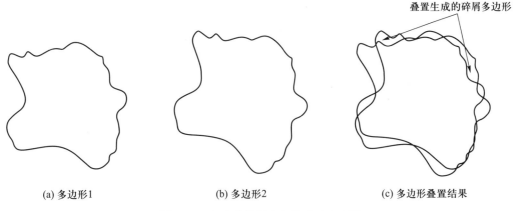

叠置生成的碎屑多边形

(a) 多边形1　　　　　　　(b) 多边形2　　　　　　　(c) 多边形叠置结果

图 7.15　多边形叠置产生的破碎多边形

通常 GIS 软件在地图叠置操作中设置模糊容差值,以去除破碎多边形。模糊容差原理是如果这些点落在指定距离范围之内的话,将强制性把构成线的点捕捉到一起。但是容差值的大小难以把握,容差过大,则容易将一些正确的多边形删除,而容差值过小,又无法起到剔除的效果。消除破碎多边形的另一种办法是应用最小制图单元概念。最小制图单元代表由政府机构或组织指定的最小面积单元,小于该值的多边形通过合并到其邻接多边形而被消除。

多边形叠置广泛地应用于生活、科研、生产等各个方面。例如对于土地管理信息系统的用户,他们经常需要提取某个县、某些人口统计单元或水文区域内的土地利用数据,并进行面积统计。此时就需要把土地利用图与人口统计分区等图进行叠置。又如进行土地资源分析,还需要把土地利用图与土壤分布图、DTM 模型的数据进行叠置,以得到一系列的分析结果,为土地利用规划等提供依据。

7.3.2　栅格数据的叠置分析

栅格数据由于其空间信息隐含、属性信息明确的特点,可以看作最为典型的数据层面,通过数学关系建立不同数据层面之间的联系是 GIS 提供的典型功能,空间模拟尤其需要通过各种各样的方式将不同的数据层面进行叠置运算,以揭示某种空间现象或空间过程。在栅格数据内部,叠置运算是通过像元之间的各种运算来实现的。设 $x_1, x_2, \cdots, x_n$ 分别表示第 1 层至第 n 层上同一坐标属性值,f 函数表示各层上属性与用户需求之间的关系,E 为叠置后属性输出层的属性值,则

$$E = f(x_1, x_2, \cdots, x_n) \tag{7.14}$$

叠置操作的输出结果可能是:① 各层属性数据的算术运算结果;② 各层属性数据的极值;③ 逻辑条件组合;④ 其他模型运算结果。

同矢量数据多边形叠置分析相比,栅格数据的更易处理、简单而有效、不存在破碎多边形的问题等优点,使得栅格数据的叠置分析在各类领域应用极为广泛。根据栅格数据叠置层面可将栅格数据的叠置分析运算方法分为以下几类:

1. 布尔逻辑运算

栅格数据一般可以按属性数据的布尔逻辑运算来检索,即这是一个逻辑选择的过程。设有A、B、C 三个层面的栅格数据系统,一般可以用布尔逻辑算子及运算结果的文氏图表示其一般的运算思路和关系。布尔逻辑为 AND(与)、OR(或)、XOR(异或)、NOT(非),如图 7.16 所示。

布尔逻辑运算可以组合更多的属性作为检索条件,以进行更复杂的逻辑选择运算。

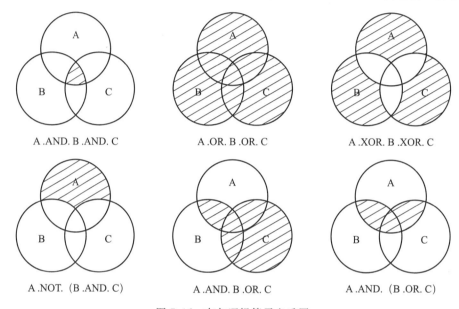

图 7.16　布尔逻辑算子文氏图

2. 重分类

重分类是将属性数据的类别合并或转换成新类。即对原来数据中的多种属性类型,按照一定的原则进行重新分类,以利于分析。重分类时必须保证多个相邻接的同一类别的图形单元获得相同的名称,并将图形单元合并,从而形成新的图形单元(图 7.17)。

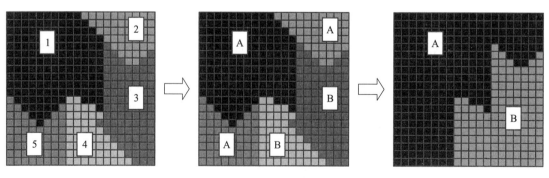

图 7.17　重分类的过程

3. 数学运算复合法

指不同层面的栅格数据逐格网按一定的数学法则进行运算,从而得到新的栅格数据系统的方法。其主要类型有以下几种:

(1) 算术运算

指两个以上图层的对应格网值经加、减运算,而得到新的栅格数据系统的方法。这种复合分析法具有很大的应用范围。图 7.18 给出了该方法在栅格数据操作中的应用例证。

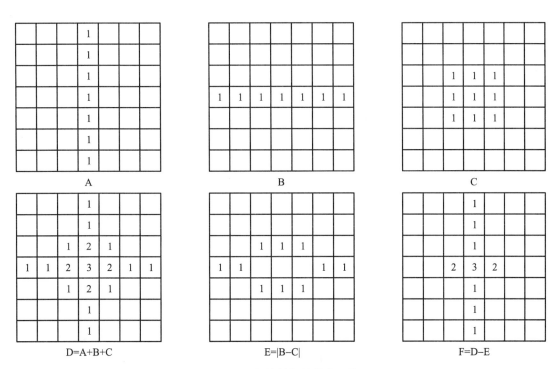

图 7.18 栅格数据的算术运算

(2) 函数运算

指两个以上层面的栅格数据系统以某种函数关系作为复合分析的依据进行逐网格运算,从而得到新的栅格数据系统的过程。

这种复合叠置分析方法被广泛地应用到地学综合分析、环境质量评价、遥感数字图像处理等领域中。

例如利用通用土壤流失方程计算土壤侵蚀量时,就可利用多层面栅格数据的函数运算复合法进行自动处理。一个地区土壤侵蚀量的大小是降雨量(R)、植被覆盖度(C)、坡度(S)、坡长(L)、土壤抗蚀性(SR)等因素的函数。可写成

$$E = F(R, C, S, L, SR, \cdots) \tag{7.15}$$

逐网格的栅格数据叠置分析运算如图 7.19 所示。

类似这种分析方法在地学综合分析中具有十分广泛的应用前景。只要得到表达事物关系的各图层间的函数关系式,便可运用以上方法完成各种人工难以完成的极其复杂的分析运算。例如,进行土地评价所涉及的多因素分析中可能包括土壤类型、土壤深度、排水性能、土壤结构,以

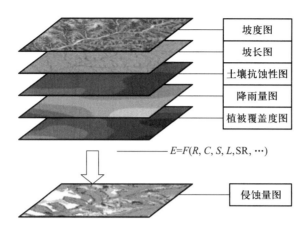

图 7.19 土壤侵蚀多因子函数运算复合分析示意

及地貌等各个数据层的信息。如果直接对这些数据层上的属性值进行数学运算,得到的结果可能是毫无意义的,必须将其变成另一基本元素(如用数值量化的土地适用性)后才能进行这种多因素分析的数学运算,其结果对土地评价有着重要的指导意义。

在 GIS 中,通常所说的空间叠置分析最为常用的是基于矢量和栅格数据的二维叠置分析。但是,有些问题的建模与分析是在三维空间中展开的。这就需要在构建数据对象的表示模型过程中构建三维要素,其叠置分析也需要在三维空间中展开。在基于矢量数据的三维叠置分析中,类型上包括三维点、三维线和三维体之间的叠置运算,运算方法包括相交、联合和交集取反等。图 7.20 所示为三维体对象之间执行差异运算、交集运算和并集运算的示意图。

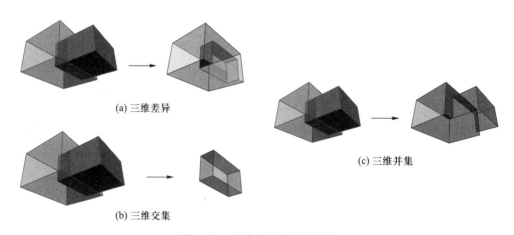

(a) 三维差异

(b) 三维交集

(c) 三维并集

图 7.20 三维叠置分析示意图

三维叠置分析应用于多个领域。例如,基于矢量数据的三维叠置分析在天际线分析、可视分析中都有广泛的应用。基于栅格数据的三维叠置分析在地质体模拟运算、填挖方分析中均作为基本的分析方法使用。

7.4 缓冲区分析

缓冲区分析(buffer analysis)是地理信息系统中常用的一种空间分析方法,是对空间特征进行度量的一种重要手段。缓冲区分析是研究根据数据库的点、线、面等实体,自动建立其周围一定宽度范围内的缓冲区域,从而实现空间数据在水平方向得以扩展的信息分析方法。它是地理信息系统基本的空间操作功能之一。依据数据模型划分,缓冲区分析包括矢量缓冲区分析和栅格缓冲区分析;依据数据维度,又可以分为二维缓冲区分析和三维缓冲区分析。从空间变换的观点看,矢量缓冲区分析模型就是将点、线、面等地物分布图变换成这些地物的扩展距离图,图上每一点的值代表该点距离最近的某种地物的距离。栅格缓冲区分析模型指将点、线、面等地物的影响范围按照一定的距离影响函数构建连续性的影响区域。实际上,缓冲区就是地理目标或工程规划目标的一种影响范围。

缓冲区是地理空间目标的一种影响范围或服务范围在尺度上的表现。它是一种因变量,随所研究的要素的形态而改变。从数学的角度来看,缓冲区是给定空间对象或集合后获得的它们的邻域,而邻域的大小由邻域的半径或缓冲区建立条件来决定。因此对于一个给定的对象 A,它的矢量缓冲区可以定义为

$$P = \{ x \,|\, d(x,A) \leqslant r \} \tag{7.16}$$

式中:d 一般是指欧氏距离,也可以是其他的距离;r 为邻域半径或缓冲区建立的条件。

缓冲区分析包括缓冲区的建立及区域分析,它首先根据要素缓冲的条件,建立缓冲区,然后将这个缓冲区图层与其他图层进行诸如叠置分析、网络分析、服务设施查找等其他分析操作,得到所需要的结果,以便为某项分析或决策提供依据。缓冲区分析也称缓冲区操作,但有时也将缓冲区的建立称为缓冲区操作,而建立后采用的分析过程称为缓冲区分析。在实际操作过程中,矢量缓冲区和栅格缓冲区具有一定的差异性。

7.4.1 矢量缓冲区分析

1. 矢量缓冲区的类型

缓冲区建立的形态多种多样,这是根据缓冲区建立的条件来确定的,常用的对于点状要素有圆形,也有三角形、矩形和环形等;对于线状要素有双侧对称、双侧不对称或单侧缓冲区;对于面状要素有内侧和外侧缓冲区。这些形体各不相同,可以适合不同的应用要求。但是从总体上来说,都是根据空间目标的不同,建立的不同缓冲区,所以从缓冲区对象方面来看,缓冲区可分为点缓冲区、线缓冲区和面缓冲区三大类。

(1)点缓冲区:点缓冲区是选择单个点、一组点、一类点状要素或一层点状要素,按照给定的缓冲条件建立缓冲区结果。如图 7.21,在不同的缓冲条件下,单个或多个点状要素建立的缓冲区也不同。

(2)线缓冲区:线缓冲区是选择一类或一组线状要素,按照给定的缓冲条件建立缓冲区结果,如图 7.22。

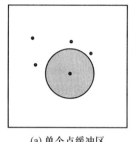
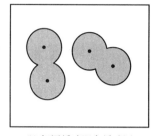
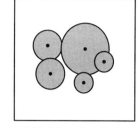

| (a) 单个点缓冲区 | (b) 相同缓冲距离缓冲区 | (c) 属性值作距离参数缓冲区 |

图 7.21　点缓冲区

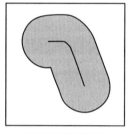
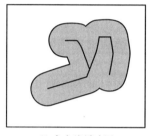
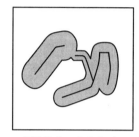

| (a) 单个线缓冲区 | (b) 多个线缓冲区 | (c) 属性值作距离参数缓冲区 |

图 7.22　线缓冲区

（3）面缓冲区：面缓冲区是选择一类或一组面状要素,按照给定的缓冲条件建立缓冲结果。面缓冲区由于自身缓冲区建立的原因,存在内缓冲区和外缓冲区之分。外缓冲区是在面状地物的外围形成缓冲区,内缓冲区则在面状地物的内侧形成缓冲区,同时也可以在面状地物的边界两侧形成缓冲区(图 7.23)。

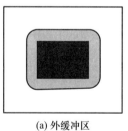

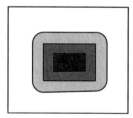

| (a) 外缓冲区 | (b) 内缓冲区 | (c) 内外缓冲区 |

图 7.23　面缓冲区

2. 矢量缓冲区的建立

从原理上来说,缓冲区的建立相当简单,对点状要素直接以其为圆心,以要求的缓冲区距离大小为半径绘圆,所包容的区域即为所要求区域,点状要素因为是在一维区域里所以较为简单;而线状要素和面状要素则比较复杂,它们缓冲区的建立是以线状要素或面状要素的边线为参考线,来作其平行线,并考虑其端点处建立的原则,即可建立缓冲区,但是在实际中处理起来要复杂得多。最常见的两种方法为角平分线法和凸角圆弧法。除了这两种缓冲区建立的方法之外,还有一些其他的方法,如拓扑生成法、基于网络距离的缓冲区生成法、递归方法等。

在建立缓冲区之后,缓冲区是一些新的多边形,而不包含原有的点、线、面要素。一般来说在建立缓冲区的时候应注意以下问题:

(1)缓冲区叠置处理:缓冲区的重叠包含多个特征缓冲区之间的叠置,以及同一特征缓冲区图形的重叠。前一种情况可以通过拓扑分析的方法自动识别在缓冲区内部的弧段或线段,得到最后的缓冲区;后者可通过缓冲区边界曲线逐条线段求交。如果有交点并且在该两个线段上,则记录该交点,并截断曲线,而线段的其余部分是否保留则应判断它位于重叠区内还是外面。若位于区内则删除,区外则记录,便可得到包含岛的缓冲区。

(2)不同宽度的缓冲区的处理:当不同级别的同一类要素建立缓冲区时,由于级别不同,而产生缓冲区的范围大小不同。如主要街道和次要道路,这时应首先建立要素属性表,根据不同的属性确定不同的缓冲区宽度,然后再产生的缓冲区。

除此之外还有分级缓冲区、可变距离缓冲区的问题等(图 7.24)。

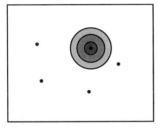 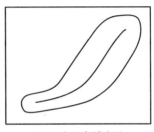

(a) 分等级的缓冲区　　　　　　　　(b) 可变距离缓冲区

图 7.24　其他类型的缓冲区

缓冲区分析方法在实际中的应用范围很广,例如在林业方面,要求出距河流两岸一定范围内规定禁止砍伐树木的地带,以防水土流失;城市道路街道的扩建,在街道周围需要拆迁的建筑物上建立标识;大型水库兴建引起的搬迁范围;沿河流给出的环境敏感区的宽度;不同的工厂、飞机场和其他设施对周围产生的噪声污染的区域大小等。

图 7.25 给出的是一个关于缓冲区分析的实例,为某城市医院的服务影响范围。首先选择全部医院,以医院的大小的量化值作为缓冲距离建立缓冲区,并对这些缓冲区进行矢量图形叠加,得到未被影响范围覆盖的区域。图上深色区域即为得到的缓冲区。

7.4.2　栅格缓冲区分析

缓冲区分析的核心功能是在研究对象周围构建一个指定距离的缓冲带,分析其他对象所受到的影响。对于矢量缓冲区,在特定的带宽内,其影响程度是一样的,但是,很多地理现象对周围对象的影响程度,具有一定的衰减或逐步增强效应,这就需要构建连续变化的缓冲区,而栅格数据更适合对连续变化的地理现象进行建模,因此,采用欧氏距离的方式构建栅格缓冲区,是解决此类问题的最佳手段。图 7.26 为基于 5 个设施点的栅格缓冲区分析结果。由于欧氏距离栅格是一个距离连续变化值的表面,为了有助于理解,这里分别对其进行五级(图 7.26a)和九级(图

图 7.25 缓冲区分析实例

医院 +
道路 ——
建立的缓冲区 ●

7.26b)分类渲染,可以发现其表现形式同基于点要素的多环缓冲区类似,基于连续值的渲染方式如图 7.26c 所示。

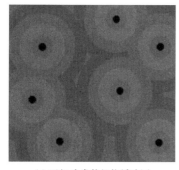 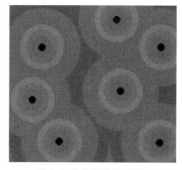 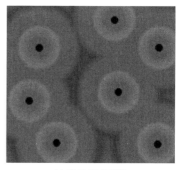

(a) 五级分类的栅格缓冲区　　　(b) 九级分类的栅格缓冲区　　　(c) 欧氏距离栅格

图 7.26　不同渲染方式的栅格缓冲区(欧氏距离)示意图

彩图 7.1
不同渲染方式的栅
格缓冲区示意图

栅格缓冲区分析的另一个优点在于,可以构建带有成本的缓冲区。现实世界总是不均质的。大多数地理现象的扩散也具有一定的成本效应。如图 7.27 所示,点要素为排放某种污染物的工厂。采用与图 7.26 类似的处理方式,分别构建与图 7.26 相同渲染方式的三种类型的栅格缓冲区(图 7.27),从图中可以明显看出其影响范围在西北方向更大。这是因为在构建过程中考虑到西北风的影响,使用成本距离分析构建栅格缓冲区得到的结果。显然,采用带有成本的栅格缓冲区对此类问题进行建模,其结果更加符合事实。

无论是矢量缓冲区分析,还是栅格缓冲区分析,都是基于二维对象进行建模。但是在现实世界中,对各种影响范围进行建模时,有时候需要考虑三维空间。例如,在军事应用中,飞行路径规划的关键部分是评估受到高射炮等威胁的风险。这是固有的 3D 影响范围建模问题,因为射程是

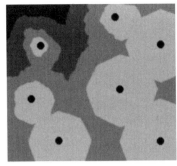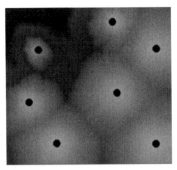

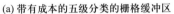
(a) 带有成本的五级分类的栅格缓冲区　　(b) 带有成本的九级分类的栅格缓冲区　　　(c) 成本距离栅格缓冲区

图 7.27　不同渲染方式的栅格缓冲区(成本距离)示意图

基于目标和飞行路径之间的 3D 直线距离。

在此示例中,有一个表示表面上高射炮位置的点位置、一条表示飞行路径的 3D 线和一个高程表面(作为栅格 DEM),如图 7.28 所示。假设已知高射炮的类型和型号。在此特例中,小型炮的有效射程为 3 000 m(配备雷达)和 2 000 m(未配备雷达),从而总射程分别为 6 000 m和4 000 m。

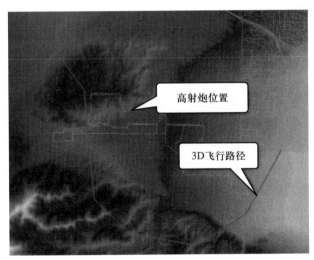

图 7.28　分析区域及分析要素示意图

使用三维缓冲区分析和三维叠置分析,就可以分析并评估该飞行器受到高射炮的威胁风险。首先基于高射炮的位置点分别构建 4 000 m 和 6 000 m 的缓冲区,结果如图 7.29a所示。然后对构建的三维缓冲区体要素及飞行器的三维路径线要素进行三维叠置分析,结果如图 7.29b 所示。结果表明三维路径与内部球体、外部球体均有相交部分。因此,小型炮无论是否配有雷达,对该飞行器都有威胁,其解决办法是改变分析结果中黄色和红色部分的飞行路线。以上便是一个结合三维缓冲区分析(图 7.29a)和三维叠置分析(图 7.29b)的典型应用场景。

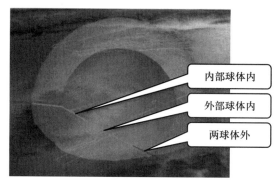

内部球体内

外部球体内

两球体外

(a) 基于2种射程距离的三维缓冲区分析　　　　(b)飞行路径与射程范围的三维叠置分析结果

图 7.29 三维缓冲区分析结果

7.5 窗口分析

7.5.1 窗口分析概述

　　地学信息除了在不同层面的因素之间存在一定的制约关系之外,还表现在空间上存在一定的关联性。对于栅格数据所描述的某项地学要素,其中的(i,j)栅格往往会影响其周围栅格的属性特征。充分而有效地利用这种事物在空间上相联系的特点,是地学分析的必然考虑因素。窗口分析是指对于栅格数据系统中的一个、多个栅格点或全部数据,开辟一个有固定分析半径的分析窗口,并在该窗口内进行诸如极值、均值等一系列统计计算,或与其他层面的信息进行必要的复合分析,从而实现栅格数据有效的水平方向扩展分析。

　　窗口分析中的三个要素:

　　(1) 中心点:在单个窗口中的中心点可能就是一个栅格点,或者是分析窗口的最中间的栅格点。窗口分析运算后被赋予相应数值。

　　(2) 分析窗口大小与类型:依据单个窗口中的栅格分布状况,如平滑运算的 3×3 矩形窗口,扇形窗口等。

　　(3) 运算方式:图层根据窗口分析类型运算,依据不同的运算方式获得新的图层,如 DEM 提取坡度、坡向运算。

　　具体实现来说,窗口分析是对一个栅格及其周围栅格的数据分析技术,一般在单个图层上进行。进行分析时,首先选择合适的窗口大小、窗口类型,确定分析的目的,指定分析选用的运算函数,从最初点开始进行运算得到新的栅格值,按次序逐点扫描整个网格进行窗口运算,最后得到新的图层(图 7.30)。

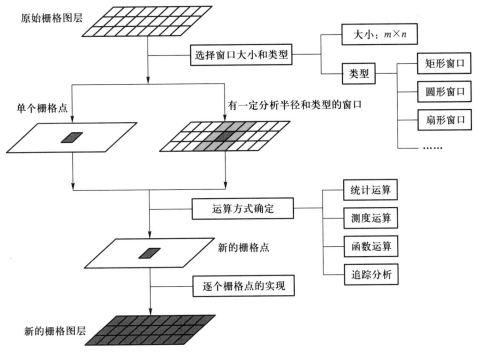

图 7.30 窗口分析实现过程

7.5.2 分析窗口的类型

按照分析窗口的形状,可以将分析窗口划分为以下类型:

(1)矩形窗口:是以目标栅格为中心,分别向周围八个方向扩展一层或多层栅格,从而形成如图 7.31(a)所示的矩形分析区域。

(2)圆形窗口:是以目标栅格为中心,向周围作一个等距离搜索区,构成一个圆形分析窗口,如图 7.31b。

(3)环形窗口:是以目标栅格为中心,按指定的内外半径构成环形分析窗口。

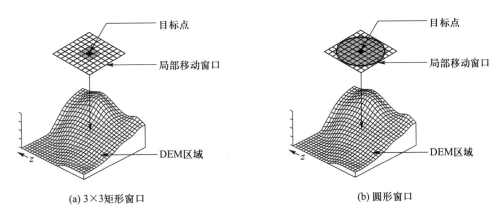

(a)3×3矩形窗口   (b)圆形窗口

图 7.31 DEM 局部移动窗口

（4）扇形窗口：是以目标栅格为起点，按指定的起始与终止角度构成扇形分析窗口。

（5）其他窗口：如正六边形等。

7.5.3 窗口分析的类型

1. 统计运算

栅格分析窗口内的空间数据的统计分析类型一般有以下几种类型。

（1）平均值统计（mean）：新栅格值为分析窗口内原栅格值的均值。

（2）最大值统计（maximum）：新栅格值为分析窗口内原栅格值的最大值。

（3）最小值统计（minimum）：新栅格值为分析窗口内原栅格值的最小值。

（4）中值统计（median）：是指 $a_1, a_2, a_3, \cdots, a_n$ 这 n 个数的中数，若 n 为奇数，则 $Med = a_{\frac{1}{2}(n-1)}$；若 n 为偶数，则 $Med = \frac{1}{2}\left(a_{\frac{n}{2}} + a_{\frac{n+2}{2}}\right)$，新栅格值为分析窗口内原栅格值的中值（即 Med）。

（5）求和统计（sum）：新栅格值为分析窗口内原栅格值的总和。

（6）标准差统计（standard deviation）：新栅格值为分析窗口内原栅格值的标准差值。

（7）其他：诸如值域、模等。图 7.32 是 11×11 窗口大小的平均值统计的窗口分析。

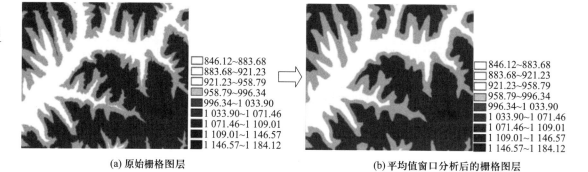

(a) 原始栅格图层   (b) 平均值窗口分析后的栅格图层

图 7.32 均值窗口分析

（8）范围统计（range）：是指分析窗口范围内统计值的范围。

（9）多数统计（majority）：是指分析窗口范围内绝大多数的统计值，频率最高的单元值。

（10）少数统计（minority）：是指分析窗口范围内较少数的统计值，频率最低的单元值。

（11）种类统计（variety）：是指分析窗口范围内统计值的种类，不同单元值的数目。

2. 函数运算

窗口分析中的函数运算是选择分析窗口后，以某种特殊的函数或关系式，如滤波算子、坡度计算等，来进行从原始栅格值到新栅格值的运算，具体可以用下列公式来表达：

$$C_{ij} = f\left(\sum_{i-m}^{i+m} \sum_{j-n}^{j+n} c_{ij}\lambda_{ij}\right) \tag{7.17}$$

式中：i, j 为行列号；c_{ij} 为第 i 行、第 j 列原始栅格值；$m \times n$ 是分析窗口大小；λ_{ij} 为栅格系数；$f(x)$ 为

运算函数;C_{ij}为新栅格图层值。

在函数运算中,应用比较广泛的有:

(1)滤波运算:如图像卷积运算,罗伯特梯度计算,拉普拉斯算法等,这些在遥感图像处理方面应用较广。图7.33是进行滤波运算的窗口分析的一个实例。

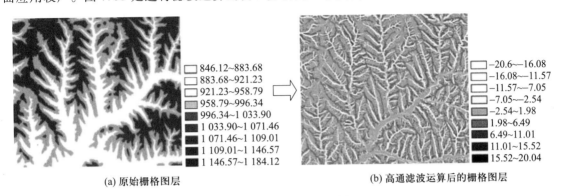

(a) 原始栅格图层	(b) 高通滤波运算后的栅格图层

图 7.33 滤波运算窗口分析

(2)地形参数运算:如坡度坡向的运算、平面曲率、剖面曲率的计算、水流方向矩阵、水流累计矩阵的获得等。图7.34是某栅格点坡度函数运算图层显示的例子。

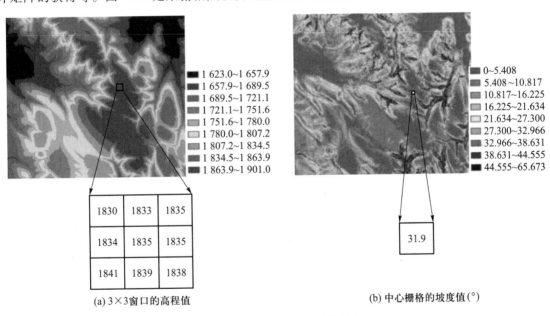

1830	1833	1835
1834	1835	1835
1841	1839	1838

(a) 3×3窗口的高程值	(b) 中心栅格的坡度值(°)

图 7.34 栅格点坡度函数运算图层显示

7.6 网 络 分 析

现实世界中,若干线状要素相互连接成网状结构,资源沿着这个线性网流动,这样就构成了一个网络。在 GIS 中,作为空间实体的网络与图论中的网络不同。它作为一种复杂的地理目标,除具有一般网络的边、结点间的抽象的拓扑含义之外,还具有空间定位上的地理意义和目标复合上的层次意义。具体说来,网络就是指现实世界中,由链和结点组成的、带有环路,并伴随着一系列支配网络中流动过程的约束条件的线网图形,它的基础数据是点与线组成的网络数据。

网络分析(network analysis)是通过模拟、分析网络的状态,以及资源在网络上的流动和分配等过程,研究网络结构、流动效率及网络资源等的优化问题的领域。对地理网络、城市基础设施网络进行地理分析和模型化,是地理信息系统中网络分析功能的主要目的。进行网络分析研究的数学分支是图论和运筹学,它的根本目的是研究、筹划一项基于网络数据的工程如何安排,并使其运行效果最好,如一定资源的最佳分配,从一地到另一地的花费时间最短等,研究内容主要包括选择最佳路径,选择最佳布局中心的位置,资源分配,结点弧段的遍历等。其基本思想则在于人类活动总是趋向于按一定目标选择达到最佳效果的空间位置。这类问题在生产、社会、经济活动中不胜枚举,因此研究此类问题具有重大意义。目前网络分析在电子导航、交通旅游、各种城市管网和配送、急救等领域发挥重要的作用。

7.6.1　矢量网络分析

1. 矢量网络的组成

网络是现实世界中,由链和结点组成的、带有环路、并伴随着一系列支配网络中流动过程的约束条件的线网图形。它是现实世界中的网状系统的抽象表示,可以模拟交通网、通信网、地下水管网、天然气网等网络系统。网络的基本组成部分和属性如下(图 7.35):

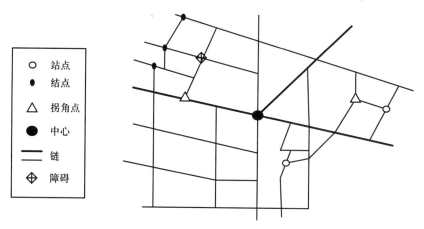

图 7.35　空间网络的构成元素

（1）线状要素——链:网络中流动的管线,是构成网络的骨架,也是资源或通信联络的通道,包括有形物体如街道、河流、水管、电缆线等,无形物体如无线电通信网等,其状态属性包括阻力和需求。

（2）点状要素:① 障碍,禁止网络链上流动的,或对资源或通信联络起阻断作用的点;② 拐角点,出现在网络链中所有的分割结点上状态属性的阻力,如拐弯的时间和限制(如不允许左拐);③ 结点,网络链与网络链之间的连接点,位于网络链的两端,如车站、港口、电站等,其状态属性包括阻力和需求;④ 中心,是接受或分配资源的位置,如水库、商业中心、电站等。其状态属性包括资源容量,如总的资源量、阻力限额,如中心与网络链之间的最大距离或时间限制;⑤ 站点,在路径选择中资源增减的站点,如库房、汽车站等其状态属性有要被运输的资源需求,如产品数量。

除了基本组成部分外,有时还要增加一些特殊结构,如邻接点链表用来辅助进行路径分析等。

2. 矢量网络中的属性

网络组成部分都是用图层要素形式表示,需要建立要素间的拓扑关系,包括结点-弧段拓扑关系和弧段-结点拓扑关系,并用一系列相关属性来描述。这些属性是网络中的重要部分,一般以表格的方式存储在 GIS 数据库中,以便构造网络模型和网络分析。例如,在城市交通网络中,每一段道路都有名称、速度上限、宽度等;停靠点处有大量的物资等待装载或下卸等属性。在这些属性中,有一些特殊的非空间属性,如下:

(1)阻强:指资源在网络流动中的阻力大小,如所花的时间、费用等。它是描述链与拐角点所具有的属性。链的阻强(阻碍强度)描述的是从链的一个结点到另一个结点所克服的阻力,它的大小一般与弧段长度、方向、属性及结点类型等有关。拐角点的阻强描述资源流动方向在结点处发生改变的阻力大小,它随着两条相连链弧的条件状况而变化。若有单行线,则表示资源流在往单行线逆向方向的阻力为无穷大或为负值。为了网络分析的需要,一般来说要求不同类型的阻强要统一量纲。

运用阻强概念的目的在于模拟真实网络中各路线及转弯的变化条件。网络分析中选取的资源最优分配和最优路径随要素阻碍强度的大小而变化。最优路径是最小阻力的路线。对不构成通道的链或拐角点往往赋予负的阻碍强度,这样在选取最佳路线时可自动跳过这些链或拐角点。

(2)资源容量:指网络中心为了满足各链的需求,能够容纳或提供的资源总数量,也指从其他中心流向该中心或从该中心流向其他中心的资源总量。如水库的总库容量,宾馆的总容客量,货运总站的仓储能力等。

(3)资源需求量:指网络系统中具体的线路、链、结点所能收集的或可以提供给某一中心的资源量。如城市交通网络中沿某条街道的流动人口,供水网络中水管的供水量,货运停靠点装卸货物的件数等。

3. 矢量网络的建立

网络分析的基础是网络的建立,一个完整的网络必须首先加入多层点文件和线文件,由这些文件建立一个空的空间图形网络,然后对点和线文件建立起拓扑关系,加入其各个网络属性特征值,如根据网络实际的需要,设置不同阻强、网络中链的连通性、中心点的资源容量、资源需求量等。一旦建立起网络数据,全部数据被存放在地理数据库中,由数据库的生命循环周期来维持运作。例如在 ArcGIS 中建立的几何网络的格式是 Geodatabase,将其全部的数据和组成部分封装在一个文件中。

4. 矢量网络的应用

地理信息系统中的网络分析就是对交通网络、各种网线、电力线、电话线、供排水管线等进行地理分析和模型化,然后再从模型中提炼知识指导现实,从网络分析应用功能的角度出发,网络分析划分为路径分析、最佳选址、资源分配和地址匹配。

（1）路径分析

在任何定义域上，距离总是指两点或其他对象间的最短的间隔，同时在讨论距离时，定义这个距离的路径也是重要的方面。在平面域上，因为欧氏距离的路径是一条直线，对它的确定是直截了当的，所以一般不专门讨论与距离相连的路径问题。在球面上，与距离相连的路径是大圆航线，需要特别的计算，但在给定了两点的地理坐标（地理位置）后，这个路径的计算是基本的也是简单易行的。但在一个网络上，给定了两点的位置，在计算两点间的距离时，必须同时考虑与之相关联的路径。因为路径的确定相对复杂，无法直接计算。这就是为什么"计算机网络上两点的距离"在大多数的情况下，都称之为"最短路径计算"。在这里，"路径"显然比"距离"更为重要。

在路径分析中有以下几类的分析处理方向：

① 静态最佳路径：由用户确定权值关系后，即给定每条弧段的属性，当需求最佳路径时，读出路径的相关属性，求最佳路径。

② 动态分段：给定一条路径由多段联系组成，要求标注出这条路上的千米点或要求定位某一条公路上的某一点，标注出某条路上从某千米数到另一千米数的路段。

③ N 条最佳路径分析：确定起点、终点，求代价较小的几条路径，因为在实践中往往仅求出最佳路径并不能满足要求，可能因为某种因素不走最佳路径，而走近似最佳路径。

④ 最短路径：确定起点、终点和所要经过的中间点、中间连线，求最短路径。

⑤ 动态最佳路径分析：实际网络分析中，权值是随着权值关系式变化的，而且可能会临时出现一些障碍点，所以往往需要动态地计算最佳路径。图7.36中粗线为寻找到的从南京市第二医院到江苏省人民医院的最短路径。

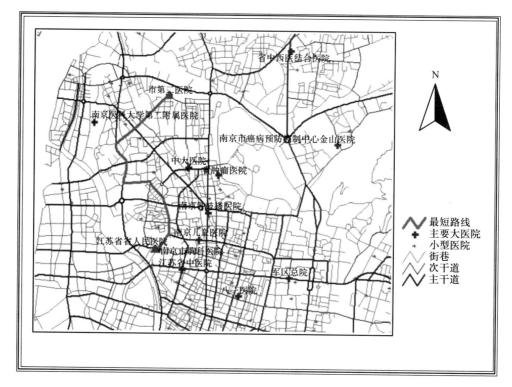

图 7.36 最短路径的寻找示例

上述讨论的路径分析中,网络要素的属性是固定不变的,在网络分析中属于静态最优路径。在实际应用中,各网络要素的属性如阻强是动态变化的,还可能出现新的障碍,如城市交通路况的实时变化,此时需要动态地计算最优路径。有时仅求出单个最优路径仍不够,还需要求出次优路径。

最短路径问题已经在运筹学、计算机科学、空间分析和交通运输工程等领域有广泛研究,对交通、消防、信息传输、救灾、抢险等有着重要的意义。

(2)资源分配

资源分配主要是优化配置网络资源的问题,资源分配的目的是对若干服务中心,进行优化划定每个中心的服务范围,把所有连通链都分配到某一中心,并把中心的资源分配给这些链以满足其需求,也即要满足覆盖范围和服务对象数量,筛选出最佳布局和布局中心的位置。资源分配网络模型由中心点(分配中心)及其状态属性和网络组成。分配有两种方式,一种是由中心向四周输出,另一种是由四周向中心集中。这种分配功能可以解决资源的有效流动和合理分配。具体来说,资源分配是根据中心容量及网线和结点的需求,并依据阻强大小,将网线和结点分配给中心,分配是沿着最佳路径进行的。当网络元素被分配给某个中心点时,该中心拥有的资源量就依据网络元素的需求而缩减,中心资源耗尽,分配亦停止。

其在地理网络中的应用与区位论中的中心地理论类似。在资源分配模型中,研究区可以是机能区,根据网络流的阻力等来研究中心的吸引区,为网络中的每一连接寻找最近的中心,以实现最佳的服务。还可以用来指定可能的区域。

图7.37 就是具有阻强属性的连通链的资源分配算法。其余弧段已分配到相应的中心,而弧段 13 尚待分配。分配的原则是将已有路径的累计阻强加上该弧段自身的阻强,选取总阻强最小的路径,与该路径相连的中心为最佳中心。13 号弧的分配方案与阻强($Cost$)如下:

至 210 点:$Cost = 3+2 = 5$

至 215 点:$Cost = 2+2+2 = 6$

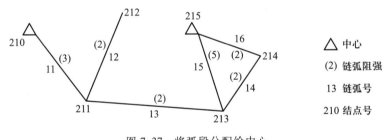

图 7.37 将弧段分配给中心

因此,应把该弧段分配到编号为 210 的中心去。假如到两个中心的累计阻强相等,则可任意取一中心,或参考其他条件取一个。

资源分配模型可用来计算中心地的等时区、等交通距离区、等费用距离区等。可用来进行城镇中心、商业中心或港口等地的吸引范围分析,以用来寻找区域中最近的商业中心,进行各种区划和港口腹地的模拟等(图7.38 为救护车服务范围示例)。

(3)最佳选址

选址功能是指在一定约束条件下、在某一指定区域内选择设施的最佳位置,它本质上是资源分配分析的延伸,例如连锁超市、邮筒、消防站、飞机场、仓库等的最佳位置的确定。在网络分析

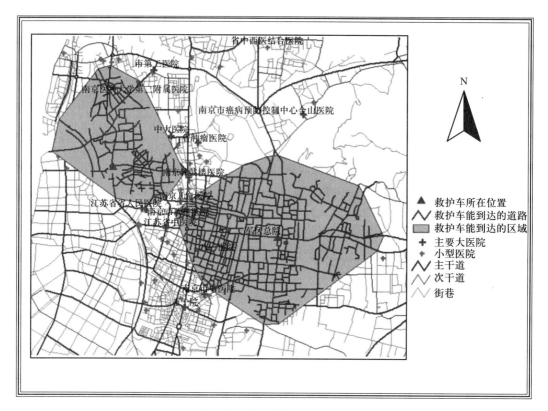

图 7.38　救护车服务范围示例

中的选址问题一般限定设施必须位于某个结点或某条链上,或者限定在若干候选地点中选择位置。

服务中心选址的步骤具体如下:

① 对若干候选地点或方案进行资源分配分析:将待规划建设的服务中心与现有的中心合在一起进行资源分配分析,划分服务区,进行不同方案的显示。

② 对每种选址方案的资源分配或服务区划分结果:计算这些方案中所有参与运行的链的网络运行花费的总和或平均值。

③ 比较各种方案:选择上述花费的总和或平均值为最小的方案即满足约束条件的最佳地址的选择。

实际中,由于要考虑到很多实际因素,例如学校选址,需要考虑生源问题、环境嘈杂性、交通性等;商场的选址,要考虑交通状况,周围人群的经济能力、消费水平、文化素质问题等。除此之外,选址不但要考虑社会人文因素,还要考虑地形起伏,建筑物的遮挡等,需要将这些实际因素添加进去,得到一个综合指标的最佳选址。

图 7.39 所示是选择合适的区域建立市场,图 7.39a 是对在市区内已有市场的影响范围作出服务区,对这些服务区进行叠置分析后,作外围缓冲区,在外围缓冲区的中间深色地域则是可以新建市场的区域。

(4) 地址匹配

地址匹配实质是对地理位置的查询,它涉及地址的编码。地址匹配与其他网络分析功能结

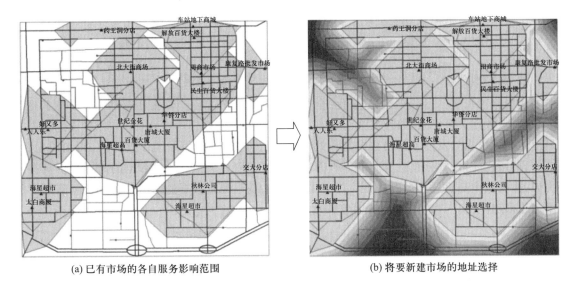

(a) 已有市场的各自服务影响范围　　　　　　　(b) 将要新建市场的地址选择

图 7.39　最佳选址示例

合起来,可以满足实际工作中非常复杂的分析要求。所需输入的数据,包括地址表和含地址范围的街道网络及待查询地址的属性值。这种查询也经常用于公用事业管理、事故分析等方面,如邮政、通信、供水、供电、治安、消防、医疗等领域。

7.6.2　栅格网络分析

经典的 GIS 都认为矢量、栅格数据对比之下,栅格数据在叠置分析及三维分析中具有优势,缓冲区分析矢栅参半,而对于网络分析,栅格数据则毫无办法。实际上在矢量数据的网络分析中,一方面,由于矢量数据本身结构和矢量网络分析所基于的图论知识的限制,图论概念众多、结构复杂、方法多、组织形式多、变化多、地学数据量大、精度要求相对苛刻、数据组织和输入的困难极大地影响了它的广泛应用;另一方面,在基于矢量数据进行大型网络分析时,由于矢量数据基于的是点线面,分析计算复杂,且算法效率问题更显著。虽然各种局部的改良方法很多,但这些方法的共同弱点是所连接的拓扑关系的显式数据,以及相应的几何数据(距离)作为运算的必需数据,因而在巨大网络发生经常性的动态变化时,例如故障和维修引起的中断,线路和权重改变等,维护和更新这些拓扑数据、几何数据是十分困难的,并且这些变化将引起结构的整体变化。因此算法本身效率不高。再加上数据维护、更新等问题,从而使得矢量数据在进行网络分析应用和推广上碰到了巨大的困难。

栅格数据由于其自身的"属性明显,位置隐含"独特特点,并且独到地将地图代数的方法应用在栅格数据上,利用了图数一体的栅格数据优点,充分发挥栅格图的平面点集位数据蕴含了全部拓扑数据和几何数据这一特点,弥补了矢量数据在数据维护、更新等的缺陷,自动并且自适应地组织和输入图论的各种方法所需要的数据。在网络分析中地图代数的栅格方法是将网络视为具有距离刻度的连通管系统,例如当且仅当从起点注入大量高压水时,终点最先射出的水流轨迹即为最短路径。对于网络的动态变化,用图计量变化表示十分方便、易行,并且作为网络图本身的栅格数据严密地隐含了全面的拓扑数据和几何数据,其相应数据组织也无须任何特别的安排,因此算法效率高,且适应数据变更动态变化。

在实际工作中,网络数据随着应用的目的、范围、对象而变化,相互间的拓扑关系更是动态、复杂而且数量巨大。对于基于矢量数据的网络分析系统而言,还需事先制作好显式数据,组织各顶点数据,然后取得所有两结点之间的路径长度,再通过 Dijkstra 算法或其他算法取得全部顶点两两之间的路径长度,一旦一个数据变化,全部组织需要重新进行。因此更为困难的也许不是数据本身,而是数据关系复杂,数量巨大而且难以穷举。而栅格数据本身存储简单,其自身的连通管最短路径算法充分发挥了栅格数据的长处,数据组织与最优路径是同步进行的,而无须先行,门槛低,初始化易行,十分有益于网络分析的广泛开展和取得成效。栅格数据的网络分析具有独特优势,算法效率高、更科学、更适合动态变化。目前,基于栅格数据的网络分析在实际问题中的应用也越来越广泛。

专业术语

空间分析、叠置分析、重分类、缓冲区分析、窗口分析、追踪分析、网络分析、阻强、资源需求量、动态分段、地址匹配

复习思考题

一、思考题(基础部分)

1. 说明缓冲区分析的原理与用途,并对比本章中两种建立缓冲区方法的优缺点。
2. 栅格数据与矢量数据在多层面叠置方法与结果上有什么差异? 叠置分析的地学意义是什么?
3. 网络分析对空间数据有哪些基本要求?
4. 举例说明不同形状的空间分析窗口在地学分析中的作用。
5. 试分析栅格数据在 GIS 空间分析中的优点与局限性。

二、思考题(拓展部分)

1. 设某一污染源的影响度 F_i 随距离 r_i 呈指数变化,已知该污染源的影响半径为 d_0,分级指标值为 f_0,试述对该污染源进行缓冲区分析的步骤和方法($i=1,2,\cdots,5$)。

2. 设某项应用为核电站选址,要求核电站临近海湾,交通便捷,地形坡度小于 5°,地质条件安全,并避开居民区。 请试以 GIS 方法,设计该位置选择的应用模型,用框图表示其运行过程,并说明其有关的操作和算子。

3. 试以格网 DEM 数据为数据源,利用栅格窗口分析方法,提取山丘地区的山顶点(GIS 软件不限)。

第8章 DEM与数字地形分析

数字地面模型于1958年提出，特别是基于DEM的GIS空间分析方法的出现，使传统的地形分析方法产生了革命性的变化，数字地形分析方法逐步形成和完善。 目前，基于DEM的数字地形分析已经成为GIS空间分析中最具特色的部分，在测绘、遥感及资源调查、环境保护、城市规划、灾害防治及地学研究各方面发挥越来越重要的作用。 本章首先介绍了数字高程模型的基本概念和建立步骤，然后从基本坡面因子、特征地形因子、水文因子和可视域等方面简述数字地形分析的主要内容和研究方法。

8.1 基 本 概 念

8.1.1 数字高程模型

数字高程模型(digital elevation model, DEM)是通过有限的地形高程数据实现对地形曲面的数字化模拟(即地形表面形态的数字化表示)，它是对二维地理空间上具有连续变化特征的地理现象的模型化表达和过程模拟。由于高程数据常常采用绝对高程(即从大地水准面起算的高度)，DEM也常常称为DTM(digital terrain model, 数字地形模型)。"terrain"一词的含义比较广泛，不同专业背景对"terrain"的理解也不一样，因此DTM趋向于表达比DEM更为广泛的内容。

从研究对象与应用范畴角度出发，DEM可以归纳为狭义和广义两种定义。从狭义角度定义，DEM是区域表面海拔高程的数字化表达。这种定义将描述的范畴集中地限制在"地表""海拔高程"及"数字化表达"内，观念较为明确。从广义角度定义，DEM是地理空间中地理对象表面海拔高度的数字化表达。这是随着DEM的应用不断向海底、地下岩层，以及某些不可见的地理现象(如大气中的等压面等)延伸，而提出的更广义的概念。该定义将描述对象不再限定在"地表面"，因而具有更大的包容性，有海底DEM、下伏岩层DEM、大气等压面DEM等。

数学意义上的数字高程模型是定义在二维空间上的连续函数 $H=f(x,y)$。由于连续函数的无限性，DEM通常是将有限的采样点用某种规则连接成一系列的曲面或平面片来逼近原始曲面，因此DEM的数学定义为区域D的采样点或内插点 P_j 按某种规则 ζ 连接成的面片 M 的集合：

$$\text{DEM} = \left\{ M_i = \zeta(P_j) \,\middle|\, P_j(x_j, y_j, H_j) \in D, j=1,\cdots,n, i=1,\cdots,m \right\} \tag{8.1}$$

DEM按照其结构，可分为规则格网DEM、TIN、基于点的DEM和基于等高线的DEM等。由于规则格网结构简单，算法设计明了，在实际运用中被广泛采用。本书中的DEM仅指规则格网DEM。

8.1.2　数字地形分析

数字地形分析(digital terrain analysis,DTA),是指在数字高程模型上进行地形属性计算和特征提取的数字信息处理技术。DTA 是各种与地形因素相关空间模拟技术的基础。

地形属性根据地形要素的关系特征和计算特征,可以归纳为地形曲面参数(parameters)、地形形态特征(features)、地形统计特征(statistics)和复合地形属性(compound attributes)。地形曲面参数具有明确的数学表达式和物理定义,并可在 DEM 上直接量算,如坡度、坡向、曲率等。地形形态特征是地表形态和特征的定性表达,可以在 DEM 上直接提取,其特点是定义明确,但边界条件有一定的模糊性,难以用数学表达式表达。如在实际的流域单元的划分中,往往难于确定流域的边界。地形统计特征是指给定地表区域的统计学上的特征。复合地形属性是在地形曲面参数和地形形态特征的基础上,利用应用学科(如水文学、地貌学和土壤学)的应用模型而建立的环境变量,通常以指数形式表达。

数字地形分析的主要内容有两方面。一是提取描述地形属性和特征的因子,并利用各种相关技术分析解释地貌形态、划分地貌形态等。二是 DTM 的可视化分析。数字地形分析中可视化分析的重点在于地形特征的可视化表达和信息增强,以帮助传达地形曲面参数、地表形态特征和复合地形属性的信息。

根据分析内容,常用的数字地形分析的方法有以下几种(图 8.1):

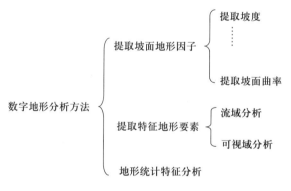

图 8.1　数字地形分析常用方法

1. 提取坡面地形因子

地形定量因子是为有效地研究与表达地貌形态特征所设定的具有一定意义的参数或指标。从地形地貌的角度考虑,地表是由不同的坡面组成的,而地貌的变化,完全源于坡面的变化。常用的坡面地形因子有坡度、坡向、平面曲率、坡面曲率、地形起伏度、粗糙度、切割深度等。

2. 提取特征地形要素

(1)流域分析:流域分析主要是根据地表物质运动的特性,特别是水流运动的特点,利用水流模拟的方法来提取水系、山脊线、谷底线等地形特征线,并通过线状信息分析其面域特征。

(2)可视域分析:可视性分析包括两方面内容,一个是两点之间的通视性(intervisibility),另一个是可视域(viewshed),即对于给定的观察点所覆盖的区域。

3. 地形统计特征分析

地形统计特征分析是应用统计方法对描述地形特征的各种可量化的因子或参数进行相关、回归、趋势面、聚类等统计分析,找出各因子或参数的变化规律和内在联系,并选择合适的因子或参数建立地学模型,从更深层次探讨地形演化及其空间变异规律。

8.2 DEM 建立

8.2.1 DEM 建立的一般步骤

数字高程模型的建立过程是一个模型建立过程。从模型论角度讲,就是将源域(地形)表现在另一个域(目标域或 DEM)中的一种结构,建模的目的是对复杂的客体进行简化和抽象,并把对客体(源域,DEM 中为地形起伏)的研究转移到对模型的研究上来。

模型建立之初,首先要为模型构造一个合适的空间结构(spatial framework)。空间结构是为把特定区域内的空间目标镶嵌在一起而对区域进行的划分,划分出的各个空间范围称为位置区域或空间域。空间结构一般是规则的(如格网),或不规则的(如不规则三角网 TIN)。

建立在空间结构基础上的模型是由 n 个空间域的有限集合组成。由于空间数据包含位置特征和属性特征,而属性特征是定义在位置特征上的,因此每一个空间域就是由空间结构到属性域的计算函数或域函数。模型的可计算性要求有两点,一是空间域的数量、属性域和空间结构是有限的,二是域函数是可计算的。构筑模型的一般内容和过程为:

① 采用合适的空间模型构造空间结构;② 采用合适的属性域函数;③ 在空间结构中进行采样,构造空间域函数;④ 利用空间域函数进行分析。

当空间结构为欧几里得平面,属性域是实数集合时,模型为一个自然表面。将欧几里得平面充当水平的 XY 平面,属性域给出 Z 坐标(或高程),模型即为数字高程模型。

对于数字高程模型而言,空间结构的构造过程即为 DEM 的格网化过程(形成格网),属性值为高程,构造空间域函数即为内插函数的确定,利用空间域函数进行分析就是求取格网点的函数值。

8.2.2 格网 DEM 的建立

DEM 是在二维空间上对三维地形表面的描述。构建 DEM 的整体思路是首先在二维平面上对研究区域进行格网划分(格网大小取决于 DEM 的应用目的),形成覆盖整个区域的格网空间结构,然后利用分布在格网点周围的地形采样点内插计算格网点的高程值,最后按一定的格式输出,形成该地区的格网 DEM(图 8.2)。

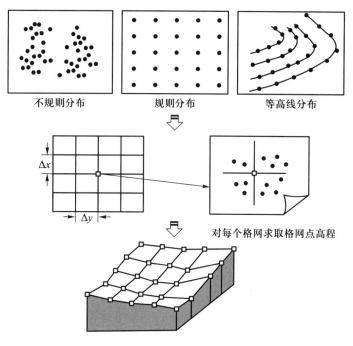

图 8.2　格网 DEM 建立流程

8.2.3　TIN 的建立

不规则三角网(TIN)是 GIS 中广泛使用的表面存储与表达方法。相比以栅格数据结构存储的规则格网,TIN 数据是一种典型的矢量数据结构,它通过结点、边和面表达地形的起伏特征。其中,三角形作为 TIN 的主要元素,可以通过多种方法构建。这些方法都必须符合一定的剖分准则。一般必须满足的要求包括:

① 使三角形形状最佳,即尽量接近正三角形。② 保证最近的三个点在同一个三角形上。③ 三角网络是唯一的(不能出现四点共线)。

TIN 的三角剖分准则是指在基于离散点生成三角形的过程中,TIN 数据结构中三角形的形成法则,它决定着三角形的几何形状和 TIN 的质量。目前,在 GIS、计算机和图形学领域常用的三角剖分准则主要包括6种(图 8.3)。

(1) 空外接圆准则:在 TIN 中,每个三角形的外接圆均不包含除三角形顶点之外的其他任何点。

(2) 最大最小角准则:在 TIN 中的两个相邻三角形所形成的凸四边形中,这两个三角形中的最小内角一定大于交换凸四边形对角线后所形成的两个三角形的最小内角。

(3) 最短距离和准则:一点到所对应边的两端的距离和为最小。

(4) 张角最大准则:所选择的点到所对应边的张角为最大。

(5) 面积比准则:三角形内切圆面积与三角形面积或三角形面积与周长平方之比最小。

(6) 对角线准则:两个三角形组成的凸四边形的两条对角线的长度比需要指定阈值,并且当比值超过此阈值时,则需要对剖分方案进行优化。

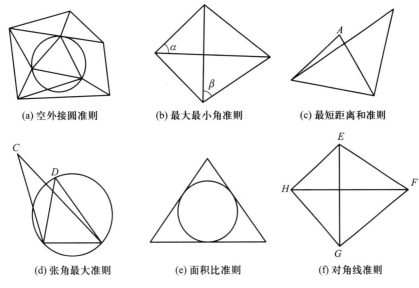

(a) 空外接圆准则　　　　(b) 最大最小角准则　　　　(c) 最短距离和准则

(d) 张角最大准则　　　　(e) 面积比准则　　　　(f) 对角线准则

图 8.3　三角剖分准则类型

　　基于以上准则可以采用多种方式基于离散点构建 TIN。在目前所有的三角化算法中,以 Delaunay 三角网的应用最为广泛。以上剖分准则中,空外接圆准则、最大最小角准则下进行的三角剖分称为 Delaunay 三角剖分。Delaunay 三角网为相互邻接且互不重叠的三角形的集合,每一个三角形的外接圆内不包含其他点。下面通过介绍三角网生长法来了解三角网的生成过程。

　　三角网生长法的实现首先是在数据集中任取一点,查找距离此点最近的点,相连后作为初始基线。在初始基线的右边应用 Delaunay 法则搜索第三点。生成 Delaunay 三角形,并以该三角形的两条新边作为新的基线。重复前面过程直至所有的基线处理完毕(图 8.4)。

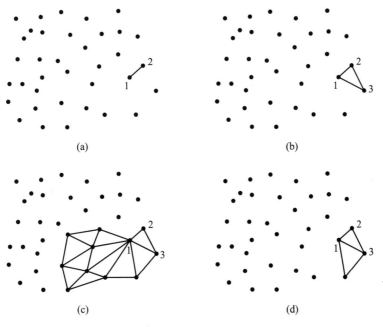

图 8.4　不规则三角网构建过程

8.2.4　等高线的建立

等高线 DEM 的建立实际上是将数据源转换为特定 DEM 结构的过程。该过程包含了以下几个步骤:首先选取合适的空间模型,如规则格网或不规则格网 TIN;其次,确定空间域函数,即内插函数;最后,利用空间域函数进行分析,即求取指定点上的函数值。

常用的等高线生成方法主要是通过 grid 或 TIN 构建。这里以基于 TIN 的等高线构成方法为例。其原理是:同一等高线最多只穿过三角形一次,因此相关的算法也比较简单。不过,由于 TIN 的存储结构不同,等高线的具体跟踪算法也有所不同。一般情况下,基于 TIN 的等高线搜索遵循以下步骤。

① 首先,将等高线 $C_1(h_i)$ 的高程值 h_i 与任意三角形中的任意一边的两端点的高程值进行比较,如图 8.5 所示。例如,与 $V_1(x_1, y_1, z_1)$ 和 $V_2(x_2, y_2, z_2)$ 的高程进行比较,从而确定是否应该穿过该三角形。其比较原则是判断两点 V_1 和 V_2 的高程与 h_i 差的乘积是否为负,即如果 $(z_1 - h_i)(z_2 - h_i) \leqslant 0$,则可以穿过,反之则不行。如果满足穿过条件,则可以通过内插线性方程计算得到等高线与要穿过三角形边的交点坐标。

② 然后,搜索该等高线在该三角形的离去边,即分别将等高线高程与另外两条边的端点进行比较,采用与①相同的方法求出交点。

③ 将已经处理过的三角形进行标记,该等高线将不再进入被标记了的三角形。然后搜索下一个三角形。

④ 重复以上步骤,直至没有相邻的三角形或者等高线回到了原来的位置。当所有的三角形都被标记之后,改变等高线的高程值,便可以得到最终的等高线结果,如图 8.5 所示。

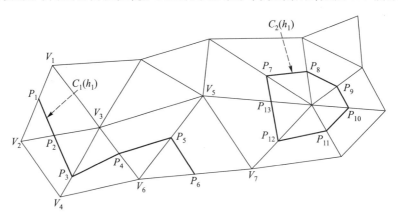

图 8.5　基于 TIN 的等高线生成方法

8.2.5　DEM 内插方法

DEM 建立过程中的关键环节是根据采样点的值内插计算格网点上的高程值。内插是指根据分布在内插点周围的已知参考点的高程值求出未知点的高程值,它是 DEM 的核心问题,贯穿于 DEM 的生产、质量控制、精度评定、分析应用的各个环节。

随着 DEM 的发展和完善,已经提出了多种高程内插方法。根据不同的分类标准,有不同的内插方法分类,例如按数据分布规律分类,有基于规则分布数据的内插方法、基于不规则分布数据的内插方法和适合于等高线数据的内插方法等;按内插点的分布范围,内插方法分为整体内插、局部内插和逐点内插法;从内插曲面与参考点的关系方面,又分为曲面通过所有采样点的纯二维内插方法和曲面不通过参考点的曲面拟合内插方法;从内插函数的数学性质来讲,有多项式内插、样条内插、有限元内插、最小二乘配置内插等内插函数;从对地形曲面理解的角度,内插方法有克里金内插、多层曲面叠加内插、加权平均内插、分形内插、傅里叶级数内插等。表 8.1 对各种 DEM 内插方法进行了简要的总结和归纳。

本小节仅从内插点的分布范围来看,简要介绍整体内插方法、局部内插方法和逐点内插方法。详细介绍参见第 10 章。

表 8.1　DEM 内插方法分类

DEM 内插方法	数据分布	基于规则分布数据的内插方法	
		基于不规则分布数据的内插方法	
		适合于等高线数据的内插方法	
	内插范围	整体内插方法	
		局部内插方法	
		逐点内插方法	
	内插曲面与参考点关系	纯二维内插	
		曲面拟合内插	
	内插函数性质	多项式内插	线性内插
			双线性内插
			高次多项式内插
		样条内插	
		有限元内插	
		最小二乘配置内插	
	地形特征理解	克里金内插	
		多层曲面叠加内插	
		加权平均值内插	
		分形内插	
		傅里叶级数内插	

整体内插方法是指在整个区域用一个数学函数来表达地形曲面。整体内插函数通常是高次多项式,要求地形采样点的个数大于或等于多项式的系数数目。整体内插方法有整个区域上函数的唯一性、能得到全局光滑连续的 DEM、充分反映宏观地形特征等优点。但由于整体内插函数往往是高次多项式,它也有保凸性较差、不容易得到稳定的数值解、多项式系数的物理意义不明显、解算速度慢且对计算机容量要求较高、不能提供内插区域的局部地形特征等缺点。在

DEM 内插中,一般是与局部内插方法配合使用,例如在使用局部内插方法前,利用整体内插方法去掉不符合总体趋势的宏观地物特征。另外也可用来进行地形采样数据中的粗差检测。

局部内插方法是将地形区域按一定的方法分块,对每一分块,根据其地形曲面特征单独进行曲面拟合和高程内插。一般按地形结构线或规则区域进行分块,分块的大小取决于地形的复杂程度、地形采样点的密度和分布。为保证相邻分块之间的曲面平滑连接,相邻分块之间要有一定宽度的重叠,或者对内插曲面补充一定的连续性条件。这种方法简化了地形的曲面形态,使得每一分块可用不同的曲面表达,同时得到光滑连续的空间曲面。不同的分块单元可以使用不同的内插函数。常用的内插函数有线性内插、双线性内插、高次多项式内插、样条函数等。

逐点内插方法是以内插点为中心,确定一个邻域范围,用落在邻域范围内的采样点计算内插点的高程值。逐点内插方法本质上是局部内插方法,但与局部内插方法不同的是,局部内插方法中的分块范围一经确定,在整个内插过程中其大小、形状和位置是不变的,凡是落在该块中的内插点,都用该块中的内插函数进行计算,而逐点内插法的邻域范围大小、形状、位置乃至采样点个数随内插点的位置而变动,一套数据只用来进行一个内插点的计算。

逐点内插方法要注意两个问题。一是选择合适的内插函数,内插函数决定着 DEM 精度、DEM 连续性、内插点邻域的最小采样点个数和内插计算效率。二是确定内插点邻域,内插点的邻域大小和形状、邻域内参加内插计算的数据点的个数、采样点的权重、采样点的分布、附加信息等不仅会影响 DEM 的内插精度,也影响内插速度。逐点内插方法计算简单,内插效率较高,应用比较灵活,是目前较为常用的一类 DEM 内插方法。

在建立 DEM 时,要根据情况选择合适的、运算效率高的方法。而众多内插方法并不是独立的,而往往相互结合使用,这在后续的章节里会讲到。

8.3　数字地形分析

地形分析是地形环境认知的一种重要手段,传统的地形分析是基于二维平面地图进行的。从基于纸质地图的地形分析发展到基于数字地图的地形分析,计算机取代了大量的人工计算和绘制,地形分析的手段、功能发生了一次飞跃;可视化技术和虚拟现实技术的发展,使得建立三维实时、交互的仿真地形环境成为可能,同时也需要实现三维地形环境中的地形分析。特别是 DEM 的出现和大量应用,使得从地形属性中提取各类地形参数和特征因子更加地简便和准确。

用来描述地形特征和空间分布的地形参数很多,不同的应用目的,不同的学科和领域对此的理解和分类也不同。本章将综合相关知识,着重介绍基本因子分析、地形特征提取、水文分析和可视域分析。

8.3.1　基本因子分析

从本质上讲,DEM 是地形的一个数学模型,可以看成一个或多个函数的集合。实际上许多地形因子就是从这些函数进行一阶或二阶推导出来的,也有的通过某种组合或复合运算得到。基本地形因子包括斜坡因子(坡度、坡向、坡度变化率、坡向变化率等)、面积因子(表面积、投影面积、剖面积)、体积因子(山体体积、挖填体积)和面元因子(相对高差、粗糙度、凹凸系数、高程变异等)。

本节将阐述一些常用的基本地形因子的定义和计算方法。为了方便起见,并从实际应用角度考虑,本节对这些地形因子的计算都基于格网 DEM(图 8.9~8.11)。

1. 坡度

严格地讲,地表面任一点的坡度是指过该点的切平面与水平地面的夹角。坡度表示了地表面在该点的倾斜程度,在数值上等于过该点的地表微分单元的法矢量 $\vec{n}$ 与 z 轴的夹角(图 8.6),即

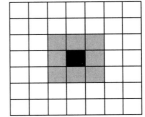

$$\text{slope} = \arccos\left(\frac{\vec{z} \cdot \vec{n}}{|\vec{z}| \cdot |\vec{n}|}\right) \qquad (8.2)$$

当具体进行坡度提取时,常采用简化的差分公式,完整的数学表示为

$$\text{slope} = \arctan\sqrt{f_x^2 + f_y^2} \qquad (8.3)$$

图 8.6 地表单元坡度示意图

式中:f_x 是 X 方向高程变化率;f_y 是 Y 方向高程变化率。

地面坡度实质是一个微分的概念,地面上每一点都有坡度,它是一个微分点上的概念,是地表曲面函数 $z = f(x, y)$ 在东西、南北方向上的高程变化率的函数。在实际应用中,坡度有两种表示方式(图 8.7):

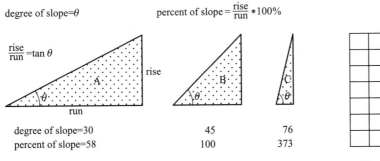

degree of slope=θ percent of slope = $\dfrac{\text{rise}}{\text{run}} * 100\%$

$\dfrac{\text{rise}}{\text{run}} = \tan\theta$

degree of slope=30 45 76
percent of slope=58 100 373

图 8.7 坡度的两种表示方法 　　　　 图 8.8 3×3 分析窗口

① 坡度(degree of slope):即水平面与地形面之间夹角。

② 坡度百分比(percent of slope):即高程增量(rise)与水平增量(run)之比的百分数。

拟合曲面法是解求坡度的最常用的方法。拟合曲面法,一般采用二次曲面,即在 3×3 的 DEM 栅格分析窗口中(图 8.8)进行,每个栅格中心为一个高程值,分析窗口在 DEM 数据矩阵中连续移动完成整个区域的计算工作。常用的计算 f_x、f_y 的方法是三阶反距离平方权,该算法也用于 ArcView 和 ARC/INFO。其计算方法为

$$\left.\begin{aligned}
f_x &= \frac{z_{i-1,j+1} + 2z_{i,j+1} + z_{i+1,j+1} - z_{i-1,j-1} - 2z_{i,j-1} - z_{i+1,j-1}}{8g} \\
f_y &= \frac{z_{i+1,j+1} + 2z_{i+1,j} + z_{i+1,j-1} - z_{i-1,j-1} - 2z_{i-1,j} - z_{i-1,j+1}}{8g}
\end{aligned}\right\} \qquad (8.4)$$

式中:g 为格网间距。

2. 坡向

坡向定义为:地表面上一点的切平面的法线矢量 $\vec{n}$ 在水平面的投影 $\vec{n}_{xoy}$ 与过该点的正北方向的夹角(如表8.2中的坡向示意图所示,x 轴为正北方向)。其数学表达公式为

$$aspect = \arctan\left(\frac{f_y}{f_x}\right) \tag{8.5}$$

对于地面任何一点来说,坡向表征了该点高程值改变量的最大变化方向。在输出的坡向数据中,坡向值有如下规定:正北方向为 $0°$,顺时针方向计算,取值范围为 $0° \sim 360°$。

坡向可在 DEM 数据中用式 8.4 和式 8.5 直接提取。但应注意,由于式 8.5 求出坡向有与 x 轴正向和 x 轴负向夹角之分,此时就要根据 f_x 和 f_y 的符号来进一步确定坡向值(表 8.2)。

表 8.2 坡向值的判断

f_x	f_y	$\alpha = \arctan\left(\frac{f_y}{f_x}\right)$	aspect	坡向示意
=0	>0	—	90	
	=0	—	-1	
	<0	—	270	
>0	>0	0~90	α	
	=0	0	0	
	<0	-90~0	360+α	
<0	>0	-90~0	180+α	
	=0	0	180	
	<0	0~90	180+α	

注:上述情况假定所建立的 DEM 数据是从南向北获取的,且 x 轴与正北方向重合,否则上述公式求得的坡向值,还应加上 x 轴偏离正北方向的夹角值。

采用这种方法求取的坡向分级比较详细,但实际应用中往往需要归并,在 ArcGIS 软件中,通常把坡向综合成九种坡向:平地(-1)、北坡($0° \sim 22.5°,337.5° \sim 360°$)、东北坡($22.5° \sim 67.5°$)、东坡($67.5° \sim 112.5°$)、东南坡($112.5° \sim 157.5°$)、南坡($157.5° \sim 202.5°$)、西南坡($202.5° \sim 247.5°$)、西坡($247.5° \sim 292.5°$)、西北坡($292.5° \sim 337.5°$)。

3. 曲率

曲率是对于地形表面一点扭曲变化程度的定量化度量因子,地形表面曲率在垂直和水平两个方向上的分量分别称为平面曲率和剖面曲率。地形表面曲率反映了地形结构和形态,同时也影响着土壤有机物含量的分布,在地表过程模拟、水文、土壤等领域有着重要的应用价值。

剖面曲率是对地面坡度沿最大坡降方向地面高程变化率的度量。数学表达式为

$$K_v = -\frac{p^2 r + 2pqs + q^2 t}{(p^2 + q^2)\sqrt{1 + p^2 + q^2}} \tag{8.6}$$

式中等式右边各字母所示含义将在下文介绍。

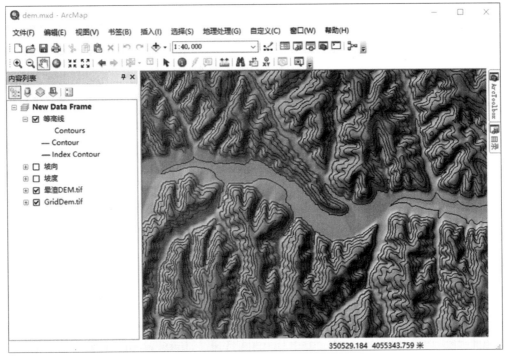

图 8.9　基于 Grid DEM 数据及实验区等高线图

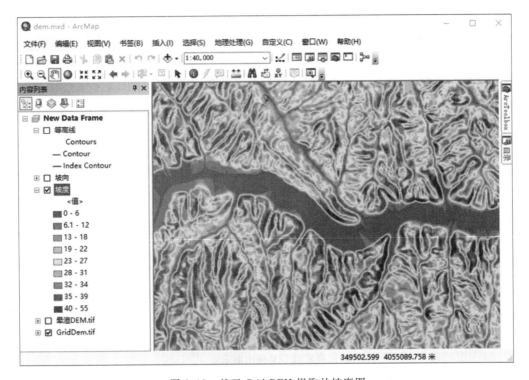

图 8.10　基于 Grid DEM 提取的坡度图

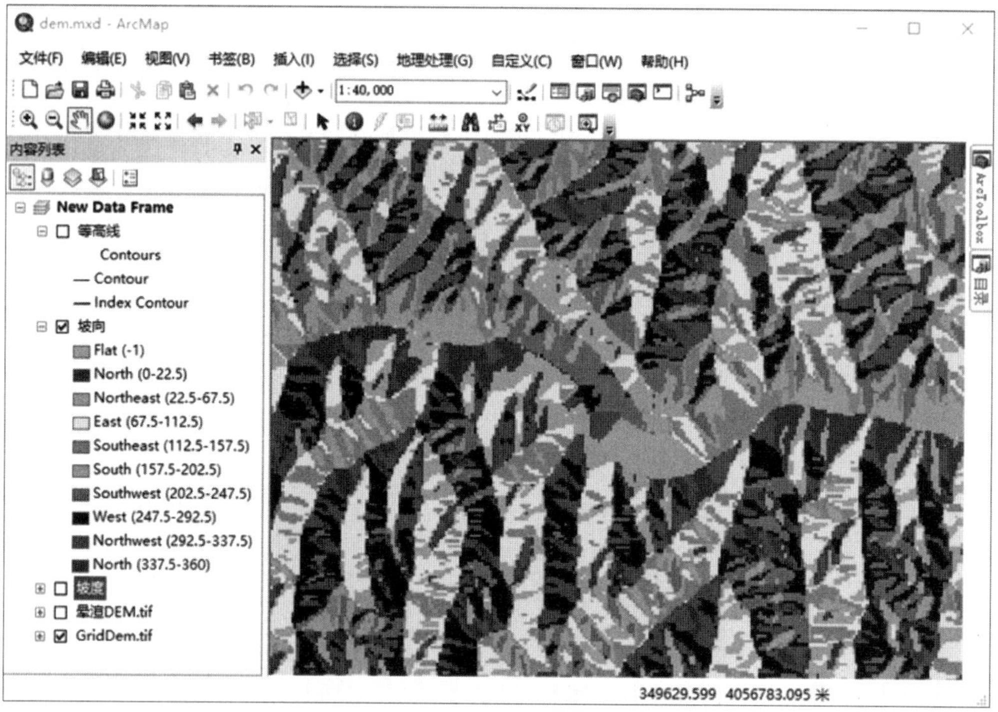

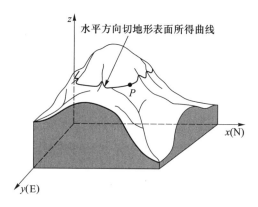

图 8.11　基于 Grid DEM 提取的坡向图

平面曲率指在地形表面上,具体到任何一点 P,指通过该点的水平面沿水平方向切地形表面所得的曲线在该点的曲率值(图 8.12)。平面曲率描述的是地表曲面沿水平方向的弯曲、变化情况,也就是该点所在的地面等高线的弯曲程度。从另一个角度讲,地形表面上一点的平面曲率也是对该点微小范围内坡向变化程度的度量。数学表达式为

$$K_h = -\frac{q^2 r - 2pqs + p^2 t}{(p^2 + q^2)\sqrt{1 + p^2 + q^2}} \qquad (8.7)$$

图 8.12　平面曲率示意

曲率数学表达式中,利用离散的 DEM 数据把地表曲面数学模拟为一个连续的曲面 $H(x,y)$,

x 和 y 为地面点的平面坐标值,$H(x,y)$ 为地面点高程值。式中其他符号所表示的意义为:$p = \dfrac{\partial H}{\partial x}$,是 x 方向高程值变化率;$q = \dfrac{\partial H}{\partial y}$,是 y 方向高程值变化率;$r = \dfrac{\partial^2 H}{\partial x^2}$,对高程值在 x 方向上的变化率进行同方向求算变化率,即 x 方向高程值变化率的变化率;$s = \dfrac{\partial^2 H}{\partial x \partial y}$,对高程值在 x 方向上的变化率进行 y 方向上求算变化率,即 x 方向高程值变化率在 y 方向的变化率;$t = \dfrac{\partial^2 H}{\partial y^2}$,对高程值在 y 方向上的变化率同方向上求算变化率,即 y 方向高程值变化率的变化率。

曲率因子的提取算法的基本原理为:在 DEM 数据的基础上,根据其离散的高程值,把地表模拟成一个连续的曲面,从微分几何的思想出发,模拟曲面上每一点所处的垂直于和平行于水平面的曲线,利用曲线曲率的求算方法推导得出各个曲率因子的计算公式。利用公式求算出每一点的曲率值的关键在于确定得出式中各个参量的值,在 DEM 中求算高程的微分分量有一套独特的算法,最常用的是三阶反距离平方权差分。对每一个栅格点都确定一个 3×3 的分析窗口,其过程如图 8.13 所示。利用 ArcView 所提取的剖面曲率与平面曲率如图 8.14 和 8.15 所示。

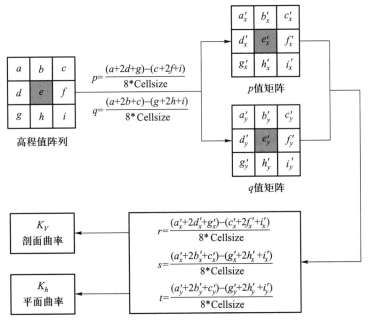

图 8.13　地形表面曲率提取步骤流程图
Cellsize 为格网间距

4. 宏观地形因子

地形起伏度、地表粗糙度与地表切割深度等地形因子是描述和反映地形表面较大区域内地形的宏观特征,在较小的区域内并不具备任何地理和应用意义。这些参数对于在宏观尺度上的水土保持、土壤侵蚀特征、地表发育、地貌分类等研究中具有重要的理论意义。基于栅格 DEM 计算宏观地形因子时,关键在于确定分析半径的大小。不同地貌类型、不同分辨率的数据,计算宏

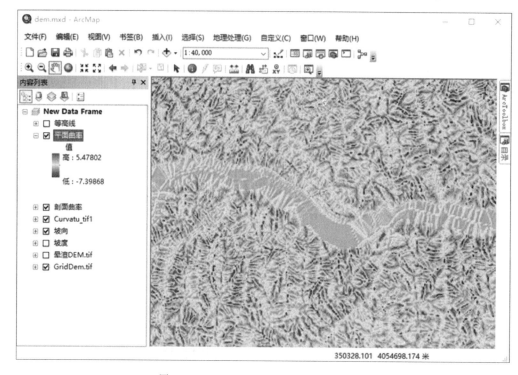

图 8.14　基于 Grid DEM 提取的剖面曲率

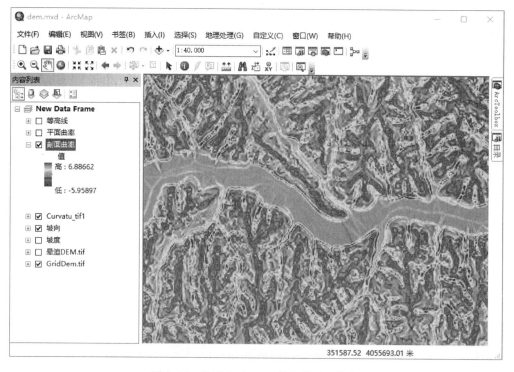

图 8.15　基于 Grid DEM 提取的平面曲率

观地形因子所取的分析半径大小是不一样的。因此,确定一个合适的分析窗口半径或分析区域,使得求取的宏观因子能够准确反映地面的起伏状况与水土流失特征,是提取算法的核心步骤和决定信息提取效果与有效性的关键。

(1)地形起伏度

地形起伏度是指,在所指定的分析区域内所有栅格中最大高程与最小高程的差。可表示为如下公式:

$$RF_i = H_{max} - H_{min} \tag{8.8}$$

式中:RF_i 指分析区域内的地面起伏度;H_{max} 指分析窗口内的最大高程值;H_{min} 指分析窗口内的最小高程值。

地形起伏度是反映地形起伏的宏观地形因子,在区域性研究中,利用 DEM 数据提取地形起伏度能够直观地反映地形起伏特征。在水土流失研究中,地形起伏度指标能够反映水土流失类型区的土壤侵蚀特征,比较适合在区域水土流失评价中用作地形指标。

(2)地表粗糙度

地表粗糙度,一般定义为地表单元的曲面面积 $S_{曲面}$ 与其在水平面上的投影面积 $S_{水平}$ 之比。用数学公式表达为

$$R = S_{曲面} / S_{水平} \tag{8.9}$$

地表粗糙度能够反映地形的起伏变化和侵蚀程度的宏观地形因子。在区域性研究中,地表粗糙度是衡量地表侵蚀程度的重要量化指标,在研究水土保持及环境监测时研究地表粗糙度也具有很重要的意义。

实际应用时,当分析窗口为 3×3 时,可采用下面近似公式求解:

$$R = 1/\cos(S) \tag{8.10}$$

此时,基于 DEM 的地表粗糙度的提取主要分为以下两个步骤:① 根据 DEM 提取坡度因子 S;② 根据式 8.10 计算地表粗糙度。

(3)地表切割深度

地表切割深度是指地面某点的邻域范围的平均高程与该邻域范围内的最小高程的差值。可用以下公式表示:

$$D_i = H_{mean} - H_{min} \tag{8.11}$$

式中:D_i 指地面每一点的地表切割深度;H_{mean} 指一个固定分析窗口内的平均高程;H_{min} 指一个固定分析窗口内的最低高程。

地表切割深度直观地反映了地表被侵蚀切割的情况,并对这一地学现象进行了量化,是研究水土流失及地表侵蚀发育状况时的重要参考指标,其提取算法可参照地形起伏度的提取。

8.3.2 地形特征分析

虽然地表形态各式各样,但地形点、地形线、地形面等地形结构的基本特征构成了地形的骨架,因此一般的地形特征提取主要是指地形特征点、线、面的提取,进而通过基本要素的组合进行地表形态分析。特征地形要素的提取更多地应用较为复杂的技术方法,其中山谷线、山脊线的提取采用了全域分析法,成为数字高程模型地学分析中很具特色的数据处理内容。

1. 地形特征点提取

地形特征点主要包括山顶点(peak)、凹陷点(pit)、脊点(ridge)、谷点(channel)、鞍点(pass)、平地点(plane)等。利用DEM提取地形特征点,可通过一个3×3或更大的栅格窗口,通过中心格网点与8个邻域格网点的高程关系来进行判断后获取。即在一个局部区域内,用x方向和y方向上关于高程z的二阶导数的正负组合关系来判断(表8.3)。该方法假设DEM表面为$z = f(x,y)$,但由于真实地表与数学表面的差别,在利用该方法在DEM上提取特征点时,结果常产生伪特征点。

表8.3 地形特征点类型的判断表

名称	定义	邻域高程关系
山顶点(peak)	是指在局部区域内海拔高程的极大值点,表现为在各方向上都为凸起	$\frac{\partial^2 z}{\partial x^2}<0,\frac{\partial^2 z}{\partial y^2}<0$
凹陷点(pit)	是指在局部区域内海拔高程的极小值点,表现为在各方向上都为凹陷	$\frac{\partial^2 z}{\partial x^2}>0,\frac{\partial^2 z}{\partial y^2}>0$
脊点(ridge)	是指在两个相互正交的方向上,一个方向凸起,而另一个方向没有凹凸性变化的点	$\frac{\partial^2 z}{\partial x^2}<0,\frac{\partial^2 z}{\partial y^2}=0$ 或 $\frac{\partial^2 z}{\partial x^2}=0,\frac{\partial^2 z}{\partial y^2}<0$
谷点(channel)	是指在两个相互正交的方向上,一个方向凹陷,而另一个方向没有凹凸性变化的点	$\frac{\partial^2 z}{\partial x^2}>0,\frac{\partial^2 z}{\partial y^2}=0$ 或 $\frac{\partial^2 z}{\partial x^2}=0,\frac{\partial^2 z}{\partial y^2}>0$
鞍点(pass)	是指在两个相互正交的方向上,一个方向凸起,而另一个方向凹陷的点	$\frac{\partial^2 z}{\partial x^2}<0,\frac{\partial^2 z}{\partial y^2}>0$ 或 $\frac{\partial^2 z}{\partial x^2}>0,\frac{\partial^2 z}{\partial y^2}<0$
平地点(plane)	山顶点是在局部区域内各方向上都没有凹凸性变化的点	$\frac{\partial^2 z}{\partial x^2}=0,\frac{\partial^2 z}{\partial y^2}=0$

表8.3中的关于地形特征点的判断是在局部区域内利用x,y方向的凹凸性来完成的,该判断法十分适合利用在DEM上判断地形特征点。在DEM中可以利用差分的方法得到$\frac{\partial^2 z}{\partial x^2}$和$\frac{\partial^2 z}{\partial x^2}$的值。

除上述算法外,在一个3×3的栅格窗口中,也可以直接利用中心格网点与8个邻域格网点的高程关系来判断地形特征点(图8.17)。具体方法为

假设有一个如图8.16所示的3×3窗口。则:如果
$(Z_{i,j-1}-Z_{i,j})(Z_{i,j+1}-Z_{i,j})>0$

① 当$Z_{i,j+1}>Z_{i,j}$则$VR(i,j)=-1$

② 当$Z_{i,j+1}<Z_{i,j}$则$VR(i,j)=1$

如果$(Z_{i-1,j}-Z_{i,j})(Z_{i+1,j}-Z_{i,j})>0$

③ 当$Z_{i+1}>Z_{i,j}$则$VR(i,j)=-1$

④ 当$Z_{i+1}<Z_{i,j}$则$VR(i,j)=-1$

如果①和④或②和③同时成立,则$VR(i,j)=2$

如果以上条件都不成立,则$VR(i,j)=0$

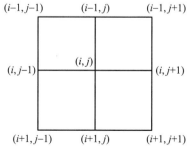

图8.16 差分算法示意图

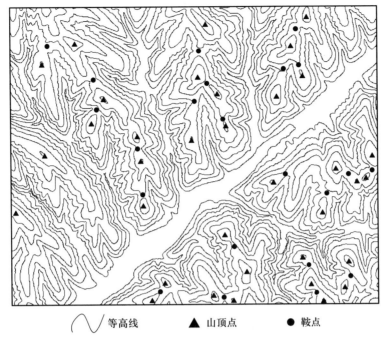

图 8.17　利用 ArcView 软件及 DEM 数据提取的山顶点、鞍点

其中,$VR(i,j) = \begin{cases} -1,\text{表示谷点} \\ 1,\text{表示脊点} \\ 2,\text{表示鞍点} \\ 0,\text{表示其他点} \end{cases}$

217

2. 山脊线和山谷线提取

山脊线和山谷线构成了地形起伏变化的分界线(骨架线),因此它们对于地形地貌研究具有重要的意义。另一方面,对于水文物理过程研究而言,由于山脊、山谷分别具有分水性与汇水性,山脊线和山谷线的提取实质上也是分水线与汇水线的提取。这一特性又使得山脊线和山谷线在许多工程应用方面有着特殊的意义。

在对山脊线、山谷线的提取方法中,基于规则格网 DEM 的方法是主要方法。从原理上来分,主要分为以下四种:

(1)基于图像处理技术的原理

因为规则格网 DEM 数据事实上是一种栅格形式的数据,可以利用数字图像处理中的技术来设计算法。利用数字图像处理技术设计的算法大都采用各种滤波算子进行边缘提取。基于该原理有一种简单移动窗口的算法,其主要思路是:① 设计一个 2×2 窗口以对 DEM 格网阵列进行扫描;② 第一次扫描中,将窗口中的具有最低高程值的点进行标记,自始至终未被标记的点即为山脊线上的点;③ 第二次扫描中,将窗口中的具有最高高程值的点进行标记,自始至终未被标记的点即为山谷线上的点。

以上方法存在两个主要缺陷:① 提取特征点时必须排除 DEM 中噪声的影响;② 特征点连接成线时的算法设计较为困难。

（2）基于地形表面几何形态分析原理

基于地形表面几何形态分析原理的典型算法就是断面极值法。其基本思想就是地形断面曲线上高程的极大值点就是分水点，而高程的极小值点就是汇水点。该方法的基本过程为：① 找出 DEM 的纵向与横向的两个断面上的极大、极小值点，作为地形特征线上的备选点；② 根据一定的条件或准则将这些备选点划归各自所属的地形特征线。

这种算法存在两个主要缺陷：

一是由于这种方法对地形特征线上的点的判定与其所属的地形特征线的判定是分开进行的，在确定地形特征线时，全区域采用一个相同的曲率阈值作为判定地形特征线上点的条件。因此它忽略了每条地形特征线必然存在的曲率变化现象。当阈值选择较大时，会丢失许多地形特征线上的点，导致后续跟踪的地形特征线间断且较短；如果选择过小，会产生对地形特征线上点的误判，给后续地形特征线的跟踪带来困难。

二是由于该方法只选择纵、横两个断面来确定高程变化的极值点，因此它所确定的地形特征线具有一定的近似性，与实际的地形特征线有一定的差异，有时候还会出现遗漏。

（3）基于地形表面流水物理模拟分析原理的算法

这种算法的基本思想是：按照流水从高至低的自然规律，顺序计算每一个栅格点上的汇水量，然后按汇水量单调增加的顺序，由高到低找出区域中的每一条汇水线。根据得到的汇水线，通过计算找出各自汇水区域的边界线，就得到了分水线。

算法采用了 DEM 的整体追踪分析的思路与方法，分析结果的系统性好，还便于进行相应的径流成因分析，但是，该方法也存在以下两个明显的缺陷：

一是由于该算法所计算的汇水量与高程有关，计算的结果必然是高程值大的地形特征线上的点的汇水量小，高程值小的地形特征线上的点的汇水量大。因此，可能导致低处非地形特征线上的点的汇水量也较大而被误认为地形特征线上的点；而位于高处的地形特征线上的点会因为汇水量小而被排除；这就造成用该算法所确定的地形特征线（汇水线）的两端效果很差。

二是由于该算法将格网汇水区域的公共边界视为分水线，因此它所确定的分水线均为闭合曲线，这与实际的地形特征线（山脊线）不符。

（4）基于地形表面几何形态分析和流水物理模拟分析相结合

由于基于地形表面几何形态分析原理和基于地形表面流水物理模拟的算法均存在一定的缺陷，因此可将两者结合起来以实现地形特征线的提取。这种算法的基本思路是：首先采取较稀疏的 DEM 格网数据，按流水物理模拟算法去提取区域内概略的地形特征线；然后用其进行引导，在其周围邻近区域对地形进行几何分析，来精确地确定区域的地形特征线。

这一算法的关键在于：求出已提取的概略的地形特征线与 DEM 格网线的交点，在该交点附近的一个小区域内，对 DEM 数据进行几何分析，即找出该区域内与概略的地形特征线正交方向地形断面上高程变化的极值点，该点即为地形特征线的精确位置。这一算法的基本过程可归纳为：① 概略 DEM 的建立；② 地形流水物理模拟；③ 概略地形特征线提取；④ 地形几何分析；⑤ 地形特征线精确确定。

（5）平面曲率与坡位组合法

即首先利用 DEM 数据提取地面的平面曲率及地面的正负地形，取正地形上平面曲率的大值为山脊线，负地形上平面曲率的大值为山谷线。该种方法提取的山脊线、山谷线的宽度可由选取平面曲率的大小来调节，方法简便且效果很好（图 8.18，图 8.19）。

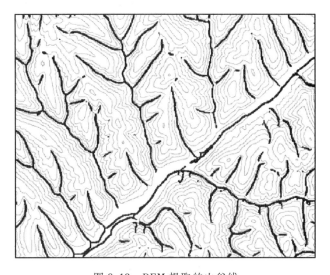

图 8.18　DEM 提取的山脊线

图 8.19　DEM 提取的山谷线

8.3.3　流域分析

1. 流域定义

　　降水汇集在地面低洼处,在重力作用下经常或周期性地沿流水本身所造成的槽形谷地流动,形成所谓的河流。河流沿途接纳很多支流,水量不断增加。干流和支流共同组成水系。每一个河流或每一个水系都从一部分陆地上获得补给,这部分陆地面积就是河流或水系的流域,也就是河流或水系在地面的集水区。将两个相邻集水区之间的最高点连接形成的不规则曲线,就是两条河流或水系的分水线,因此,流域也可以说是河流分水线以内的地表范围。高程格网和栅格数据运算用于流域分析,以获取流域和河网等在水文过程中非常重要的地形要素。

2. 流域提取

在格网 DEM 实现流域地形分析,需要按如下的步骤依次进行:

第一步:DEM 洼地填充。由于数据噪声、内插方法的影响,DEM 数据中常常包含一些"洼地","洼地"将导致流域水流不畅,不能形成完整的流域网络,因此在利用模拟法进行流域地形分析时,要首先对 DEM 数据中的洼地进行处理。填充洼地最常用的方法之一是把其单元值加高至周围的最低单元值。

第二步:水流方向确定(flow direction)。水流方向是指水流离开格网时的流向。流向确定目前有单流向和多流向两种,但在流域分析中,常常是在 3×3 局部窗口中找出八个周边单元中坡度最陡的那个(图 8.20),水流方向矩阵是一个基本量,这个中间结果要保存起来,后续的几个环节都要用到水流方向矩阵。

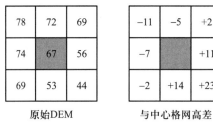
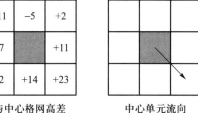

78	72	69
74	67	56
69	53	44

−11	−5	+2
−7		+11
−2	+14	+23

原始DEM　　　　　与中心格网高差　　　　　中心单元流向

图 8.20　3×3 窗口中心单元流向确定

第三步:水流累计矩阵生成(flow accumulation)。水流累计矩阵是指流向该格网的所有的上游格网单元的水流累计量(将格网单元看作等权的,以格网单元的数量或面积计),它是基于水流方向确定的,是流域划分的基础。水流累计矩阵的值可以是面积,也可以是单元数,取决于具体的软件,如 ArcView 中采用的是格网单元数。两者之间的关系是面积=格网单元数目×单位格网面积。

无洼地 DEM、水流方向矩阵、水流累计矩阵是 DEM 流域分析的三个基础矩阵。

第四步:流域网络提取(stream networks)。流域网络是在水流累计矩阵基础上形成的,它是通过所设定的阈值,即沿水流方向将高于此阈值的格网连接起来,从而形成流域网络。

8.3.4　可视性分析

可视性分析也称通视分析,它实质上属于对地形进行最优化处理的范畴。比如设置雷达站、电视台的发射站、道路选择、航海导航等,在军事上如布设阵地(加炮兵阵地、电子对抗阵地)、设置观察哨所、铺架通信线路等。

可视性分析的基本因子有两个,一个是两点之间的通视性,另一个是可视域,即对于给定的观察点所覆盖的区域。

1. 判断两点之间的可视性的算法

基于栅格 DEM 判断两点间通视有多种算法,常用的主要有以下两种。

比较常见的一种算法基本思路如下:① 确定过观察点和目标点所在的线段与 XY 平面垂直

的平面 S;② 求出地形模型中与平面 S 相交的所有边;③ 判断相交的边是否位于观察点和目标点所在的线段之上,如果有一条边在其上,则观察点和目标点不可视。

另一种算法是"射线追踪法"。这种算法的基本思想是对于给定的观察点 V 和某个观察方向,从观察点 V 开始沿着观察方向计算地形模型中与射线相交的第一个面元,如果这个面元存在,则不再计算。显然这种方法既可用于判断两点相互间是否可视,又可以用于限定区域的水平可视计算。

在 ArcGIS 中分析某区域内观察点 O 与目标点 T_1,T_2,T_3 之间的通视情况,在观察点到目标点之间将会出现一条视线,其中可视的部分为浅色,不可视的部分为深色(图 8.21)。

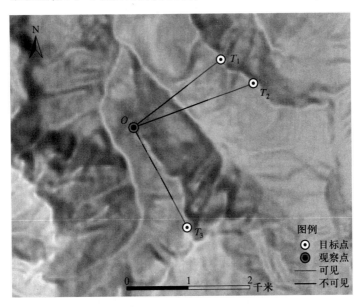

图 8.21　O 与 T_1,T_2,T_3 间的通视情况示意

2. 计算可视域的算法

基于规则格网 DEM 的可视域算法在 GIS 分析中应用较广。在规则格网 DEM 中,可视域经常是以离散的形式表示,即将每个格网点表示为可视或不可视,这就是"可视矩阵"。

计算基于规则格网 DEM 的可视域,一种简单的方法就是沿着视线的方向,从视点开始到目标格网点,计算与视线相交的格网单元(边或面),判断相交的格网单元是否可视,从而确定视点与目标视点之间是否可视。显然这种方法存在大量的冗余计算。总的来说,由于规则格网 DEM 的格网点一般都比较多,相应的时间消耗比较大。针对规则格网 DEM 的特点,比较好的处理方法是采用并行处理方式。

在 ArcGIS 中分析在某区域内基于观察点的可视范围如图 8.22 所示。可视域分析不仅显示了在一个区域内从一个或多个观察点可以观察到的区域范围,而且显示了对于一个可视位置,有多少观察点可以看到此位置。在输出的 Viewshed 数据中,可视的栅格赋值为 1(深灰色),不可视的栅格赋值为 0(透明)。

图 8.22 某区域内基于观察点的可视范围

8.3.5 黄土高原建模与分析

我国黄土高原被誉为全球最具有地学研究价值的地理区域之一。黄土高原地貌是经过 200 余万年的黄土堆积和搬运,在风力和水力交互作用下,在承袭下伏岩层的古地貌基础之上,按特有的发育模式形成的复杂多样且有序分异的地貌形态组合。沟间地(正地形)和沟谷地(负地形)交错分布,是最能体现黄土地貌的独特景观之一。沟沿线作为分割沟间地和沟谷地的重要地形特征线,是研究黄土地貌形态空间分异规律和地貌演化机理极佳的切入点。本节以沟沿线为切入点,介绍数字地形分析方法在黄土高原地貌建模与分析方面的应用。

1. 沟沿线的定义

沟沿线是正地形的沟间地和负地形的沟谷地的分界线(图 8.23),通常情况下是黄土坡面上坡度明显转折的地方(图 8.24)。沟沿线不仅是重要的地形特征线,也是明显的土壤侵蚀类型和土地利用分界线。

2. 沟沿线的提取

基于 DEM 的沟沿线提取方法可分为三类:① 基于地形因子的方法,通过分析沟沿线以上区域与沟沿线以下区域的各项地形因子(如:坡度、坡度变率、曲率等)的差异识别沟沿线;② 基于数字图像处理的方法,将 DEM 类比遥感影像,通过边缘检测或影像分类等图像处理方法识别沟沿线;③ 基于可视性分析的方法,通过可视域分析或者模拟光照,识别沟沿线以上区域和沟沿线以下区域形成的可视性差异提取沟沿线。

图 8.23　黄土高原沟沿线

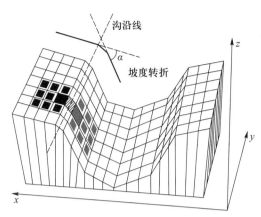

图 8.24　黄土高原典型沟谷栅格模型图

　　基于地形因子的方法主要根据沟间地和沟谷地在坡度、坡度变率、曲率等方面的差异性进行提取，也是几种方法中较为简单、易于实现的一种。此处介绍一种此类方法。沟沿线两侧在地面坡度的变化上最为明显，呈现由沟间地的一般<25°到沟坡间地的一般>35°的明显转折变化；另一方面，在沟沿线上，地面的剖面曲率值呈现区域极值。这就可以通过对 DEM 的坡度与曲率图像的分析，提取沟沿线的候选点集，然后再通过形态学处理得到连续的沟沿线，其原理如图 8.25 所示。

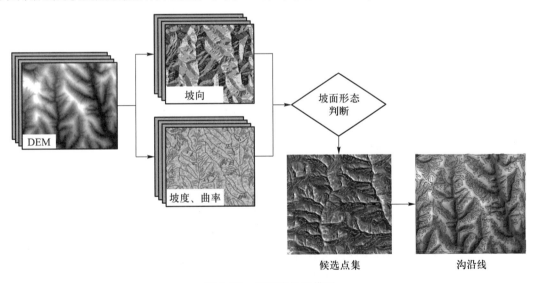

图 8.25　沟沿线提取模型

3. 基于沟沿线的黄土地貌分析

　　由于沟沿线与地形地貌特征和侵蚀过程密切相关，因此，其时空分异规律是黄土地貌研究中重要的研究内容之一。其中的典型应用之一是通过对沟沿线特征指标空间分异情况的统计，评价研究区沟蚀情况并制作沟蚀程度分区图。常用沟沿线特征指标如表 8.4 所示。

表 8.4　基于沟沿线特征的沟蚀程度量化指标表

指标名称		指标定义	计算公式	指标意义
形态特征	平面形态特征	沟沿线密度	研究区域内沟沿线的长度与研究区面积之比	$D = \dfrac{\sum L}{A}$ 式中：$\sum L$ 指小流域内的沟沿线总长度；A 为研究区域面积	反映侵蚀沟谷的数量特征。指标值越大，说明一定面积区域内侵蚀沟的数量越多
		形状指数	沟谷周长即沟沿线长度与等面积的圆周长之比	$S = \dfrac{P}{2\sqrt{\pi A}}$ 式中：P 为沟沿线长度；A 为沟沿线所围成的沟谷面积	通过与标准形状的对比，反映侵蚀沟谷在空间结构上的不规则程度，指标值越大则沟谷的形状越为复杂
		分形维数	在水平方向上，基于盒维数求算模型的沟沿线分维值	$F_d = \lim\limits_{\varepsilon \to 0} \dfrac{\log N(\varepsilon)}{\log \dfrac{1}{\varepsilon}}$ 式中：ε 为栅格格网边长大小；$N(\varepsilon)$ 为栅格总数	反映沟谷在水平方向上空间展布形态复杂程度与粗糙程度，指标值越大说明沟谷越复杂、越粗糙
	剖面形态特征	起伏频率	沟沿线剖面线上波峰和波谷的数量与剖面线采样点总数之比	$D = \dfrac{N_{wc} + N_{wt}}{N_s}$ 式中：N_{wc} 和 N_{wt} 分别为剖面线上波峰和和波谷的个数；而 N_s 为剖面线采样点个数	反映了现代侵蚀后流域地貌的起伏频繁程度
		起伏频度	沟沿线剖面线上波峰（波谷）的高程和位于其两侧的波谷（波峰）高程均值之差	$A = \dfrac{\left\| Y_i - \dfrac{(Y_{i-1} + Y_{i+1})}{2} \right\|}{(X_{i+1} - X_{i-1})}$ 式中：Y_i 为当前波峰/波谷的高程；Y_{i-1} 和 Y_{i+1} 分别为当前波峰/波谷的上一个和下一个波谷/波峰的高程；X_{i+1} 和 X_{i-1} 分别为上一个和下一个波峰/波谷的样点序列	反映了现代侵蚀后流域地貌的起伏剧烈程度。一般来说，起伏频度越大，沟头前进深度越大，说明沟谷发育越剧烈
	发育特征	地表破裂度	流域中由沟沿线所包围的沟谷面积占流域总面积的百分比	$N_d = \dfrac{A_n}{A_p}$ 式中：N_d 指标代表地表破裂度；A_n 是沟谷地区域水平投影面积；A_p 是沟间地区域水平投影面积	对侵蚀强度反映较为直接。地表破裂度越大，说明沟沿线越靠近流域边界线，反映侵蚀越剧烈，发育越后期
		流域边界平面逼近度	沟沿线与分水线之间的平面逼近程度，用沟沿线上坡长均值的倒数衡量	模式化求算	反映了坡面流水顺坡而下到产生沟蚀的坡长大小，从距离的角度反映了在某种地貌类型下的侵蚀潜能

指标名称		指标定义	计算公式	指标意义
形态特征	发育特征	流域边界高程逼近度	沟沿线高程均值和沟谷线均值之差与流域边界线高程均值和沟沿线高程均值之差的比值	$R_H = \dfrac{\overline{H_s} - \overline{H_g}}{\overline{H_c} - \overline{H_s}}$ 式中：H_s为沟沿线样点高程；H_g为沟谷线样点高程；H_c为流域边界线样点高程	反映沟沿线在高程上对流域边界线的逼近程度，值越大，说明沟谷越发育

沟蚀程度分区图制作流程如图8.26所示。首先提取均匀分布于黄土高原的若干样区的各类沟蚀量化指标(沟沿线特征指标)，然后内插生成多因子表面，将每个因子表面作为一个单波段合成一幅多波段图像，提取主成分并应用非监督分类方法分类。最后得到黄土高原沟蚀程度分区图如图8.27所示。

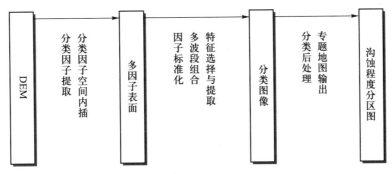

图 8.26　沟蚀程度分区流程图

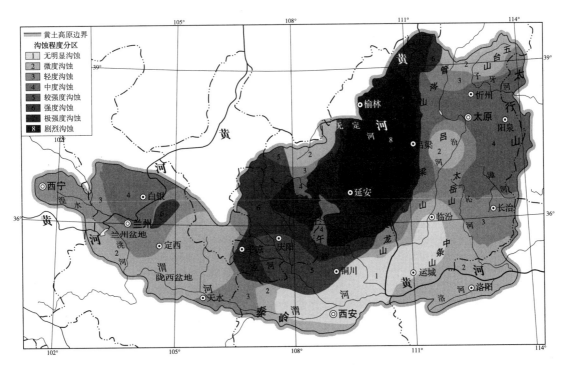

图 8.27　黄土高原沟蚀程度分区

专业术语

数字高程模型、数字地形分析、流域分析、可视域分析、规则格网 DEM、不规则格网 DEM、坡度、坡向、曲率、地形内插

复习思考题

一、思考题（基础部分）

1. 不同类型地理信息描述地形起伏特征分别采用什么方法，各有何优缺点？

2. 说明数字高程模型（DEM）的分类体系。

3. DEM 在 GIS 空间数据与空间分析中的地位与作用是什么？

4. 简述 DEM 数据源及其特点。

5. 说明坡度、坡向、剖面曲率、平面曲率的概念、提取方法及地学意义。

6. 简述规则格网 DEM 和 TIN 的数字地形分析的主要内容，并比较它们的异同。

二、思考题（拓展部分）

1. 编程实现基于规则格网 DEM 的坡度、坡向的提取。

2. 设有以下信息源：地形图、航空像片、土壤普查资源、降雨强度分布图、土地利用现状图，要求：① 写出该信息源涉及地区 >25° 以上坡度坡耕地可退耕地的面积与分布工程方案。 ② 如果地面的侵蚀模数可表达为 $E = (A + B) C * \ln D * E$，其中 A—坡度；B—植被盖度；C—土地利用参数（梯田 = 0.7；坡耕地 =1.5；其他 =0.8）；D—土壤抗蚀参数（午城黄土 =1；马兰黄土 =2；离石黄土 =2.6；全新世黄土 =3.1）；E—降雨侵蚀力（0~1），编程求算该地区总侵蚀量。

3. 给定某小流域的野外实测的高程离散数据，请思考选择合适的内插模型，构建该流域数字高程模型，在此基础上，选用自己熟悉的地理信息系统软件，求算其沟壑密度，并画出流程图。

4. 说明格网 DEM 通视分析的概念，试编程实现格网 DEM 的点对点通视。

第9章 GIS空间统计分析

统计分析是空间分析的主要手段，贯穿于空间分析的各个主要环节。空间统计分析方法既包括常规统计方法，还包括利用空间位置的空间自相关和空间异质性等分析。本章主要介绍常用统计量、数据特征分析（即探索性数据分析）、空间数据常规统计与分析、地统计空间插值建模与不确定性分析、时空模式挖掘和空间关系建模。

9.1 空间统计概述

9.1.1 基本概念

空间统计分析（spatial statistics analysis）可包括空间数据的统计分析及数据的空间统计分析。前者着重于空间物体和现象的非空间特性的统计分析，解决的一个主要问题是如何以数学统计模型来描述和模拟空间现象和过程，即将地理模型转换成数学统计模型，以便于定量描述和计算机处理。它着重于常规的统计分析方法，尤其是多元统计分析方法对空间数据的处理，而空间数据所描述的事物的空间位置在这些分析中不起制约作用。如趋势面拟合被广泛应用于地理数据的趋势分析中，但在这种分析中仅考虑了样本值的大小，而并不考虑这些样本在地理空间的分布特征及其相互间的位置关系。从这个意义上讲，空间数据的统计分析在很多方面与一般的数据分析并无本质差别，但是对空间数据的统计分析结果的解释则必然要依托于地理空间进行，在很多情况下，分析的结果是以地图方式来描述和表达的。因此，空间数据的统计分析尽管在分析过程中没有考虑数据抽样点的空间位置，但描述的仍然是空间过程，揭示的也是空间规律和空间机制。

数据的空间统计分析则是直接从空间物体的空间位置、联系等方面出发，研究既具有随机性又具有结构性，或具有空间相关性和依赖性的自然现象。凡是与空间数据的结构性和随机性、或空间相关性和依赖性、或空间格局与变异有关的研究，对这些数据进行最优无偏内插估计，或模拟这些数据的离散性、波动性，都是数据的空间统计分析的研究内容。数据的空间统计分析不是抛弃了经典统计学的理论和方法，而是在经典统计学基础上发展起来的。数据的空间统计学与经典统计学的共同之处在于：它们都是在大量采样的基础上，通过对样本属性值的频率分布、均值、方差等关系及其相应规则的分析，确定其空间分布格局与相关关系。数据的空间统计学区别于经典统计学的最大特点是：数据的空间统计学既考虑样本值的大小，又重视样本空间位置及样本间的距离。空间数据具有空间依赖性（空间自相关）和空间非均质性(空间结构),扭曲了经典统计方法的假设条件,使得经典统计模型对空间数据的分析会产生虚假的解释。经典统计学模型是在观测结果相互独立的假设基础上建立的,但实际上地理现象之间大都不具有独立性。数据的空间统计学研究的基础是空间对象间的相关性和非独立的观测,它们与距离有关,并随着距离的增加而变化。这些问题为经典统计学所忽视,但却成为数据的空间统计学的核心。

9.1.2 主要分析内容

空间统计分析与经典统计学的内容往往是交叉的。空间统计分析使用统计方法解释空间数据,分析数据在统计上是否是"典型"的,或"期望"的。同时,它又具有自己独有的空间自相关分析。主要分析内容包含以下几点:

(1)基本统计量:统计量是数据特征的反映,也是统计分析的基础。

(2)探索性数据分析:探索性数据分析能让用户更深入地了解数据,认识研究对象,从而对与其数据相关的问题做出更好的决策。探索性数据分析主要包括确定统计数据属性、探测数据分布、全局和局部异常值(过大值或过小值)、寻求全局的变化趋势、研究空间自相关和理解多种数据集之间相关性。

(3)空间插值:基于探索性数据分析结果,选择合适的数据内插模型,由已知样点来创建表面并评估其不确定性,然后研究其空间分布。

(4)空间分类:基于地图表达,采用与变量聚类分析相类似的方法来产生新的综合性或者简洁性专题地图。包括多变量统计分析,如主成分分析、层次分析,以及空间分类统计分析,如系统聚类分析、判别分析等。

(5)空间回归:研究两个或两个以上的变量之间的统计关系,通过空间关系,包括考虑空间的自相关性,把属性数据与空间位置关系结合起来,更好地解释地理事物之间的空间关系。

9.2 基本统计量

常用的基本统计量主要包括最大值、最小值、极差、均值、中值、总和、众数、种类、离差、方差、标准差、变差系数、峰度和偏度等。这些统计量反映了数据集的范围、集中情况、离散程度、空间分布等特征,对进一步的数据分析起着铺垫作用(图9.1)。

9.2.1 代表数据集中趋势的统计量

代表数据集中趋势的统计量包括平均数、中位数、众数等,它们都可以用来表示数据的分布位置和一般水平。表9.1中,列出了各统计量的含义及在实际应用中的作用。其中,x_i表示数据集中的第i个变量,$i=1,2,\cdots,n$。

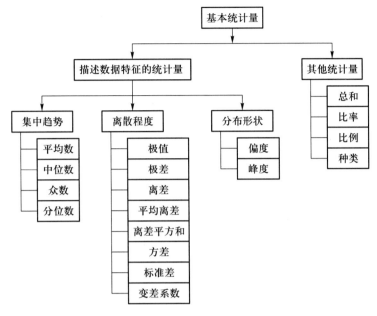

图 9.1　基本统计量

表 9.1　代表集中趋势的统计量的含义、特点及应用

统计量			含义	特点及作用
平均数	算术平均数	简单算术平均数	n 个数据的总和与数据的总个数 n 的比值 $$\bar{x} = \dfrac{\sum_{i=1}^{n} x_i}{n}$$	平均数是最常用的表示数据集中趋势的指标,平均数可分为 3 种:算术平均数、几何平均数、调和平均数。其中,前两者在 GIS 分析中最常用到。 　算术平均数代表了数据集的平均水平,不受总体范围的影响,因此可以作为比较分析的指标,还可作为评价事物的客观标准。如一个地区某一年的人均收入可以作为衡量该地区当年经济状况的指标;要比较该地区近几年的经济增长水平,也需要用该地区近几年的人均收入来比较,因为人均收入能代表该地区经济状况的平均水平,可以用来做比较分析。 　另外求取离差、平均离差、离差平方和、方差、标准差、变差系数、偏度系数和峰度系数等时,要先求得算术平均数;算术平均数也可用于图像处理中的平滑运算

统计量	含义	特点及作用
加权算术平均数	在求算术平均数时,考虑到数据集中的 n 个值有时会含有不同的比重,对平均数的影响也就不同。所以用加权平均法来计算其算术平均数。 权重 f_i 为 x_i 出现的频数,加权平均数可以按下式计算 $$\bar{x} = \frac{f_1 x_1 + f_2 x_2 + \cdots + f_3 x_3}{\sum f_i} = \frac{1}{n} \sum_{i=1}^{n} f_i x_i$$ 其中, $$n = f_1 + f_2 + \cdots + f_i = \sum f_i$$	加权平均数与算术平均数的应用是大致相同的,但加权平均数要考虑各数据点的贡献作用
几何平均数	n 个数据的连乘积再开 n 次方所得的方根数 $$\overline{x_g} = \sqrt[n]{x_1 \cdot x_2 \cdot \cdots \cdot x_i \cdot \cdots \cdot x_n}$$	几何平均数用于分析和研究平均改变率、平均增长率、平均定比等,还在偏相关系数里有应用
中位数	若将数据值按大小顺序排列,位于中间的那个值就是中位数或称中值。 当数据集中有奇数个数据时,数据按大小顺序排列,那么第 $(n+1)/2$ 位数就是中位数;当有偶数个数据时,中位数为第 $n/2$ 项与第 $\left(\frac{n}{2}+1\right)$ 项的平均数	中位数不受极端数值的影响,如果数据集的分布形状是左右对称的,则中位数等于平均数;当数据集的分布形状呈左偏或右偏,以中位数表示它们的集中趋势比算术平均数更合理
众数	众数是数据集中出现频数(次数)最多的某个(或某几个)数	众数是数据集中最常出现的,因此一定是数据集中的某个值,代表了多数意见,不受极端值的影响,在频数分布曲线上位居最高点,即曲线的峰值。 众数常用于投票选举。若数据集的分布并不是明显集中在某个数值上,用众数来代表集中情形就没有多大意义,甚至会有误导作用

9.2.2 代表数据离散程度的统计量

平均数、中位数、众数在反映总体一般数量水平的同时,也掩盖了总体中各单位的数量差异。所以,只有这些统计量还不能充分说明一个数列中数值的分布情况和波动状态。有时虽然两个数据集的平均数相等,但各数据分布在平均数左右的疏密程度却不相同,也就是它们的离散程度不一样。为了把一个数据集的离散程度表现出来,就需要研究离散度。

代表数据离散程度的统计量包括最大值、最小值、分位数、极差、离差、平均离差、离差平方和、方差、标准差、变差系数等。离散程度越大，数据波动性越大，以小样本数据代表数据总体的可靠性越低；离散程度越小，则数据波动性越小，以小样本数据代表数据总体的可靠性越高。表9.2 列出了表示离散程度的各个统计量的含义及其在实际应用中的作用。

表 9.2　代表离散程度的统计量及其特点、作用

统计量	含义	特点及作用
最大值与最小值	把数据从小到大排列,最前端的值就是最小值,最后一个就是最大值	通过最大值、最小值和极差,可以了解数据的取值范围、分散程度,易于计算,容易理解,但它们都易受极端数值的影响,弱化了其他值的存在,无法精确地反映所有数据的分散情形,因此可能会有误导作用
极差	一个数据集的最大值与最小值的差值称为极差,它表示这个数据集的取值范围	在地形分析中,极差主要用于求取一定区域内的高差。对于两个不同地区,虽然它们的平均高程相同,但最高点、最低点及高差不同,说明了这两个地区的高程分布状况有差异
分位数	将数列按大小排列,把数列划分为相等个数的分段,处于分段点上的值就是分位数	分位数剔除了数据集中极端值的影响,但计算麻烦,且没有用到数据集中的所有数据点。分位数在数据分级中应用较多
离差	离差表示各数值与其平均值的离散程度,其值等于某个数值与该数据集的平均值之差 $$d_i = x_i - \bar{x}$$	两个数据集的均值相同,但其离差可以有很大的差别,这说明这两个数据集与各自平均值的离散程度不同
平均离差	平均离差是把离差取绝对值,然后求和,再除以变量个数 $$\frac{\sum |x_i - \bar{x}|}{n}$$	平均离差和离差平方和可以克服 $\sum(x_i - \bar{x})$ 恒等于零的缺点,还可以把负数消除,只剩正值,这样更易于描述离散程度,而且离差平方和得到的结果较大,使离散程度更明显
离差平方和	离差平方和是把离差求平方,然后求和 $$\sum(x_i - \bar{x})^2$$	离差平方和用于相关分析中求取相关系数。 在回归分析中,对回归方程进行显著性检验时,需要对原始数据进行离差平方和的分解,即把离差平方和分解为残差平方和与回归平方和两部分,这两部分的比值可以反映回归方程的显著性。在对趋势面的分析中,对于趋势面的拟合程度可以用离差平方和来检验,其方法也是将原始数据的离差平方和分解为残差平方和与回归平方和两部分,回归平方和所占离差平方和的比重越大,表明拟合程度越高
方差	方差是均方差的简称。它是以离差平方和除以变量个数而得到的 $$\sigma^2 = \frac{\sum(x_i - \bar{x})^2}{n}$$	它们是表示一组数据对于平均值离散程度的重要指标,为了应用上的方便,常对方差进行开方,即为标准差。 方差和标准差都可应用于相关分析、回归分析、正态分布检验等,还可用于误差分析、评价数据精度、求取变差系数、偏度系数和峰度系数等。标准差还可用于数据分级

统计量	含义	特点及作用
标准差	对方差进行开方，即为标准差 $$\sigma = \left(\frac{\sum (x_i - \overline{x})^2}{n} \right)^{\frac{1}{2}}$$	
变差系数	变差系数也称为离差系数或变异系数，是标准差与均值的比值，以 C_v 表示 $$C_v = \frac{S}{\overline{x}} \times 100\%$$ 式中：C_v 为百分率；S 是标准差；$\overline{x}$ 为平均值	变差系数是用相对数的形式来刻画数据离散程度的指标，它可以用来衡量数据在时间与空间上的相对变化（波动）的程度。变差系数可用来求算地形高程变差系数

9.2.3 代表数据形态的统计量

分布形态可以从两个角度考虑，一是数据分布对称程度，另一个是数据分布集中程度。前者的测定参数称为偏度或偏斜度，后者的测定参数称为峰度（表 9.3）。偏度和峰度是衡量数据分布特征的重要指标。

表 9.3 代表数据分布形态的统计量及其作用

统计量	含义	作用
偏度	偏度是刻画数据在均值两侧的对称程度的参数，用偏度系数来衡量。 标准偏度系数 g_1 $$g_1 = \sqrt{\frac{1}{6n}} \sum \left(\frac{x_i - \overline{x}}{S} \right)^3$$ 当 $g_1 < 0$、$g_1 = 0$、$g_1 > 0$ 时，数据的分布情况如下图： 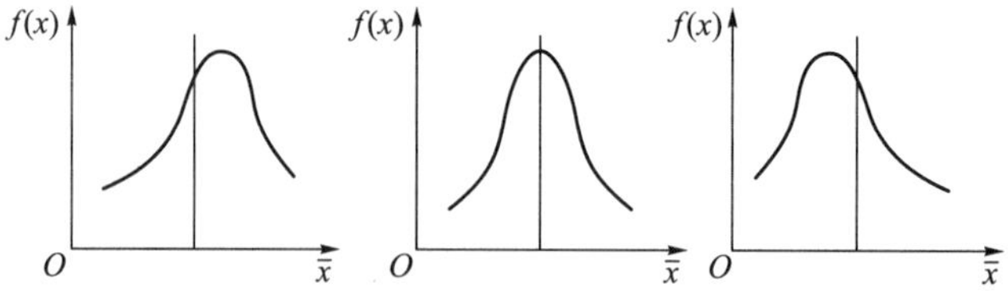 $f(x)$ 是数据分布的密度函数，$\overline{x}$ 是数据的平均值	偏度可以表示数据分布的不对称性，刻画出是向正的方向偏还是向负的方向偏（小于 $\overline{x}$ 或大于 $\overline{x}$）。峰度可以表示数据频数分布曲线峰形的相对高耸程度或尖平程度。 这两个指标主要用于分析数据的频率统计图以及评价正态分布性，当 $g_1 = 0$ 且 $g_2 = 0$ 时，数据是标准正态分布

统计量	含义	作用
峰度	峰度是刻画数据在均值两侧的集中程度的参数,用峰度系数来衡量。 标准峰度系数g_2按下式计算 $$g_2 = \sqrt{\frac{n}{24}}\left(\frac{1}{n}\sum_i\left(\frac{x_i-\bar{x}}{S}\right)^4 - 3\right)$$ $f(x)$是数据分布的密度函数,$\bar{x}$是数据的平均值,S是标准差。 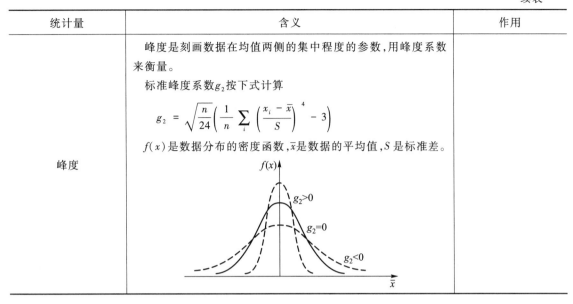	

9.2.4 其他统计量

其他统计量见表9.4。

表9.4 其他统计量

统计量	含义	作用
总和	数据集中所有数据相加得到的值	总和一般用于求取总值及各种比值。通过求取一定流域内的沟壑总长度与总面积,可以获得该流域的沟壑密度
比率	两类物体或现象的数值之比	地表粗糙度即是以比率来表达的,它是地表单元的曲面面积与其在水平面上的投影面积之比
比例	某类物体或现象的数值与其总数之比	高程变异系数以某区域高程标准差和平均值的比值来表示
种类	一定区域内,出现多少种不同的值	例如,在不同高程区域内植物、动物或其他研究对象的种类的统计。反映区域生物的多样性

9.3 探索性空间数据分析

数据分析包括探索阶段和证实阶段。探索性空间数据分析(exploratory spatial data analysis, ESDA)首先分离出数据的模式和特点,再根据空间数据特点选择合适的模型。探索性空间数据分析还可以用来揭示数据对于常见模型的意想不到的偏离。探索性方法既要灵活适应空间数据的结构,也要对后续分析步骤揭示的模式灵活反应。

9.3.1 基本分析工具

1. 直方图

直方图指对采样数据按一定的分级方案(等间隔分级、标准差分等)进行分级,统计采样点落入各个级别中的个数或占总采样数的百分比,并通过条带图或柱状图表现出来。直方图可以直观地反映采样数据分布特征、总体规律,可以用来检验数据分布和寻找数据离群值。图 9.2 为直方图示意图。

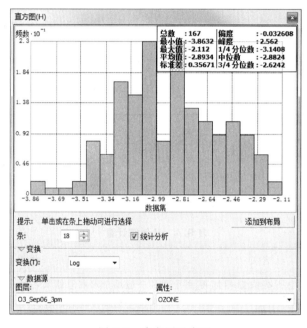

图 9.2 直方图示意图

2. 正态 QQ 图

(1)正态 QQ Plot 分布图

正态 QQ Plot(normal QQ Plot)分布图主要用来评估具有 n 个值的单变量样本数据是否服从正态分布。构建正态 QQ Plot 分布图的通用过程为(图 9.3):

① 首先对采样值进行排序;

② 计算出每个排序后的数据的累计值(低于该值的数据的百分比);

③ 绘制累计值分布图;

④ 在累计值之间使用线性内插技术,构建一个与其具有相同累计分布的理论正态分布图,求出对应的正态分布值;

⑤ 以横轴为理论正态分布值,竖轴为采样点值,绘制样本数据相对于其标准正态分布值的散点图。

如果采样数据服从正态分布,其正态 QQ Plot 分布图中采样点的分布应该是一条直线。如果有个别采样点偏离直线太多,那么这些采样点可能是一些异常点,应对其进行检验。此外,如果在正态 QQ Plot 分布图中数据没有显示出正态分布,那么就有必要在应用某种克里金插值法之前将数据进行转换,使之服从正态分布。

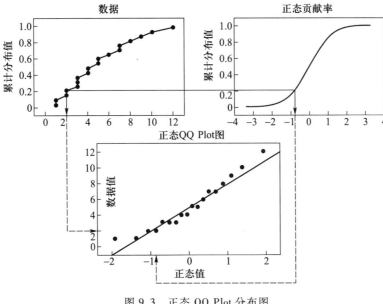

图 9.3　正态 QQ Plot 分布图

（2）普通 QQ Plot 分布图

普通 QQ Plot（general QQ Plot）分布图用来评估两个数据集的分布的相似性。普通 QQ Plot 分布图通过对两个数据集中具有相同累计分布值作图来生成,如图 9.4 所示。累计分布值的作法参阅正态 QQ Plot 分布图内容。

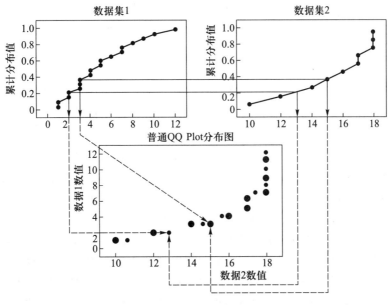

图 9.4　普通 QQ Plot 分布图

普通 QQ Plot 分布图揭示了两个物体(变量)之间的相关关系,如果在普通 QQ Plot 分布图中曲线呈直线,说明这两个物体呈一种线性关系,可以用一元一次方程式来拟合。如果普通 QQ Plot 分布图中曲线呈抛物线,说明这两个物体的关系可以用二次多项式来拟合。

3. 方差变异分析工具

半变异函数和协方差函数把统计相关系数的大小作为一个以距离为自变量的函数,是对地理学相近相似定理的定量化。图 9.5 和图 9.6 为一个典型的半变异函数图和其对应的协方差函数图。

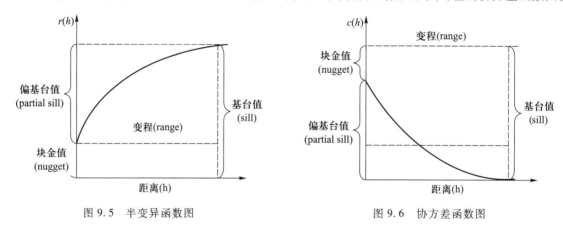

图 9.5　半变异函数图　　　　　　　　图 9.6　协方差函数图

图 9.5 和图 9.6 显示,半变异值的变化随着距离的加大而增加,协方差随着距离的加大而减小。这主要是由于半变异函数和协方差函数都是事物空间相关系数的表现,当两个事物彼此距离较小时,它们是相似的,因此协方差值较大,而半变异值较小;反之,协方差值较小,而半变异值较大。半变异函数曲线图和协方差函数曲线反映了一个采样点与其相邻采样点的空间关系。它们对异常采样点具有很好的探测作用,在空间分析的地统计分析中可以使用两者中的任意一个,一般采用半变异函数。在半变异曲线图中有两个非常重要的点:间隔为 0 时的点和半变异函数趋近平稳时的拐点,由这两个点产生 4 个相应的参数:块金值(nugget)、变程(range)、基台值(sill)和偏基台值(partial sill)。

(1)块金值(nugget):在理论上,当采样点间的距离为 0 时,半变异函数值应为 0;但由于存在测量误差和空间变异,使得两采样点非常接近时,它们的半变异函数值不为 0,即存在块金值。测量误差是仪器内在误差引起的,空间变异是自然现象在一定空间范围内的变化。它们任意一方或两者共同作用产生了块金值。

(2)基台值(sill):当采样点间的距离 h 增大时,半变异函数 r(h) 从初始的块金值达到一个相对稳定的常数时,该常数值称为基台值。当半变异函数值超过基台值时,即函数值不随采样点间隔距离而改变时,空间相关性不存在。

(3)偏基台值(partial sill):基台值与块金值的差值。

(4)变程(range):当半变异函数的取值由初始的块金值达到基台值时,采样点的间隔距离称为变程。变程表示了在某种观测尺度下,空间相关性的作用范围,其大小受观测尺度的限定。在变程范围内,样点间的距离越小,其相似性越大,即空间相关性越大。当 $h>R$ 时,区域化变量 $Z(x)$ 的空间相关性不存在,即当某点与已知点的距离大于变程时,该点数据不能用于内插或外推。

4. Voronoi 图

Voronoi 图是由在样点周围形成的一系列多边形组成的。某一样点的 Voronoi 多边形的特征是：多边形内任何位置距这一样点的距离都比该多边形到其他样点的距离要近。Voronoi 多边形生成之后，相邻的点就被定义为具有相同连接边的样点。

Voronoi 图中多边形值可以采用多种分配和计算方法：

（1）简化（simple）：分配到某个多边形单元的值是该多边形单元的值。

（2）平均（mean）：分配到某个多边形单元的值是这个单元与其相邻单元的平均值；

（3）模式（mode）：所有的多边形单元被分为五级区间，分配到某个多边形单元的值是这个单元与其相邻单元的模式（即出现频率最多的区间）。

（4）聚类（cluster）：所有的多边形单元被分配到这五级区间中，如果某个多边形单元的级区间与它的相邻单元的级区间都有不同，这个单元用灰色表示，以区别于其他单元。

（5）熵（entropy）：所有单元都根据数据值的自然分组分配到这五级区间中。分配到某个多边形单元的值是根据该单元和其相邻单元计算出来的熵。

（6）中值（median）：分配给某多边形的值是根据该单元和其相邻单元的频率分布计算的中值。

（7）标准差（stDev）：分配给某多边形的值是根据该单元和其相邻单元计算出的标准差。

（8）四分位数间间隔（IQR）：第一、第三和第四分位数是根据某单元和其相邻单元的频率分布得出的。分配给某多边形单元的值是用第三和第四分位数减去第一和第四分位数得到的差。

图 9.7 为简化（simple）Voronoi 图，图 9.8 为熵（entropy）Voronoi 图，显然不同的多边形赋值方式，获取的 Voronoi 图提供的信息也不同。简化（simple）Voronoi 图可以了解每个采样点控制的区域范围，也可以体现出每个采样点对区域内插的重要性。利用简化（simple）Voronoi 图就可以找出一些对区域内插作用不大且可能影响内插精度的采样点值，可以将它剔除。用聚类和熵

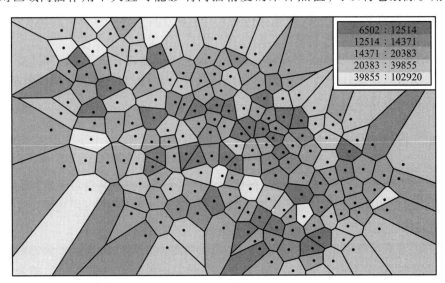

图 9.7　简化（simple）Voronoi 图

的方法生成的 Voronoi 图可用来帮助识别可能的离群值。熵值是度量相邻单元相异性的一个指标。在自然界中,距离相近的事物比距离远的事物具有更大的相似性,因此,局部离群值可以通过高熵值的区域识别出来。同样,一般认为某个特定单元的值至少应与它周围单元中的某一个的值相近。因此聚类方法也能将那些与周围单元不相同的单元识别出来。

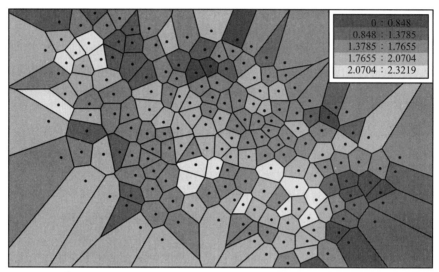

图 9.8 熵(entropy)Voronoi 图

9.3.2 检验数据的分布

在空间统计的分析中,许多统计分析模型,如地统计分析,都建立在平稳假设的基础上,这种假设在一定程度上要求所有数据值具有相同的变异性。另外,一些克里金插值(如普通克里金法、简单克里金法和泛克里金法等)都假设数据服从正态分布。如果数据不服从正态分布,则需要进行一定的数据变换,从而使其服从正态分布。因此,在进行地统计分析前,检验数据分布特征,了解和认识数据具有非常重要的意义。数据的检验可以通过直方图和正态 QQ Plot 分布图完成。如果数据服从正态分布,数据的直方图应该呈钟形曲线,在正态 QQ Plot 分布图中,数据的分布近似成为一条直线。

9.3.3 寻找数据的离群值

数据离群值分为全局离群值和局部离群值两大类。全局离群值是指对于数据集中所有点而言,具有很高或很低的值的观测样点。局部离群值指对于整个数据集来讲,观测样点的值处于正常范围,但与其相邻测量点比较,它又偏高或偏低。

离群点的出现有可能就是真实异常值,也可能是由于不正确的测量或记录引起的。如果离群值是真实异常值,这个点可能就是研究和理解这个现象的最重要的点。反之,如果它是由于测量或数据输入的明显错误引起的,在生成表面之前,它们就需要改正或剔除。对于预测表面,离群值可能影响半变异建模和邻域分析的取值。

离群值的寻找可以通过 3 种方式实现:

(1) 利用直方图查找离群值:离群值在直方图上表现为孤立存在或被一群显著不同的值包围。但需注意的是,在直方图中孤立存在或被一群显著不同的值包围的样点不一定是离群值。

(2) 用半变异/协方差函数云图识别离群值:如果数据集中有一个异常高值的离群值,则与这个离群值形成的样点对,无论距离远近,在半变异/协方差函数云图中都具有很高的值。

(3) 用 Voronoi 图查找局部离群值:用聚类和熵的方法生成的 Voronoi 图可用来帮助识别可能的离群值。熵值是度量相邻单元相异性的指标。通常,距离近的事物比距离远的事物具有更大的相似性。因此,局部离群值可以通过高熵值的区域识别出来。同理,聚类方法也可将那些与它们周围单元不相同的单元识别出来。

如图 9.9 所示,直方图最右边被选中的两个柱状条即是该数据的离群值。相应的,数据点层面上对应的样点也被刷光。

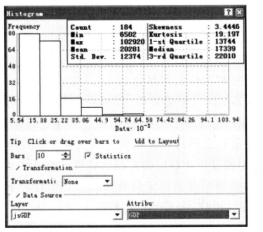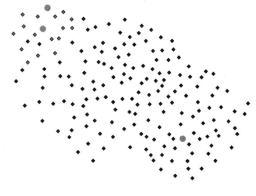

图 9.9　直方图查找离群值图

9.3.4　全局趋势分析

通常一个表面主要由两部分组成:确定的全局趋势和随机的短程变异。空间趋势反映了空间物体在空间区域上变化的主体特征,它主要揭示了空间物体的总体规律,而忽略局部的变异。趋势面分析是根据空间抽样数据,拟合一个数学曲面,用该数学曲面来反映空间分布的变化情况。它可分为趋势面和偏差两大部分,其中趋势面反映了空间数据总体的变化趋势,受全局性、大范围的因素影响。如果能够准确识别和量化全局趋势,在空间分析统计建模中就可以方便地剔除全局趋势,从而能更准确地模拟短程随机变异。

透视分析是探测全局趋势的常用方法,准确地判定趋势特征关键在于选择合适的透视角度。同样的采样数据,透视角度不同,反映的趋势信息也不相同。图 9.10a 为某地区东西方向(X 轴)和南北方向(Y 轴)的高程趋势图。图 9.10b 为该地区东南—西北方向和西南—东北方向的高程趋势图。在趋势分析过程中,透视面的选择应尽可能使采样数据在透视面上的投影点分布比较集中,只有这样,通过投影点拟合的趋势方程才具有代表性,才能有效反映采样数据集的全局趋势。显然,图 9.10a 反映的趋势比图 9.10b 更为准确。

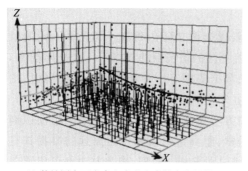 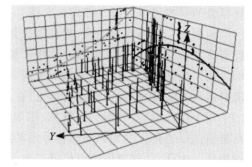

(a) 某地区东西方向和南北方向的高程趋势图　　(b) 该地区东南—西北方向和西南—东北方向的高程趋势图

图9.10　趋势面分析透视面图

9.3.5　空间自相关与空间关系建模

大部分的地理现象都具有空间相关特性,即两个事物距离越近越相似。这一特性也是空间统计分析的基础。半变异/协方差函数云图就是这种相似性的定量化表示。空间自相关(spatial autocorrelation)分析包括全局空间自相关分析和局部空间自相关分析,自相关分析的结果可用来解释和寻找存在的空间聚集性或"焦点"。空间自相关分析需要的空间数据类型是点或面数据,分析的对象是具有点(面)分布特征的特定属性。全局空间自相关用来分析在整个研究范围内指定的属性是否具有自相关性。局部空间自相关用来分析在特定的局部地点指定的属性是否具有自相关性。具有正自相关的属性,其相邻位置值与当前位置的值具有较高的相似性。下面介绍两个常用的分析空间自相关的参数:Moran's I(莫兰指数)和 Geray C 系数。

1. 空间权重矩阵

地理事物在空间上的此起彼伏和相互影响是通过它们之间的相互联系得以实现的,空间权重矩阵(spatial weights matrix)是传载这一作用过程的实现方法。因此,构建空间权重矩阵是研究空间自相关的基本前提之一。空间数据中隐含的拓扑信息提供了空间邻近的基本度量。通常定义一个二元对称空间权重矩阵$W_{n \times n}$来表达 n 个空间对象的空间邻近关系,可根据邻接标准或距离标准来度量,还可以根据属性值W_j和二元空间权重矩阵来定义一个加权空间邻近度量方法。空间权重矩阵的表达形式为

$$\begin{bmatrix} W_{11} & W_{12} & \cdots & W_{1n} \\ W_{21} & W_{22} & \cdots & W_{2n} \\ \vdots & \vdots & & \vdots \\ W_{n1} & W_{n2} & \cdots & W_{nn} \end{bmatrix}$$

根据邻接标准,当空间对象 i 和空间对象 j 相邻时,空间权重矩阵的元素W_{ij}为 1,其他情况为0,表达式如下:

$$W_{ij} = \begin{cases} 1(i \text{ 和 } j \text{ 相邻}) \\ 0(i=j \text{ 或 } i \text{ 和 } j \text{ 不相邻}) \end{cases}$$

根据距离标准,当空间对象 i 和空间对象 j 在给定距离 d 之内时,空间权重矩阵的元素W_{ij}为

1,否则为 0,表达式为

$$W_{ij} = \begin{cases} 1 & (\text{对象 } i \text{ 和对象 } j \text{ 的距离小于 } d \text{ 时}) \\ 0 & (\text{其他}) \end{cases}$$

如果采用属性值 x_j 和二元空间权重矩阵来定义一个加权空间邻近度量方法,则对应的空间权重矩阵可以定义如下

$$W_{ij}^* = \frac{W_{ij} \, x_j}{\sum\limits_{j=1}^{n} W_{ij} \, x_j} \tag{9.1}$$

2. Moran's I(莫兰指数)

Moran's I 是应用最广的一个参数。对于全程空间自相关,Moran's I 的定义是

$$I = \frac{n}{S_0} \frac{\sum\limits_{i=1}^{n} \sum\limits_{j=1}^{n} w_{ij} z_i z_j}{\sum\limits_{i=1}^{n} z_i^2} \tag{9.2}$$

式中:z_i 是要素 i 的属性与其平均值 $x_i - \overline{X}$ 的偏差;$w_{i,j}$ 是要素 i 和 j 之间的空间权重;n 等于要素总数;S_0 是所有空间权重的聚合。

$$S_0 = \sum\limits_{i=1}^{n} \sum\limits_{j=1}^{n} w_{ij} \tag{9.3}$$

统计的 z_i 得分按照以下形式计算:

$$z_I = \frac{I - E[I]}{\sqrt{V[I]}} \tag{9.4}$$

其中:

$$E[I] = -1/(n-1)$$
$$V[I] = E[I^2] - E[I]^2$$

Moran's I 如果是正的而且显著,表明具有正的空间相关性。即在一定范围内各位置的值是相似的,如果是负值而且显著,则具有负的空间相关性,数据之间不相似。接近于 0 则表明数据的空间分布是随机的,没有空间相关性。

3. Geray C 系数

对于全局空间自相关的 Geray C 系数

$$C(d) = \frac{(n-1) \sum\limits_{i=1}^{n} \sum\limits_{j=1}^{n} w_{ij(x_i - x_j)}}{2n \, S^2 \sum\limits_{i=1}^{n} z_i^2 \sum\limits_{j=1}^{n} w_{ij}} \tag{9.5}$$

对于局部位置 i 的空间自相关,Geray C 系数

$$C_i(d) = \sum\limits_{j \neq i}^{n} w_{ij(x_i - x_j)^2} \tag{9.6}$$

式中:w_{ij} 是空间权重矩阵 $\boldsymbol{W}_{ij}$ 的各个分项。

C 的值总是正的。假设检验的判据是如果不存在空间自相关性，C 的均值为 1。显著性检验的结果为低值（0 和 1 之间）表明具有正的空间自相关性，显著性检验的结果为高值（大于 1）表明具有负的空间自相关性。

9.4　空间数据常规统计与分析

空间统计分析是空间分析的核心内容之一。GIS 得以广泛应用的重要技术支撑之一就是空间统计分析。在传统统计学中有基础统计方法和高级统计分析方法之分。同样，在空间统计分析中，空间统计方法也有不同的类型划分。在对空间数据进行分析和可视化操作过程中，总会用到许多基本的空间统计方法。例如，获取某一数据的均值、极值和标准差等基本统计量，均属于对空间数据的常规统计分析。对于空间分布的一组点要素，按照行政单元或其他面要素进行统计，可以通过点要素和面要素的各种空间关系，统计落到各个面域单元中点的个数，这类操作也属于常规空间统计分析。此外，地图制作是 GIS 的基本功能。制作地图时，对于数值变量，需要基于特定的统计方法对其进行等级划分，这也属于常规的空间数据统计分析。由于空间数据常规的统计分析案例随处可见并且类型众多，本节仅列举一些典型的空间数据常规统计分析方法，具体介绍空间数据分级统计分析、空间数据分区统计分析、样方统计与核密度估计。

9.4.1　空间数据分级统计分析

分级是对数据进行加工处理的一种重要方法，通过分级可以把数据划分成不同的级别，体现数据自身的特征，为应用研究及专题制图提供基础。分级方法多种多样，在应用时应根据研究的需要选择合适的方法来突出需要的数据信息。本书主要介绍以下 3 种分级方法：

1. 按使用分级方法的多少可分为单一分级法和复合分级法

单一分级法是指对于一个数据集只用了一种分级方法；复合分级法是指由于数据自身的特点，需要对一部分数据使用某种分级方法，对另一部分数据使用另外一种分级方法，才能更好地满足研究的需要。如一组坡度数据，一部分较小（坡面平缓），而另一部分很大（地势陡峭），对这两部分数据，就应选用两种不同的分级方法，才能更好地突出变化特征。

2. 按级差是否相等可分为等值分级法和不等值分级法

等值分级法又可以分为等面积分级、等间距分级、分位数分级等；不等值分级法可以分为自然裂点法分级、标准差分级、平均值嵌套分级等。

3. 按确定级差的方法可分为自定义分级法和模式分级法

本节主要按这种分类体系展开讨论。

（1）自定义分级：即对一个数据集，根据自己的应用目的设定各个级别的数值范围来实现分级的方法。这种方法适用于研究者对该数据集比较了解，能够找到合适的分级临界点。在自定义分级中，临界点的选择非常重要，临界点选择得好，就能够增强同一级别区域间的同质性分级和各级之间的差异性,分级结果就能够很好地满足各种分析需求。如在对坡度进行分级的过程中,应根据应用目标的要求,确定临界坡度。

（2）模式分级:指按固定模式进行分级,在固定模式中,级差由特定的算法自动设定。模式分级分为等间距分级、分位数分级、等面积分级、标准差分级、自然裂点法分级等。

① 等间距分级:这是一种最简单的分级方法,它按某个恒定间隔来对数据进行分级。假定数据集里有最大值和最小值,那么间距 $D = \dfrac{最大值-最小值}{分级数}$。等间距分级法原理简单、易操作,但当数据集中在某一小范围内时,各分级之间数据个数的差别太大会造成图面配置不均衡,影响制图效果。可见,当数据具有均匀变化的分布特征时,等间距分级法就简明实用;若数据分布差异过大,将会影响制图效果及对统计结果的分析。图 9.11 为某地区人口数据的等间距分级示意图。

彩图 9.1 等间距分级示意图

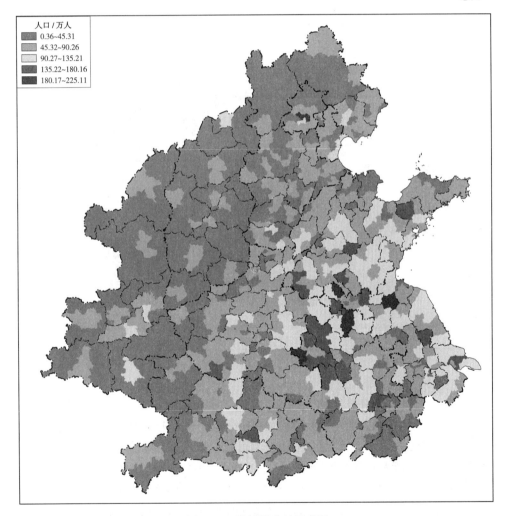

图 9.11 等间距分级示意图

② 分位数分级:该方法是把数列划分为相等个数的分段,根据实际需要选择四分位、五分位、六分位、…、十分位。为此,要先将数列按大小排列,从一端开始计算其分位数,把处于分位数

上的那个值作为分级值。分位数分级可以使每一级别的数据个数接近一致,往往能产生较好的制图效果。图 9.12 为某地区人口数据的分位数分级示意图。

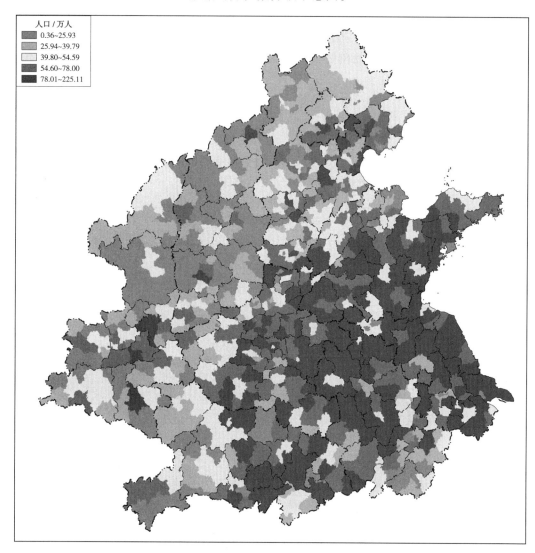

图 9.12 分位数分级示意图

彩图 9.2 分位数分级示意图

③ 等面积分级:对于矢量数据而言,对每个多边形都可以求出其面积,将面积的值按大小顺序排列并累加,把累加面积分为相等的几段,作为分级范围,这样,每个级别中包含的样本数目虽然不同,但总面积基本一致。等面积分级法使得每一级在图上占据的面积相等(或大致相等)。这种方法的特点是在图面上只反映各级占有相同的面积,制图效果好,但是没有充分利用图面表示级间的差异。对于规则栅格数据而言,一定区域内的面积可由该区域内的栅格个数乘以栅格分辨率得到,所以按等面积分级只需考虑栅格个数即可。这时可以将数据按大小顺序排列,将数据个数累加,并把累加的个数分为相等的几段,这与分位数分级法得到的分级结果基本上是一致的。

④ 标准差分级:标准差可以反映各数据间的离散程度,按标准差分级,首先要保证数据的分

布具有正态分布的规律,才可计算平均值$\bar{x}$和标准差 *StDev*,然后根据数据波动情况划分等级。以算术平均值作为中间级别的一个分界点,以一倍标准差参与分级时其余分界点为

$$\bar{x}\pm StDev,\bar{x}\pm2StDev,\bar{x}\pm3StDev,\cdots,\bar{x}\pm iStDev$$

当然也可以采用 1/2 倍标准差参与分级,即

$$\bar{x}\pm1/2StDev,\bar{x}\pm2/2StDev,\bar{x}\pm3/2StDev,\cdots,\bar{x}\pm i/2StDev$$

显然,分级数目是由数据本身所决定的,且对于同一数据集。采用一倍标准差时,分级数目最少;采用 1/4 倍标准差时,分级数目最多。图 9.13 为某地区人口数据的标准差分级示意图。

彩图 9.3 标准差分级示意图

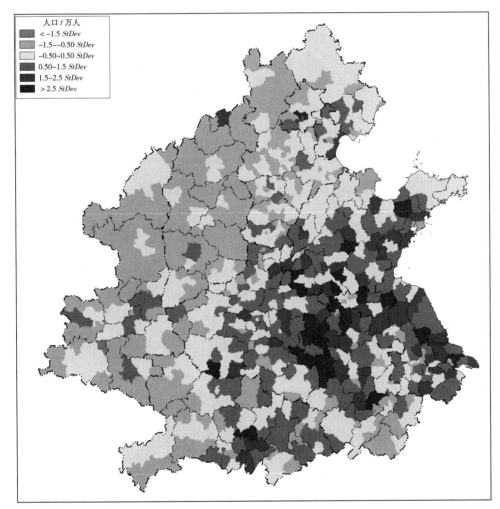

人口 / 万人
- < -1.5 *StDev*
- -1.5~-0.50 *StDev*
- -0.50~0.50 *StDev*
- 0.50~1.5 *StDev*
- 1.5~2.5 *StDev*
- > 2.5 *StDev*

图 9.13　标准差分级示意图

⑤ 自然裂点法分级:任何统计数列都存在一些自然转折点、特征点,用这些点可以把研究的对象分成性质相似的群组。因此,裂点本身就是分级的良好界线。将统计数据制成频率直方图、坡度曲线图、累计频率直方图,都有助于找出数据的自然裂点。如果频率最低点与峰值构成一条近似正态分布曲线,就可以把任意两个正态分布曲线交点作为分级界线。自然裂点法分级基本上是基于让各级别中的

彩图 9.4 自然裂点法分级示意图

变异总和达到最小的原则来选择分级断点的。图 9.14 为某地区人口数据的自然裂点法分级示意图。

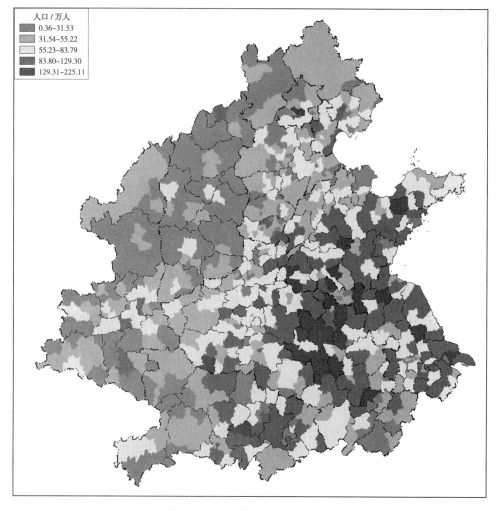

人口 / 万人
0.36~31.53
31.54~55.22
55.23~83.79
83.80~129.30
129.31~225.11

图 9.14　自然裂点法分级示意图

⑥ 其他分级方法:包括以下几种:a. 有规律的不等间距分级:这种方法与等间距分级法的区别在于它的间距是按一定规律变化的,而不是一个恒定的间隔。该方法采用的间隔或级差有算术级数和几何级数两种,每种又都可通过以下 6 种变化方法来确定各级的分级间隔:按某一恒定速率递增、按某一加速度递增、按某一减速度递增、按某一恒定速率递减、按某一加速度递减、按某一减速度递减。b. 按嵌套平均值分级:该方法先计算整个数据集的平均值,它将数据集分为两部分,每部分中再计算平均值,又各自把所有的那一部分分成两段,以此类推,就可以把数据集区分为 $2n$ 个等级,即 2 的几何级数。n 是计算中的平均值的嵌套序数,用这种方法只能得到偶数个级别,而不可能得到奇数个级别。c. 按面积正态分布分级:按数据的大小排列,累加其面积,然后按正态分布的规则使中间级别所占的面积较大,高端和低端的级别所占的面积都依次减小,并由此来确定每级的分界线。显然,这种方法不仅使每个级别中样本的数目不相等,而且各级别的累加面积呈正态分布。

总之,关于数据的统计分级的研究还很多,其目的都在于改善分级间隔的规则性、同级之中的同质性和不同级别之间的差异性,等等。

9.4.2　空间数据分区统计分析

分区统计是将空间要素按照某种区域单元进行聚合的主要方法。分区统计既可以用于统计区域单元内某种地理要素的数量特征,也可以统计其几何特征。例如,以我国省级行政区为基本面域单元,统计每个省级行政区内机场数量、区县个数等,均属于地理对象属性的分区统计;对于栅格数据,可以按照流域分区统计各个流域的平均坡度、平均海拔等信息,这属于栅格数据的分区统计。如果按照一定的分区统计河流、公路的总长度、基本农田的总面积等,则属于对地理要素几何属性或特征的分区统计。

基于矢量数据可以统计并分析各个分区中目标要素的属性特征及空间几何特征,例如,可以统计各分区内点要素的数量,线要素的长度及面要素的面积。如图9.15a 所示,研究区中包含了生态保护区、矿产区分布和三级河流要素。可以以省级行政区为分区单元,分别统计每个省级行政区生态保护区的总面积(图 9.15b)、三级河流的总长度(图 9.15c)及矿产区的数量(图 9.15d)。

彩图 9.5　同种类型地理要素分区统计示意图

247

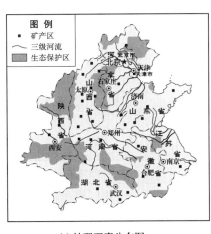

(a) 地理要素分布图

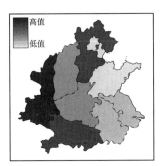

(b) 生态保护区面积分区统计图

(c) 三级河流长度分区统计图

(d) 矿产区数量分区统计图

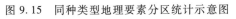

图 9.15　同种类型地理要素分区统计示意图

以上统计主要针对同一主题的地理要素进行分区统计,与之对应,还有一类比较常见的分区统计方式为分区统计各个区域中不同主题要素的属性或几何特征。图 9.16 为某地区的土地利用图,研究区域共有 5 个分区,如果对每个区域中的各

彩图 9.6　某地区土地利用数据分布图

类用地进行面积汇总,则可以统计得到各个分区中各用地类型的面积汇总。以旱地和水浇地为例,分区统计后的结果如表9.5所示。

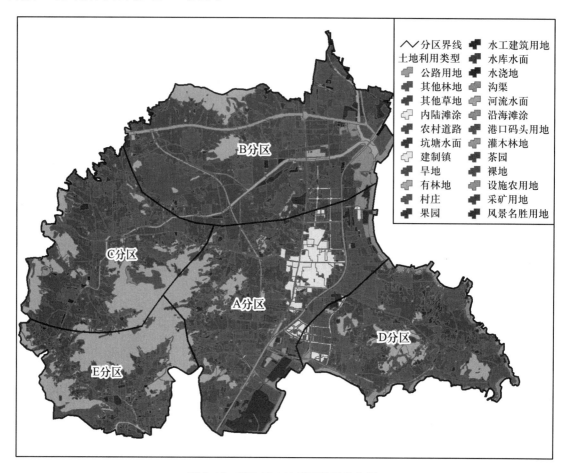

图9.16 某地区土地利用数据分布图

表9.5 不同土地利用类型数据的分区统计结果

分区	类型	总占地面积/m²
A 分区	旱地	7 563 348.08
	林地	2 534 336.76
B 分区	旱地	12 152 092.06
	林地	2 012 375.63
C 分区	旱地	7 192 770.99
	林地	4 493 659.42
D 分区	旱地	5 702 404.57
	林地	1 848 496.24
E 分区	旱地	3 078 846.37
	林地	5 682 969.54

9.4.3　样方统计与核密度估计

样方法(quadrat sampling method),也称样方统计法,是数据统计中应用较为广泛的方法。在非空间数据的统计分析中,直方图就是一种典型的样方法。例如,有两组数据,A(1,2,3,3,3,3,3,4,4,5,6,6,7,8,8,8,9)和 B(7,8,1,2,3,6,8,3,3,3,4,5,6,8,9,3,4)。两组数据完全相同,只是顺序各异。如果不考虑位置排序,则分布完全一样。图 9.17a 为两组数据分布的柱状图,图 9.17b 为两组数据的直方图。显然两组数据的分布柱状图因数据分布序列不同而不同,但直方图完全一致。直方图的构建首先需要根据一组数据的最大值和最小值进行分区,然后统计每个分区中数值出现的频次,并作为 y 轴。由于两组数据的数值分布完全一致,因此直方图也相同。这是传统一维变量的分布统计方式。

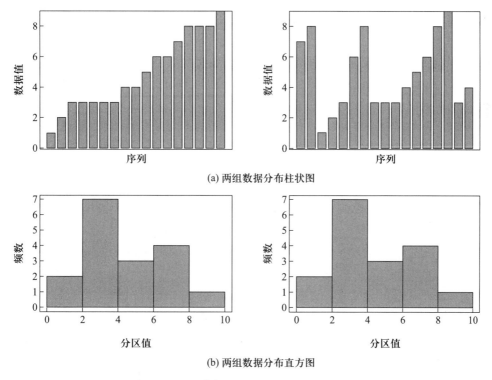

(a) 两组数据分布柱状图

(b) 两组数据分布直方图

图 9.17　两组数据的分布柱状图和分布直方图

由于空间数据具有 x,y 两个维度,因此,采用样方统计时,就需要同时考虑数据值在 x 和 y 两个方向上的分布。在一般情况下,可以通过两种方式实现样方统计,分别为随机抽样统计和利用所有值统计。前者采用指定大小的正方形区域(或圆形、正六边形等)在目标区域内随机统计,如图 9.18a 所示。而另一种方式是先将整个目标区域划分为规则的区域,然后统计落入每个分区中点的个数,如图 9.18b 所示。在两种样方法的示意图中,方格颜色的深浅,代表落入方格中数值的频次。实际上,利用所有值统计的样方法也可以看作一种特殊的分区域统计方法。样方法的主要用途是提供了一种对数据进行聚类的简单方式。

无论是传统统计学中的直方图,还是二维空间中的样方法,尽管统计法算法简单、应用广泛,

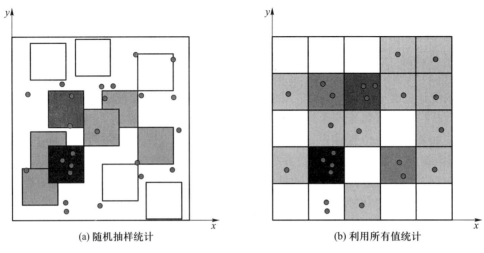

(a) 随机抽样统计   (b) 利用所有值统计

图 9.18   二维空间两种常见的样方法示意图

且易于理解,但基于概率密度函数的核密度估计法为数据分布特征的描述提供了一种全新的方法。如图 9.19 所示,分别为两组数据的直方图和核密度(kernel density)图,两种方式都较为准确地描述了两组数据的分布特征,但核密度图更为平滑。前者是离散的表达方式,而后者为连续的表达方式。实际上,这也可以从 GIS 认识世界的场观点和对象观点出发,阐述两者的优缺点。如果将核密度推广到二维平面,则可以构建光滑的表面。

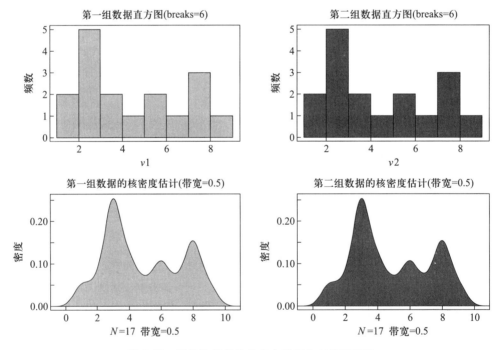

图 9.19   两组数据的分布直方图和分布核密度图

图 9.20a 所示为一组空间点数据,可以采用核密度的方式构建数据分布的密度表面,密度表面可以是二维的,也可以是三维的。空间核密度的计算公式为

$$\hat{f}(x,y) = \frac{3}{nh^2\pi} \sum_{i=1}^{n} \left[1 - \frac{(x-x_i)^2 + (y-y_i)^2}{h^2} \right]^2 \tag{9.7}$$

式中:$\hat{f}(x,y)$ 为估算目标栅格单元中心点 $p(x,y)$ 的密度;h 为带宽;x_i,y_i 为样点 i 的坐标;n 为带宽范围内样点的个数;x,y 为估算目标栅格单元的中心点坐标。$(x-x_i)^2 + (y-y_i)^2$ 为估算目标栅格中心点到带宽范围内栅格样点 i 之间的欧氏距离的平方。需要指出的是,带宽的大小对分析结果的精细程度有显著的影响,需要根据分析需要的尺度选择合理的带宽。采用空间核密度对图 9.20a 中的点进行核密度估计,可以分别得到如图 9.20b 和图 9.20c 所示的二维核密度表面和三维核密度表面。通过核密度表面,可以很容易通过可视分析观察这些点的空间分布格局。

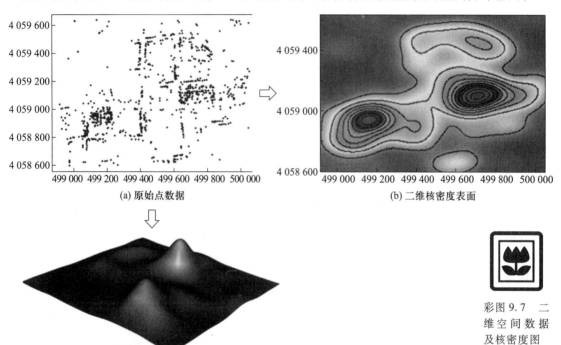

(a) 原始点数据

(b) 二维核密度表面

(c) 三维核密度表面

图 9.20　二维空间数据及核密度图

　　样方法、核密度估计法在点、线要素的分析中应用广泛。近年来,随着大数据技术的兴起,基于海量时空点数据的宏观模式汇总通常用样方法或核密度估计法进行可视化表达,作为最基础的空间可视化及数据分布格局分析。如百度热力图,就是采用核密度估计法实现的。总而言之,核密度估计法是一种非常实用的基本的空间数据聚类方法,是典型的非参数检验统计分析方法。

9.5　空间数据插值

　　空间数据插值(spatial data interpolation)是进行数据外推的基本方法。插值也称内插。常用的插值方法有很多,分类并没有统一的标准,例如从插值方法是否量化并考虑空间自相关、预测点周围采样点的空间配置,可以分为确定性插值和地统计插值(geostatistical interpolation)。从数据分布规律来讲,有基于规则分布数据的内插方法、基于不规则分布的内插方法和基于等高线数据的内插方法等;从内插函数与参考点的关系方面,又分为曲面通过所有采样点的纯二维插值方法和曲面不通过参考点的曲面拟合插值方法;从内插曲面的数学性质来讲,有多项式内插、样条内插、最小二乘配置内插等内插函数;从对地形曲面理解的角度,内插方法有克里金法、多层曲面叠加法、加权平均法、分形内插等;从内插点的分布范围,内插方法分为整体内插、局部内插和逐点内插法。空间内插的原理是对空间曲面特征的认识和理解,具体到方法上,则是内插点邻域范围的确定、权值确定方法(自相关程度)、内插函数的选择等三方面的问题。

由于每一种内插方法都有其自身的特点和适用范围,了解方法的特点是本质所在。本书并不打算对各种内插算法从数学实现方法上进行分析讨论,而是从内插范围分类方法入手,对每一类内插方法的特点进行简要的分析归纳,同时为保证内容上的完整性和连续性,在本节只从概念上介绍,而具体的实现方法与相应内容请查阅相关资料。

9.5.1　整体内插

整体内插,就是对整个区域用一个数学函数来表达地形曲面,如图 9.21 所示。整体内插函数通常是高次多项式,要求地形采样点的个数大于或等于多项式的系数数目。当地形采样点的个数与多项式的系数相等时,这时能得到一个唯一的解,多项式通过所有的地形采样点,属纯二维插值;而当采样点个数多于多项式系数时,没有唯一解,这时一般采用最小二乘法求解,即要求多项式曲面与地形采样点之间差值的平方和为最小,属曲面拟合插值或趋势面插值。从数学角度讲,任何复杂的曲面都可用多项式在任意精度上逼近,但由于以下原因,在空间数据内插中整体内插并不常用。

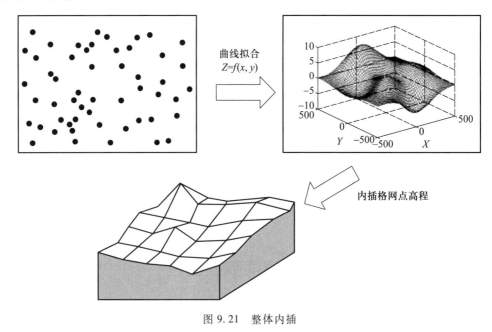

图 9.21　整体内插

① 整体内插函数保凸性较差。高次多项式虽然能在任意精度上逼近地形曲面,并且能使数学曲面与实际地形曲面有更多的重合点,但由于多项式是自变量幂函数和的形式,采样点的增减或移动都需要对多项式的系数做全面调整,从而采样点之间会出现难以控制的振荡现象,致使函数极不稳定,从而导致保凸性差。

② 不容易得到稳定的数值解。高次多项式的系数求解一般要解算较高阶的线性方程组,计算的舍入误差和数据采样误差(平面位置误差),都有可能引起多项式系数发生较大变化,使高次多项式不容易得到稳定的数值解。而且这种微小的数据扰动影响在二元高次多项式中更为严重,因为在一元函数插值时,自变量误差仅在一个方向上(x 轴),而在二维平面上,采样点的偏移方向却是无限的。

③ 多项式系数物理意义不明显。在低阶多项式中,各个系数的物理意义非常明确,例如,线性多项式 $H = ax + by + c$ 中,a、b 分别为两个坐标轴方向的斜率,而在高次多项式中,各个系数的物理意义一般不明确,容易导致无意义的地形起伏现象。

④ 解算速度慢且对计算机容量要求较高。

⑤ 不能提供内插区域的局部地形特征。

整体内插虽然有如上的缺点,但其优点也是明显的,例如,整个区域上函数的唯一性、能得到全局光滑连续的空间曲面、充分反映宏观地形特征等。整体内插函数常常用来揭示整个区域内的地形宏观起伏态势。在空间数据内插中,一般是与局部分块内插方法配合使用,例如,在使用局部分块内插方法前,利用整体内插去掉不符合总体趋势的宏观地形特征。

图 9.22 所示为采用整体多项式内插法对山坡和山谷进行内插的结果示意图。对于平缓的山坡,采用整体多项式内插能够拟合出整个山坡的整体趋势(向下),但会忽略山坡上的小丘陵。而对于山谷,在本实例中是一个 U 形谷,即呈现一次弯曲特征,而一次弯曲特征是二阶整体多项式内插法的基础,因此这里采用二次多项式对山谷进行拟合。在平面中具有两次弯曲特征的是三阶多项式,依此类推。如果同时在两个方向出现弯曲,可能会导致碗形曲面。这里仅讨论了一次弯曲特征的整体拟合。

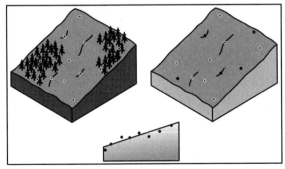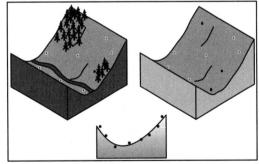

图 9.22　基于整体多项式内插法的山坡和山谷内插模拟示意图

9.5.2　局部分块内插

局部分块内插是指对研究区域按一定的方法进行分块,然后对每一个区块中的研究变量按其分布特征单独进行曲面内插,称之为局部分块内插(图 9.23)。

利用数学曲面来模拟实际地形表面,是地形表达的一个常用的手段。例如一阶线性平面可模拟具有单一坡度的斜坡地形表面,二次曲面方程可表达山头、洼地区域,而三次曲面则能描述较为复杂的地形曲面。然而低阶多项式虽然可表达各种地形曲面,但一个地区却常常包含各种复杂的地貌形态,简单的曲面并不能很好地表达这些地形曲面。理论上任何复杂的曲面都可用多项式进行逼近,但高阶多项式存在诸多缺点,也不是理想的地形描述工具。解决这类问题的办法就是采取分而治之的办法,即将复杂的地形地貌分解成一系列的局部单元,这些局部单元内部地形曲面具有单一的结构,由于范围的缩小和曲面形态的简化,用简单曲面就可较好地描述地形曲面。

区域分块简化了地形的曲面形态,使得每一块都可用不同的曲面进行表达,但随之而来的问题是如何进行分块和如何保证各个分块之间的曲面的连续性。一般地,可按地形结构线或规则区域进行分块,而分块大小取决于地形的复杂程度、地形采样点的密度和分布;为保证相邻分块之间的平滑连接,相邻分块之间要有一定宽度的重叠,另外一种保证相邻分块之间能够平滑连接的方法是对内插曲面补充一定的连续条件。

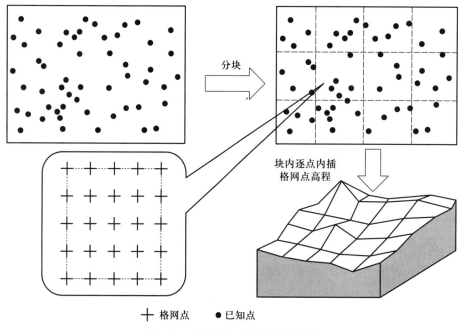

✛ 格网点　　●已知点

图 9.23　局部分块内插方法示意图

不同的分块单元可用不同的内插函数,常用的内插函数有线性内插、双线性内插、多项式内插、二元样条函数、多层曲面叠加法等。

1. 线性内插和双线性内插

形如 $H=ax+by+c$ 的多项式称为线性平面,它将分块单元内部的地形曲面视为平面。如果在线性多项式中增加了交叉项 xy,线性内插则变成双线性内插函数 $H=ax+by+cxy+d$,之所以称为双线性内插,是因为当 y 为常数时,表达的是 x 方向的线性函数,而当 x 为常数时则为 y 方向的线性函数。在线性内插函数中有 3 个未知数,需要 3 个采样点才能唯一确定,而双线性内插函数中有 4 个未知数,需要 4 个已知点。线性内插和双线性内插函数由于物理意义明确,计算简单,是基于 TIN 和基于正方形格网分布采样数据的 DEM 内插和分析应用的最常用的方法。

例如某区域的地形先是倾斜面,然后是平面,接着又是倾斜面时,会怎样呢? 要求通过此研究地点拟合平面时,为未测量的值提供的预测结果会较差。但是,如果允许拟合多个较小的叠置平面,则可将每个平面的中心用作研究区域中每个位置的预测值,生成的表面将更灵活,也可能更准确。局部线性内插分块利用多项式对其进行拟合。因此相比整体多项式,能够估计区域的局部地形变化。图 9.24 为局部线性内插方法的示意图。

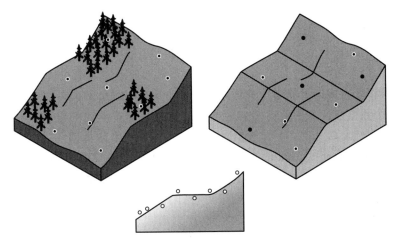

图 9.24　局部线性内插方法示意图

2. 二元样条函数内插

所谓样条曲面,可假想为将一张具有弹性的薄板压定在各个采样点上,而其他的地方自由弯曲。从数学上讲,就是一个分段的低次多项式,多项式的次数一般不超过三阶。通过二元样条函数,可以获取在各个采样点上具有最小曲率的拟合曲面。

二元样条函数首先对采样区域进行分块,对每一块利用一个多项式进行拟合,为了保证各个分块之间的平滑过渡,按照弹性力学条件设立分块之间的连续性条件,即公共边界上的导数连续条件。虽然二元样条函数适合任意形状的分块单元,但一般还是将其应用在规则格网分布的采样数据中。

与整体内插函数相比,二元样条函数不但保留了局部地形的细部特征,还能获取连续光滑的DEM。同时二元样条函数在拟合时,由于多项式的阶数比较低,对数据误差的响应不敏感,但具有较好的保凸性和逼真性,同时也有良好的平滑性。二元样条函数将地表分块视为弹性刚体,采取具有弹性力学条件的光滑连续条件。然而地形并不是一个狭义的刚体,也不具备满足弹性力学光滑性条件。因此虽然二元样条函数具有严密的理论基础,但未必是数字地形内插的理想数学模型。

3. Coons 曲面与 Geomap 曲面

Coons 曲面是基于任意四边形的曲面拟合方法。它把复杂的地形曲面用两组相交的曲线进行划分,构成一个曲线网络,其中的每一个网眼看作由 4 条边界曲线围成的曲面片(曲边四边形),整个曲面则由各个曲面片拼接而成,曲面片的拼接可得到不同程度的连续性。地形曲面上的结构线如山脊线、山谷线为地形表面上的两类棱线,一般不呈横向坡角连续,因此 Coons 曲面可用于由地形线围成的地貌形态单元。但要注意,Coons 曲面仅考虑了曲边四边形的边界曲线,而没有考虑曲面内部的信息,对于恰当描述地貌形态有一定缺陷。Geomap 曲面是 Bezier 曲面在不规则格网划分上的推广形式,它通过控制点的增加和只考虑每条边界与相邻曲面片之间的连续性条件,较为简单地解决了在不规则格网划分上的光滑曲面构造。本质上,Coons 曲面和 Geomap 曲面属于同一类曲面拟合问题,因此 Geomap 曲面在地形上应用具有与 Coons 曲面类似的不足。

4. 多层曲面叠加内插法

多层曲面叠加内插法是美国爱达荷州的 Hardy 教授在 1977 年提出的,它认为任何一个规则或不规则的连续曲面都可看成由若干个简单的曲面来叠加逼近。具体实现是在每个数据点上建立一个曲面,然后在垂直方向上将各个曲面按一定比例进行叠加,形成一张整体连续的曲面,曲面严格通过每一个数据点。多层曲面叠加内插法的核心是简单曲面的设计,也称为核函数。自该方法提出以来,已经发展了许多种核函数的设计方法,如锥面、双曲面、三次曲面、高斯曲面(以高斯曲线为母线的旋转曲面)、Authur 法、吕言法、Wild 法等。多层曲面函数的优点是核函数设计的灵活性和可控性,用户可以根据自己的特定要求,在核函数中增加所需的各种信息,例如如果希望在内插过程中考虑地面坡度的信息,则可设计具有坡度特性的核函数。大量的分析实验证明,多层曲面叠加内插法的插值质量比二元高次多项式、样条函数等要好一些,Kraus 认为在 DEM 内插中,当数据点密度比较小而数据点的精度又较高的情况下,宜优先采用多层曲面叠加内插法。虽然此方法的核函数选择比较灵活,但地形比较复杂,难以通过一个确定的函数严格表示地形的各种变化,同时多层曲面叠加函数的处理过程比较烦琐,计算量大,因此在 DEM 建立中并不常用。

5. 最小二乘配置

最小二乘配置是一种基于统计的内插和测量数据处理方法,它认为一个测量数据一般由三部分构成,即趋势、信号和误差。趋势反映数据的整体变化走势,信号是局部数据之间的联系,误差则为不确定性因素的影响。最小二乘配置包括最小二乘内插、最小二乘滤波和最小二乘推估。一般对分块的表面通过多项式来确定整体的变化趋势,去掉趋势后的表面数据仅包含信号和随机误差,信号反映局部数据点之间的相关性,即自相关性,一般用数据点之间的协方差函数表达。最后通过误差平方和为最小的原则求解各个参数。最小二乘配置的核心问题是如何建立数据之间的协方差矩阵,换句话说,就是如何解决信号的相关性规律问题。在连续表面内插中,最小二乘配置认为,数据点之间的相关规律仅与距离有关,也就是说,距离越近,协方差越大,超过一定的距离,协方差趋于零。高斯函数正好满足这一特性,因此习惯上用高斯函数作为采样点之间相关程度度量的指标。

最小二乘配置理论基础严密,但大量的实验结果表明,它未必能在 DEM 内插中取得良好的效果。主要原因在于:一是最小二乘的前提是处理对象必须属于遍历性平稳随机过程,但实际地形表面变化复杂,不一定满足这一条件;而且地形之间的自相关性不仅与距离有关,也与方向有关,即地形具有各向异性。前提条件不保证,则难得到较好的拟合效果。二是最小二乘方法的解算是一个循环迭代过程,计算量比较大。

6. 克里金法

克里金法(Kriging)是法国地理数学家 Gerges Matheron 和南非矿业工程师 D. G. Krige 创立的地质统计学中矿品位的最佳内插方法,近年来已广泛用于 GIS 中的空间内插。克里金法与最小二乘配置比较类似,也是将变量的空间变化分为趋势、信号与误差三个部分,求解过程也比较相似。不同之处在于所采用的相关性计算方法上,最小二乘配置采用协方差矩阵,而克里金法采用半方差,或者称为半变异函数。克里金法的内蕴假设条件是区域变量的可变性和稳定性。也就是说,一旦趋势确定后,变量在一定范围内的随机变化是同性变化,位置之间的差异仅仅是位置间距离的函数。通过不同数据点之间半方差的计算,可作出半方差随距离的变化的半方差图,从而用来估计未采样点和采样点之间的相关系数,进而取出内差点的高程。

7. 有限元内插

有限元内插是以离散方式处理连续变化量的数学方法,其基本思路是将地形曲面分割成有限个单元的集合,单元形状可为三角形、正方形等。相邻单元边界的端点称为结点,通过求解各个结点处的物理量来描述对象的整体分布。有限元通常采用分片光滑的奇次样条函数作为单元的内插函数(也称为基函数),有限元的解是一系列基函数的线性组合。为了求取线性组合的全部未知数,一般要列出与所求问题等价的二次泛函数取极小值的条件。有限元内插的计算量与前述方法不同的地方在于,有限元取决于分块范围内单元节点的个数(格网点数),而不是采样点数据量的多少。另外,有限元与样条函数类似,也将地表视为弹性刚体,从若干的实验分析结果来看,也非空间曲面理想的内插方法。

9.5.3 逐点内插法

所谓逐点内插,就是以内插点为中心,确定一个邻域范围,用落在邻域范围内的采样点计算内插点的高程值,如图 9.25 所示。逐点内插本质上是局部内插,但与局部分块内插有所不同。在整个内插过程中局部内插中的分块范围一经确定,其大小、形状和位置是始终不变的。凡是落在该块中的内插点,都运用该块中的内插函数进行计算,而逐点内插法的邻域范围大小、形状、位置乃至采样点个数随内插点的位置而变动,一套数据只用来进行一个内插点的计算。

逐点内插法的基本步骤为:定义内插点的邻域范围;确定落在邻域内的采样点;选定内插数学模型;通过邻域内的采样点和内插计算模型计算内插点的高程。为实现上述步骤,逐点内插法需要解决好以下几个问题:

(1)内插函数:逐点内插法的内插函数决定着空间表面精度、连续性、内插点邻域的最小采样点个数和内插计算效率。内插函数常常与采样点的分布有关,目前常用的内插函数有:适合于呈离散分布采样点的拟合曲面、反距离权内插法;适合于 TIN 的线性内插法;适合于规则格网分布的双线性内插等。另外,局部内插的各种数学模型也可应用到逐点内插法中。

(2)邻域大小和形状:在逐点内插法中,邻域的作用是选择参加内插的采样点。逐点内插法的邻域相当于局部内插的分块,但形状和位置随内插点的位置在变动。常用的邻域有圆形、方形等。

(3)邻域内数据点的个数:邻域内数据点全部参加内插计算,用来进行内插计算的采样点不

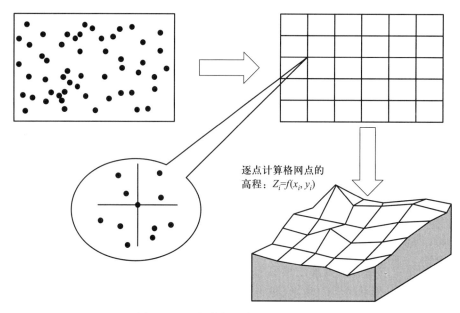

逐点计算格网点的
高程：$Z_i = f(x_i, y_i)$

图 9.25　空间数据逐点内插法示意图

能太多也不能太少,太多影响计算精度(对内插计算的贡献程度太小)和处理效率,太少则不能满足内插函数的要求,邻域点的确定一般与具体的内插函数有关,通常认为 4~10 个点是比较合适的。邻域内数据点的个数常常决定着邻域范围的大小。邻域点内的点数也与采样点的分布密度有关,如果采样点分布比较均匀,邻域点选择不必考虑方向性;而当数据点分布不均匀时,邻域点确定要考虑方向性。

(4)采样点的权重:采样点的权重是指采样点对内插点的贡献程度,现今最常用的定权方法是按距离定权,即反距离权。

(5)采样点的分布:由第 3 章知道,采样点分布有离散、规则和等值线分布几种。理论上内插函数对采样点的分布没有任何要求,例如双线性内插也可适合不规则分布的采样点(任意四边形),但以规则分布的点计算最为简单。

(6)附加信息的考虑:如在地形表面内插过程中需考虑地形结构线、地物信息等各种附加信息,以保证地形表面模拟的真实性。

各种内插方法在不同的地貌地区和不同采样方式下有不同的误差。具体选择时要考虑本章每种方法的适用前提及优缺点,同时考虑应用的特点,从内插精度、速度、计算量等方面选取合理的方法。一般说来,大范围内的地形比较复杂,用整体内插法若选取参考点个数较少时,不足以描述整个地形,而若选用较多的采样点则内插函数易出现振荡现象,很难获得稳定解。因此在空间曲面内插中通常不采用整体内插法。相对于整体内插法,分块内插法能够较好地保留地物细节,并通过块间一定重叠范围保持内插曲面的连续性。分块内插法的一个主要问题是分块大小的确定。就目前技术而言,还没有一种运用智能法或自适应法进行地貌形态识别后可以自动确定分块大小和进行高程内插的算法。分块内插的另一个问题是要求解复杂的方程组,应用起来较为不便。逐点内插法计算简单,应用比较灵活,是较为常用的一类空间内插方法。逐点内插法的主要问题是内插点邻域的确定,它不仅影响空间内插精度,也影响内插速度。

9.6 空间统计分析与空间关系建模

基于空间数据的空间统计分析与关系建模是 GIS 空间统计分析中除地统计分析外的另一个重要组成部分。它包含了一系列用于分析空间分布、模式、过程和关系的统计工具。尽管空间统计和非空间统计(传统统计方法)在概念和目标方面可能存在某些相似性,但空间统计具有其固有的独特性,因为它们是专门为处理地理数据而开发的。与传统的非空间统计分析方法不同,空间统计分析方法是将地理空间(邻域、区域、连通性和/或其他空间关系)直接融入数学逻辑。

我们可以使用这些模型对空间分布的显著特征进行汇总(例如,确定平均中心或总体方向趋势)、识别具有统计显著性的空间聚类(热点/冷点)或空间异常值、评估聚类或离散的总体模式、根据属性相似性对要素进行分组、确定合适的分析尺度,以及探究空间关系。

9.6.1 空间分布特征统计

基于空间数据的空间统计,可通过度量一组要素的分布来计算各类用于表现分布特征的值。例如中心、密度或方向,也可利用此特征值对一段时间内的分布变化进行追踪或对不同要素的分布进行比较。中级分布特征统计能够帮助我们了解并定量地描述要素的地理分布特征。诸如中心地在哪里,数据的形状和方向如何,要素如何分散布局等问题,都可以被度量和描述。常见的空间分布特征统计量包括一组地理要素的平均中心、中位数中心、中心要素、线性方向平均值、标准距离和方向分布等。这里以平均中心、中位数中心、中心要素和标准差椭圆为例进行介绍。

1. 平均中心

平均中心是研究区域中所有要素的平均 x 坐标和 y 坐标。平均中心对于分析追踪分布的变化,以及比较不同类型要素的分布非常有用。其计算公式和加权的计算公式如下:

$$\overline{X} = \frac{\sum\limits_{i=1}^{n} x_i}{n}, \quad \overline{Y} = \frac{\sum\limits_{i=1}^{n} y_i}{n}$$

$$\overline{X}_w = \frac{\sum\limits_{i=1}^{n} w_i x_i}{\sum\limits_{i=1}^{n} w_i}, \quad \overline{Y}_w = \frac{\sum\limits_{i=1}^{n} w_i y_i}{\sum\limits_{i=1}^{n} w_i}$$

式中:$\overline{X}$ 和 $\overline{Y}$ 分别为平均中心的坐标值;而 $\overline{X}_w$ 和 $\overline{Y}_w$ 为加权后的平均中心坐标值;x_i、y_i 和 w_i 分别为要素 i 的坐标和权重值;n 为要素总数。

平均中心可以基于以上算法得到一组点、线、面或体的平均中心所在的位置。图 9.26 为从一组点要素中分析得到平均中心的示意图。

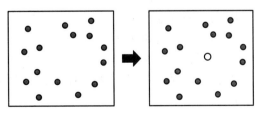

图 9.26 平均中心

2. 中位数中心和中心要素

中位数中心是一种对异常值反应较为稳健的中心趋势的量度。它可标识数据集中到其他所有要素的行程最小的位置点。例如,对紧凑性群集点的平均中心进行计算的结果是该群集中心处的某个位置点。如果随后添加一个远离该群集的新点并重新计算平均中心,会注意到结果向新的异常值靠近。而如果要使用中位数中心计算,我们会发现新的异常值对结果位置的影响明显减小。中位数中心同样可指定权重字段。我们可将权重视为与每个要素关联的行程个数(例如,如果要素的权重为3.2,则行程数将为3.2)。加权中位数中心是所有行程的距离之和最小的位置点。

用于计算中位数中心的方法是一个迭代过程。在算法的每个步骤(t)中,都会找到一个候选中位数中心(X_t, Y_t),然后对其进行优化,直到其表示的位置距数据集中的所有要素(或所有加权要素)i 的欧氏距离 d 最小。其计算公式为

$$d_i^t = \sqrt{(X_i - X^t)^2 + (Y_i - Y^t)^2} \tag{9.8}$$

中心要素则用于识别点、线或面输入要素类中处于最中央位置的要素。统计过程中会首先计算数据集中每个要素质心与其他各要素质心之间的距离并求和。然后,选择与所有其他要素的最小累计距离相关联的要素(如果指定权重,则为加权),并将其复制到一个新创建的输出要素类中。图9.27所示为计算中位数中心和中心要素的示意图。

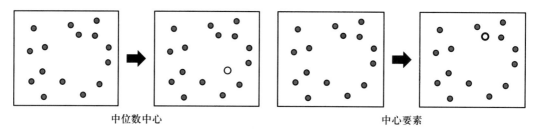

中位数中心 中心要素

图 9.27 中位数中心和中心要素

3. 标准差椭圆

标准差椭圆为一组数据的整体聚类(离散)趋势和方向分布特征的度量提供了有效的方式。其中,椭圆的扁率体现了方向趋势的强弱程度,扁率越大,方向趋势越明显;椭圆的大小体现数据的聚集或离散程度,椭圆越大,其分布越离散;此外,长轴的方向即为要素组的总体分布方向。更为重要的是,对一组要素的度量,有百分比的数据被纳入分析,可以通过标准差的倍数确定,这意味着对于一些异常值,可以通过设置标准差的倍数在一定程度上消除其对结果的影响。标准差椭圆如图9.28所示。

例如,图9.29a为某种疾病患者的位置分布图,尽管可以通过观察大致看出来其位置分布主

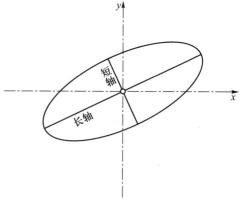

图 9.28 标准差椭圆

要沿着河流分布,但如果存在很多位置相近甚至重合的点,我们所观察到的结果就可能出现偏差。通过标准差椭圆分析,便可以更为科学地度量。图 9.29b 和图 9.29c 分别为一倍和二倍标准差分析结果,显然长轴的方向均沿着河流的方向,因此河水可能是导致此类疾病发生的因素。

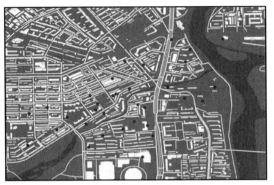

彩图 9.8 标准差椭圆的应用实例

(a) 疾病患者位置分布

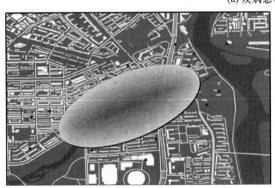

(b) 一倍标准差分析结果

(c) 二倍标准差分析结果

图 9.29 标准差椭圆的应用实例

9.6.2 空间分布模式挖掘

识别地理模式对于理解地理现象非常重要。尽管可以通过对要素制图来了解它们的总体模式及其关联值,但通过计算统计数据能够将模式量化。这样更便于比较不同分布方式或不同时段的模式。通常会先使用"分析模式"工具集中的工具进行初始分析,然后再进行更深入的分析。例如,可以使用增量空间自相关来确定在哪个距离处促进空间聚类的过程最明显,这可能有助于研究者选择一个适当的距离(分析尺度)来深入研究热点(热点分析)。

统计以零假设为起点,假设要素或与要素相关的值都表现为空间随机模式。然后它们再计算出一个 p 值用来表示零假设的正确概率(观测到的模式只不过是完整空间随机性的许多可能版本之一)。

分布模式包括全局和局部两个层面的模式挖掘。全局模式统计可提供对宏观空间模式进行量化的统计数据。这些分析可以解答"数据集中的要素或与数据集中要素关联的值是否发生空间聚类"和"聚类程度是否会随时间变化"之类的问题。局部模式统计可通过执行聚类分析来识别具有统计显著性的热点、冷点和空间异常值的位置。当根据一个或多个聚类的位置需要执行行动时,其用途特别明显。例如,在需要分配更多的警力来处理一组集中出现的入室盗窃案时。准确锁定空间聚类的位置对于查找造成聚类的潜在原因也很重要,例如,通过确定疾病暴发的地点通常能够找到有关疾病根源的线索。在全局分析中的方法只对"是否存在空间聚类"这样的问题回答"是"或"否",与此不同的是,局部分析可以直观呈现聚类位置和范围。这些模型所解答的问题是"聚类(热点/冷点)的出现位置在哪里""空间异常值的出现位置在哪里"和"哪些要素十分相似"。

1. 全局模式分析统计量

全局模式分析主要包括临近度、Moran's I、Geary C、G-Statistics 等统计量,每种统计量能够识别全局模式的能力各不相同。下面对其中一些统计量进行简单介绍。

平均最邻近度(average nearest neighbor)统计量可测量每个要素的质心与其最邻近要素的质心位置之间的距离。然后计算所有这些最邻近距离的平均值。如果该平均距离小于假设随机分布中的平均距离,则会将所分析的要素分布视为聚类要素。如果该平均距离大于假设随机分布中的平均距离,则会将要素视为分散要素。平均最邻近比率通过观测的平均距离除以期望的平均距离计算得出(使用基于假设随机分布的期望平均距离,该分布使用相同数量的要素覆盖相同的总面积)。平均最邻近度只度量空间要素本身之间的邻近性,即只根据要素位置来度量空间临近性。

全局莫兰指数(global Moran's I)根据要素位置和要素值来度量空间自相关。在给定一组要素及相关属性的情况下,该统计量评估所表达的模式是聚类模式、离散模式还是随机模式。该统计量通过计算莫兰指数值、z 得分和 p 值来对一组空间要素显著性进行评估。p 值是根据已知分布的曲线得出的面积近似值(受检验统计量限制)。

G 统计量(Getis-Ord general G)可针对指定的研究区域测量高值或低值的聚集程度,其统计结果也是在零假设下进行描述。

2. 局部分析统计量

在全局模式分析统计量中,可以通过空间自相关和高低值聚类对一组要素的全局模式进行分析和描述。在局部分析统计量中,也包括用与之对应的用于局部统计分析的统计量。其中,基于莫兰指数的聚类和异常值分析可识别具有高值或低值的要素的空间聚类(图 9.30)。

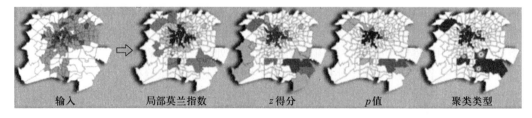

输入　　　　局部莫兰指数　　　　z 得分　　　　p 值　　　　聚类类型

图 9.30　局部分析统计量示意图

基于 G-Statistics 的热点分析可对数据集中的每一个要素计算高低值聚类统计量。通过得到的 z 得分和 p 值,我们可以知道高值或低值要素在空间上发生聚类的位置。此统计量的工作方式为:查看邻近要素环境中的每一个要素。高值要素往往容易引起注意,但可能不是具有显著统计学意义的热点。要成为具有显著统计学意义的热点,要素应具有高值,且被其他同样具有高值的要素所包围。某个要素及其相邻要素的局部总和将与所有要素的总和进行比较;当局部总和与所预期的局部总和有很大差异,以至于无法成为随机产生的结果时,会产生一个具有显著统计学意义的 z 得分,并通过 z 得分度量在统计学意义上发生高(低)值聚类的程度(图9.31)。

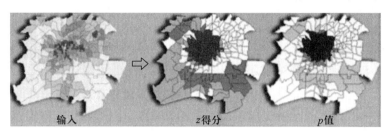

图9.31　高(低)值局部聚类的 z 得分和 p 值分布图

9.6.3　空间关系建模与探测

除了分析空间模式之外,GIS 空间统计分析还可用于挖掘或量化要素间的关系。使用空间权重矩阵或利用回归分析可以建立空间关系模型。通常,空间关系模型通过回归模型实现。在 GIS 中,较为常用的空间回归模型有地理加权回归,近年来,由我国学者开发的地理探测器(Geo-Detector)的使用也越来越广泛。

1. 地理加权回归

地理加权回归(spatial weights matrix,GWR)是若干空间回归技术中的一种,越来越多地用于地理及其他学科。通过在局部区域建立回归方程拟合数据集中的每个要素的不同变量之间的关系,GWR 有助于对了解/预测的变量或过程提供局部模型。GWR 构建这些独立方程的方法是:将落在每个目标要素的带宽范围内的要素的因变量和解释变量进行合并。

通过回归分析可以对空间关系进行建模、检查和探究。回归分析还可解释所观测到的空间模式背后的诸多因素。通过对空间关系进行建模,也可使用回归分析对这些现象加以预测。例如,通过对影响大学毕业率的因素进行建模,也可以对近期的劳动力技能和资源进行预测。在因监测站数量不足而无法进行充分插值的情况下(例如,在山脊地区和山谷地区,雨量计通常会缺失),也可以使用回归法来预测这些地区的降雨量或空气质量。

在所有的回归方法中,普通最小二乘法(OLS)最为著名。而且,它也是所有空间回归分析的正确起点。它可尝试对所要了解(预测)的变量或过程提供一个全局模型;它可创建一个回归方程来表示该过程。例如,失业率与大专以上学历占人群百分比的关系(图9.32)。地理加权回归使用 OLS 实现。若使用得当,这些方法可提供强大且可靠的统计数据,以对线性关系进行检查和估计。相比言,OLS 属于全局空间回归模型,而 GWR 则属于局部空间回归模型。对于空间问题,由于空间变量在局部区域的相似性和全局区域的异质性,很多情况下很难通过一个全局的 OLS 线性回归拟合出能够表示这些变量之间关系的线性模型,这就需要通过在不同的区域建立不同的线性回归模型对这些变量的关系进行建模,此时 GWR 便可以解决这类问题。

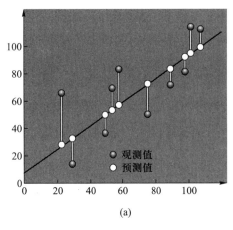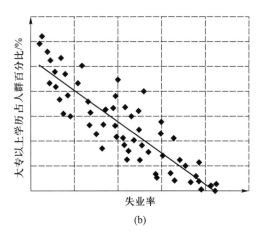

(a) (b)

图 9.32　最小二乘法与回归

地理空间变量要远比非空间变量复杂得多。例如,在寻找犯罪率和人口、收入,以及其他相关变量之间的关系时(图 9.33),在同一研究区域内的 A 子区域内,这些变量与犯罪率之间存在某种线性关系,而在研究区域的 B 子区域内,可能存在另一种线性关系,这是空间问题的普遍现象,而通过使用地理加权回归,就可以建立起用于探索局部地区不同空间变量之间的线性关系。

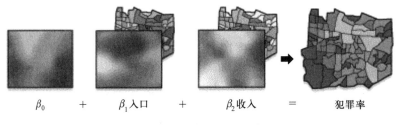

β_0　　+　　β_1人口　　+　　β_2收入　　=　　犯罪率

图 9.33　地理加权回归示意图

2. 地理探测器

随着定位及观测技术的发展和普及,无论是更精细或者更大范围的研究,还是空间大数据,空间分层异质性问题凸显。空间分层异质性,简称空间分异性或区异性,是指层内方差小于层间方差的地理现象,例如,地理分区、气候带、土地利用图、地貌图、生物区系、区际经济差异、城乡差异以及主体功能区等,是空间数据的另一大特性。

地理探测器(GeoDetector)是探测空间分异性,以及揭示其背后驱动力的一组统计学方法。其核心思想是基于这样的假设:如果某个自变量对某个因变量有重要影响,那么自变量和因变量的空间分布应该具有相似性。地理分异既可以用分类算法来表达,例如,环境遥感分类;也可以根据经验确定,例如胡焕庸线。地理探测器擅长分析类型量,而对于顺序量、比值量或间隔量,只要进行适当的离散化,也可以利用地理探测器进行统计分析。因此,地理探测器既可以探测数值型数据,也可以探测定性数据,这正是地理探测器的一大优势。地理探测器的另一个独特优势是探测两因子交互作用于因变量。交互作用一般的识别方法是在回归模型中增加两因子的乘积项,检验其统计显著性。然而,两因子交互作用不一定就是相乘关系。地理探测器通过分别计算

和比较各单因子 q 值及两因子叠加后的 q 值,可以判断两因子是否存在交互作用,以及交互作用的强弱、方向、线性还是非线性等。两因子叠加既包括相乘关系,也包括其他关系,只要有关系,就能检验出来。

地理探测器主要包括四个探测器,分别是分异及因子探测、交互作用探测、风险区探测和生态探测。这里以分异及因子探测为例。

分异及因子探测用于探测要素属性 Y 的空间分异性,以及探测某因子 X 多大程度上解释了属性 Y 的空间分异。用 q 值度量,表达式为

$$q = 1 - \frac{\sum_{h=1}^{L} N_h \sigma_h^2}{N \sigma^2} = 1 - \frac{SSW}{SST}$$

$$SSW = \sum_{h=1}^{L} N_h \sigma_h^2, \ SST = N\sigma^2 \tag{9.9}$$

式中: $h = 1, \cdots, L$,为变量 Y 或因子 X 的分层(strata),即分类或分区; N_h 和 N 分别为层 h 和全区的单元数; σ_h^2 和 σ^2 分别是层 h 和全区的 Y 值的方差; SSW 和 SST 分别为层内方差之和(within sum of squares)和全区总方差(total sum of squares)。 q 的值域为 $[0, 1]$,值越大说明 Y 的空间分异性越明显;如果分层是由自变量 X 生成的,则 q 值越大表示自变量 X 对属性 Y 的解释力越强,反之则越弱。在极端情况下, q 值为 1 表明因子 X 完全控制了 Y 的空间分布, q 值为 0 则表明因子 X 与 Y 没有任何关系, q 值表示 X 解释了 $q \times 100\%$ 的 Y 。其原理如图 9.34 所示。

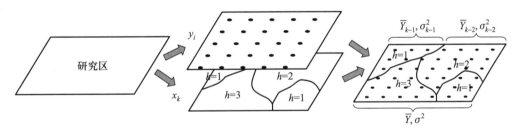

图 9.34　地理探测器示意图

专业术语

空间统计分析、直方图、探索性空间数据分析、协方差函数、半变异函数、Voronoi 图、空间自相关、空间数据插值、回归分析、自然裂点法分级、核密度、样方统计、地理加权回归、地理探测器

复习思考题

一、思考题(基础部分)

1. 解释下列概念的含义:统计分析、空间统计分析、空间自相关、空间数据插值。

2. 什么叫探索性空间数据分析? 探索性空间数据分析的目的是什么?

3. 空间自相关问题使用什么参数进行分析? 其结果的地理解释是什么?

4. 怎么解释变异函数图？

5. 什么是空间回归，与经典的回归有什么差异？

二、思考题（拓展部分）

1. 探索性空间数据分析的内容有哪些？ 试以所在省（自治区、直辖市）各地级市的往年的 GDP 数据和人口数据为基本数据，对其作探索性空间数据分析，并给出分析结果的地理解释。

2. 结合具体的数据比较距离倒数加权法、趋势面法、样条函数法、克里金法这 4 种插值的优缺点和各自的适用范围。

3. 试以所在省（自治区、直辖市）各地级市往年的 GDP 数据（离散点数据）和人口数据，请选择合适的插值模型，创建该地区 GDP 空间分布曲面。 请绘制流程图说明你的分析思路和分析依据，并从插值模型、曲面的地理意义两方面给出自己的见解。

第 10 章 地理信息可视化

地理信息可视化是地理信息系统的重要组成部分。 相比其他可视化技术，地理信息可视化是一门以地理信息科学、计算机科学、地图学、认知科学、信息传输学与地理信息系统为基础，并通过计算机技术、数字技术、多媒体技术动态，直观、形象地表现、解释、传输地理空间信息并揭示其规律，是关于信息表达和传输的理论、方法与技术的学科。

地理信息可视化主要通过地图、虚拟场景等形式对时空数据进行表达。 本章内容主要从地理信息可视化的输出方式、传输类型、主要遵循的一般原则及主要表达形式等方面进行介绍。

10.1 地理信息可视化概述

10.1.1 可视化与信息可视化

可视化的全称是科学计算可视化（visualization in scientific computing, ViSC）。可视化是利用计算机图形学和图像处理技术，将数据转换成图形或图像在屏幕上显示出来，并进行交互处理的理论、方法和技术。它涉及计算机图形学、图像处理、计算机视觉、计算机辅助设计等多个领域，是研究数据表示、数据处理、决策分析等一系列问题的综合技术。可以说，可视化是将人脑和计算机这两个最强大的信息处理系统联系在一起的最佳方式。

信息可视化（information visualization）是可视化技术在非空间数据领域的应用，可以增强数据呈现效果，让用户以直观交互的方式实现对数据的观察和浏览，从而发现数据中隐藏的特征、关系和模式。信息可视化实际上是人和信息之间的一种可视化界面，因此交互技术在这里显得尤为重要，传统的人机交互技术几乎都可以得到应用。可以说，信息可视化是研究人、计算机表示的信息，以及它们相互影响的技术。

在短短的几十年内，科学计算可视化已经发展成为一个十分活跃的研究领域，新的研究分支不断涌现，如出现了用以表示海量数据不同类型及其逻辑关系的信息可视化技术，以及将可视化与分析相结合的可视分析学研究方向。现在又有了将"科学计算可视化""信息可视化"和"可视分析学"这三个方面相结合的新学科"数据可视化"，这是可视化研究领域的新起点，必将进一步促进学科交叉与融合、扩大应用领域的发展与提高应用水平。

10.1.2 地理信息可视化

地理信息可视化是运用图形学、计算机图形学和图像处理技术，将地学信息输入、处理、查询、分析及预测的结果和数据以图形符号、图标、文字、表格、视频等可视化形式显示并进行交互的理论、方法和技术。地理信息可视化是地理信息系统的重要组成部分。其中,基于地图的地理信息可视化是最为核心的内容。

我们身处三维空间中,来自现实世界的数据常常包含空间位置信息,这些带有位置的数据就是通常所说的空间数据。空间数据的特点决定了可视化在 GIS 中的地位,并且促使它成为 GIS 必须要解决的理论和技术问题。由于可视化能够迅速、形象地表达空间信息,在 GIS 的发展过程中,从一开始就十分重视利用计算机技术实现空间数据的图形显示和分析问题。

地理信息的可视化经历了最初的文字、纸质地图和计算机制图等阶段,发展到现在,主要有以下几个特点:① 可视化过程的多样性;② 信息表达的动态性;③ 信息表达载体的多维性。

在各种可视化方式中,地图可视化是 GIS 中使用最为广泛的地理信息可视化方法。这里的地图可视化是指使用计算机制图软件或程序包,以各种地图的形式表达地理信息的空间数据可视化方法。按照输出载体,可以分为纸质地图和数字地图;按照输出的内容和形式,可以分为全要素地图、专题地图、遥感影像地图、三维地图、街景地图、统计图与数据报表等。

然而,地图的形式随着计算机技术的发展,以及人们认知的改变而不断丰富。例如,街景地图就是采用新的技术呈现的实景地图形式;再比如随着大数据技术的出现,动态流图、热度图等逐渐成为服务于大众并广受欢迎的新的地图形式。

10.1.3 地理信息可视化的意义

可视化作为地理信息系统的重要内容,在地理信息数据处理、分析和结果展示等环节都具有重要作用。它提供了一种用于理性认识、解释人类和自然关系的强大工具。相比传统可视化,地理信息可视化的突出特征是能够对时空数据及其相关联的属性信息进行可视化。

DIKW 模型是基于数据的认知模型。此模型系统描述了数据、信息、知识及智慧之间存在的逻辑依存关系及各自的功能。如果将数据缩小到一个更小的范围,即时空数据就可以扩展出 ST-DIKW 模型,如图 10.1 所示。ST-DIKW 模型的独特之处在于一切将都以位置(在哪里)开始,然后通过一系列的地理信息可视化手段显示在哪里、发生了什么、为什么会发生、如何促进(或阻止)某种事件的发生等问题的答案。引入时空数据的 ST-DIKW 模型对于认识世界和人类自身的诸多方面都具有重要意义,因为人类活动的大部分内容都与地理位置相关,并伴随着时间而流逝。图 10.1 为扩展后的 ST-DIKW 模型。

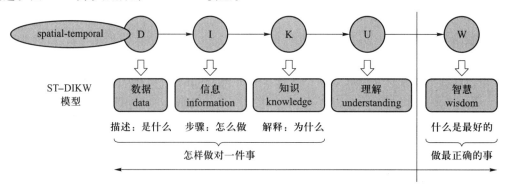

图 10.1 ST-DIKW 模型

10.2　地理信息输出方式与类型

10.2.1　地理信息输出方式

目前,一般地理信息系统软件都为用户提供三种主要的图形图像输出和属性数据报表输出方式。屏幕显示(高分辨率彩色显示器)主要用于系统与用户交互式的快速显示,是一种比较廉价的输出方式,需以屏幕摄影方式做硬拷贝,可用于日常的空间信息管理和小型科研成果输出;矢量绘图仪制图用来绘制高精度的比较正规的大图幅图形产品;喷墨打印机,特别是高品质的激光打印机已经成为当前地理信息系统地图产品的主要输出设备。表 10.1 列出了主要的图形图像输出设备。

表 10.1　主要图形图像输出设备一览表

设备	图形图像输出方式	精度	特点
矢量绘图仪	矢量线划	高	适合绘制一般的线划地图,还可以进行刻图等特殊方式的绘图
喷墨打印机	栅格点阵	高	可制作彩色地图与影像地图等各类精致地图制品
高分辨率彩色显示器	屏幕像元点阵	一般	实时显示 GIS 的各类图形、图像产品
行式打印机	字符点阵	差	以不同复杂度的打印字符输出各类地图,精度差,变形大
胶片拷贝机	光栅	较高	可将屏幕图形图像复制至胶片上,用于制作幻灯片或正胶片

269

1. 屏幕显示

由光栅或液晶的屏幕显示图形、图像,常用作人和机器交互的输出设备。将屏幕上所显示的图形采用屏幕拷贝的方式记录下来,以在其他软件支持下直接使用。

由于屏幕同矢量绘图仪的彩色成图原理有着明显的区别,所以,屏幕所显示的图形如果直接用彩色打印机输出,两者的输出效果往往存在一定的差异,这就为利用屏幕直接进行地图色彩配置的操作带来很大的障碍。解决的方法一般是根据经验制作色彩对比表,依此作为色彩转换的依据。近年来,部分地理信息系统与机助地图制图软件在屏幕与矢量绘图仪色彩输出一体化方面已经做了不少卓有成效的工作。图 10.2 为通过计算机屏幕输出的地图。

2. 矢量制图

矢量制图通常采用矢量数据格式输入,根据坐标数据和属性数据将其符号化,然后通过制图指令驱动制图设备;也可以采用栅格数据作为输入,将制图范围划分为单元,在每一单元中通过点、线构成颜色、模式表示,其驱动设备的指令依然是点、线。矢量制图指令在矢量制图设备上可以直接实现,也可以在栅格制图设备上通过插补将点、线指令转化为需要输出的点阵单元,其质量取决于制图单元的大小。

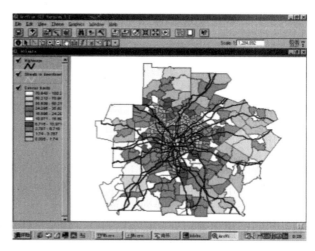

图 10.2　通过计算机屏幕输出的地图

在图形视觉变量的形式中,符号形状可以通过数学表达式、连接离散点、信息块等方法形成;颜色采用笔的颜色表示;图案通过填充方法按设定的排列方向进行填充。

常用的矢量制图仪器有笔式矢量绘图仪,它通过计算机控制笔的移动而产生图形。大多数笔式矢量绘图仪是增加型,即同一方向按固定步长移动而产生线。许多设备有两个马达,一个为 X 方向,另一个是 Y 方向。利用一个或两个马达的组合,可在 8 个对角方向移动。但是移动步长应当很小,以保持各方向的移动相等。

3. 打印输出

打印输出一般是直接以栅格数据格式进行的,可利用以下几种打印机。

(1)点阵打印机:点阵打印是用打印机内的撞针去撞击色带,然后利用打印头将色带上的墨水印在纸上而达成打印的效果,点精度达 0.141 mm,可打印比例准确的彩色地图,且设备便宜,成本低,速度与矢量绘图仪相近,但渲染图比矢量绘图仪均匀,便于小型地理信息系统采用。目前主要问题是解析度低,且打印幅面有限,大的输出图需进行图幅拼接。

(2)喷墨打印机(亦称喷墨绘图仪):是高档的点阵输出设备,输出质量高、速度快,随着技术的不断完善与价格的降低,目前已经取代矢量绘图仪的地位,成为 GIS 产品主要的输出设备(图 10.3)。

图 10.3　喷墨打印机

(3)激光打印机:是一种既可用于打印又可用于绘图的设备,是利用碳粉附着在纸上而成像的一种打印机。由于打印机内部使用碳粉,属于固体,而激光光束有不受环境影响的特性,所以激光打印机可以长年保持印刷效果清晰细致,印在任何纸张上都可得到好的效果。绘制的图像品质高、绘制速度快,将是计算机图形输出的基本发展方向。

10.2.2　地理信息系统输出产品类型

地理信息系统输出产品是指由系统处理、分析,可以直接供研究、规划和决策人员使用的产品,其形式有地图、图像、统计图表,以及各种格式的数字产品等。地理信息系统输出产品是系统中数据的表现形式,反映了地理实体的空间特征和属性特征。

1. 地图

地图是空间实体的符号化模型,是地理信息系统产品的主要表现形式(图 10.4),根据地理实体的空间形态,常用的地图种类有点位符号图、线状符号图、面状符号图、等值线图、三维立体图、晕渲图等。点位符号图在点状实体或面状实体的中心以制图符号表示实体质量特征;线状符号图采用线状符号表示线状实体的特征;面状符号图在面状区域内用填充模式表示区域的类别及数量差异;等值线图将曲面上等值的点以线划连接起来表示曲面的形态;三维立体图采用透视变换产生透视投影,使读者对地物产生深度感并表示三维曲面的起伏;晕渲图以地物对光线的反射产生的明暗使读者对二维表面产生起伏感,从而达到表示立体形态的目的(图 10.5)。

2. 图像

图像也是空间实体的一种模型,它不采用符号化的方法,而是采用人的直观视觉变量(如灰度、颜色、模式)表示各空间位置实体的质量特征。它一般将空间范围划分为规则的单元(如正方形),然后再根据几何规则确定的图像平面的相应位置,用直观视觉变量表示该单元的特征,图10.6、图 10.7 为由喷墨打印机输出的正射影像地图和三维模拟建筑图。

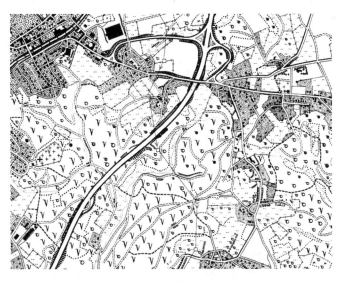

图 10.4　普通地图

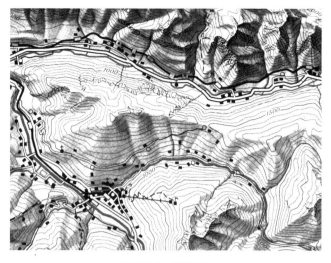

图 10.5 晕渲图

图 10.6 正射影像地图

图 10.7 三维模拟建筑图

3. 统计图表

非空间信息可采用统计图表的形式表示。统计图将实体的特征和实体间与空间无关的相互关系采用图形形式表示,它将与空间无关的信息传递给使用者,使使用者对这些信息有全面、直观的了解。统计图常用的形式有柱状图、扇形图、直方图、折线图和散点图等。统计表格将数据直接表示在表格中,使读者可直接看到具体数据值,见图 10.8～图 10.10。

图 10.11 表示将统计图表与地图综合使用所形成的专题地图。

随着数字图像处理系统、地理信息系统、制图系统以及各种分析模拟系统和决策支持系统的广泛应用,数字产品成为广泛采用的一种产品形式,提供信息做进一步的分析和输出,使得多种系统的功能得到综合。数字产品的制作是将系统内的数据转换成其他系统采用的数据形式。

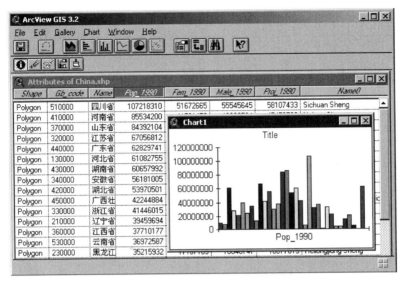

图 10.8　ArcView 制作的统计表格与直方图

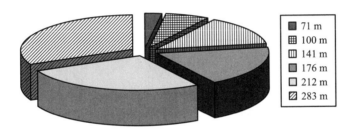

图 10.9　圆饼状统计图

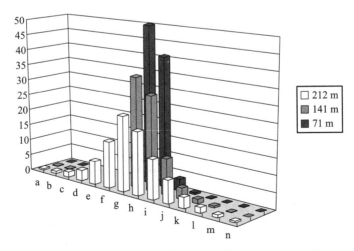

图 10.10　直方统计图

彩图 10.1 GIS
输出的专题地图

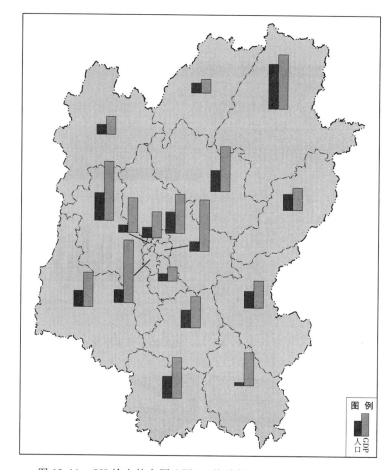

图 10.11　GIS 输出的专题地图（以统计符号表示人口与 GDP）

10.3　可视化的一般原则

10.3.1　符号的运用

1. 符号设计概述

空间对象以其位置和属性为特征。当用图形图像表达空间对象时，一般用符号位置来表示该要素的空间位置，用该符号与视觉变量组合来显示该要素的属性数据。例如，道路在地图上一般用线状符号表达，通过线型如线宽来区分不同的道路级别，如粗实线表示高等级公路，而细实线表示低等级公路。

地图符号系统中的视觉变量包括形状、大小、纹理、图案、色相、明度和饱和度。形状表征了图上要素的类别。大小和纹理（符号斑纹的间距）表征了图上数据之间的数量差别，例如，一幅地图可用大小不同的圆圈来代表不同规模等级的城市。色相、明度和饱和度，以及图案则更适合于表征标称(nominal)或定性(qualitative)数据,例如,在同一幅地图上可用不同的面状图案代表不同的土地利用类型。

矢量数据和栅格数据在符号运用上不尽相同。对栅格数据而言,符号的选择不是问题,因为无论被描述的空间对象是点、线还是面,符号都是由栅格像元组成。另外在视觉变量的选择上,栅格数据也受限制。由于栅格像元的问题,形状和大小这两个视觉变量并不适合于栅格数据,纹理和图案可满足较低分辨率的制图要求,但当像元较小时就不适合。因此栅格数据的表达就局限在用不同的颜色和颜色阴影来显示。

在运用符号表达空间对象时,要注意以下几点:

(1) 符号的定位

地图上常常以符号的位置表达其实际空间位置,这就是常说的符号定位问题。符号定位的一般原则是准确,保证所示空间对象在逻辑和美观上的和谐统一。但有时由于实际空间对象的位置重叠或相距很近,当用符号表达时,容易产生拥挤现象,破坏了图形的美观性和易读性。这时可保留重要地物的准确位置,而其他次要地物可相对移动(称为符号移位),如图 10.12 所示。点状符号、线状符号的定位可参见地图学书籍。

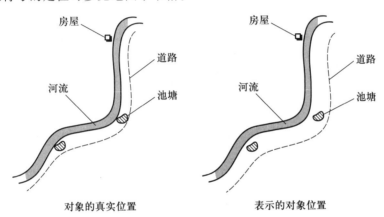

图 10.12　符号移位

在符号定位中,较困难的是点的定位,特别是在运用点值法所制作的地图中。例如一个点代表 1 000 人,某区有 10 000 人,意味着在该区应布置 10 个点。如何在该区布置 10 个点是一个比较难解决的问题。采用随机布点或均匀布点可能导致不符合实际情况的地图。在这种情况下,一般要参照其他的资料来确定点位,例如,人口普查图中的布点,可参考人口普查街区图或人口普查地图来布点。

(2) 易读性

空间对象属性通过符号的视觉变量来区分,视觉变量包括形状、大小、方位、色调、亮度和色度等六类。空间对象的属性可通过视觉变量的不同组合来表达,因此,符号的布局、组合和纹理直接影响图面的易读性。在一般情况下,线状符号比较容易分离,图案、形状、颜色和阴影要截然不同,并且形状要清晰可辨。

符号的可见性还涉及符号自身的可见性。如果线状符号比较容易识别,其宽度就不必很大。不同颜色的组合也可改变符号的可辨性。经典的例子就是交通符号,形状各异的交通符号可以使行人和驾驶员不必阅读文字就获得交通信息。

(3) 视觉差异性

图形元素和背景、相邻元素的对比是符号运用中最为重要的一点。视觉上的差异性可以提高符号的分辨能力和识别能力。在符号运用过程中,要尽量使用符号视觉变量的不同组合来提高易读性,但过多的符号差异会导致图面繁杂,也不利于符号的识别。

（4）绝对数据与派生数据制图中的符号配置

属性数据根据加工与否可分为两类,即原始数据和派生数据。原始数据是通过测量或调查而得到的数据,如人口调查中的一个县的人口数量;而派生数据一般是指经过加工的数据,如人口密度等。对原始数据和派生数据的符号配置需要考虑图形的可比性。这里以人口制图为例进行说明:人口密度是人口数与区域面积的比值,该值不依赖区域的大小。对于人口数相同而面积不同的两个区域来说,其人口密度就不同,如果用等值区域图以人口数量来制图,则区域面积的大小差异会严重影响图形的可比性。因此一般建议用等值区域图来表达派生数据,而分级符号图用来进行原始数据的制图。

2. 视觉变量的类型

地图上能引起视觉变化的基本图形、色彩因素称为视觉变量,也叫图形变量。视觉变量是构成地图符号的基本元素。在其最简单的表示级别中,空间数据以点、线、面或栅格的形式存在。通过符号化过程将含义编码到这些基本形状中。符号可用于说明要素间的独有区别、量级差异,以及其他特征。符号化可呈现地图上的一系列功能,但必须清楚、简洁且易于用户理解。在很多情况下,可将符号化看作以传达含义为目的的地图要素编码方式。

视觉变量主要通过符号的大小、方向和颜色等进行定义。视觉变量分为定量视觉变量和定性视觉变量。常见的定量视觉变量有大小、方向、透视高度、属性值、亮度和饱和度等;定性视觉变量则主要有形状和色调等。地图符号的主要类型包括点要素、线要素、面要素、2.5维要素和3维要素的符号化。这些类型的要素均可以使用以上的视觉变量予以表达。

彩图 10.2 基于大小和方向的视觉变量

（1）大小与方向

基于大小和方向对地图要素进行符号化渲染属于定量型视觉变量。图 10.13 所示为不同类型的要素分别使用大小和方向视觉变量以达到符号化的效果,可以看出,大小和方向视觉变量可以渲染出多种类型的效果。对于 2.5 维的要素,不推荐使用方向变量进行表达。

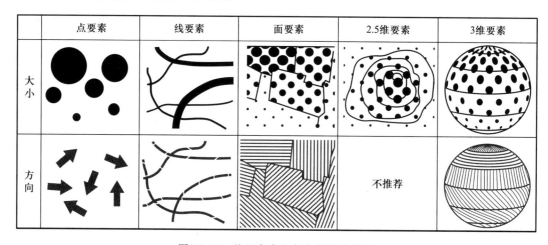

图 10.13   基于大小和方向的视觉变量

（2）透视高度与属性值

透视高度和属性值均属于定量型视觉变量。透视高度通过各种透视高度设计使二维符号表现出一定的三维效果。需要指出的是，对于三维要素，并不推荐使用透视高度对其进行符号化渲染。而属性值通过颜色的深浅表达要素值的大小，这是一种对所有类型的要素都适用的视觉变量。图 10.14 所示为使用透视高度和属性值视觉变量渲染各种类型要素的效果。

彩图 10.3
基于透视高度和属性值的视觉变量

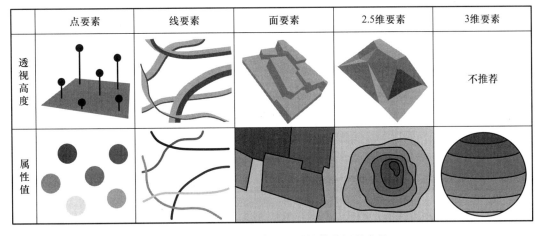

图 10.14　基于透视高度和属性值的视觉变量

（3）形状与色调

形状和色调视觉变量是最为常用的地图符号化渲染方式，它们均属于定性型视觉变量。形状视觉变量在地图符号化过程中能够起到明显的可视化隐喻效果。所谓可视化隐喻，是指在解释或者介绍人们不熟悉的事物和概念时，常常将其比拟为一个人们所熟悉的事物来帮助理解。例如，对飞机场进行符号化，可以使用带有飞机标识的符号，其他的场所或设施同样可以使用类似的方式。对于 2.5 维要素，不推荐使用形状变量渲染。当一些要素属于不同的类别并需要通过符号化区分开来时，除了使用形状视觉变量，色调视觉变量也是一种推荐的选择方式。对于除点要素以外的其他类型的要素，使用色调优于形状视觉变量。图 10.15 所示为使用形状和色调视觉变量渲染各种类型要素的效果。

彩图 10.4
基于形状和色调的视觉变量

（4）亮度与饱和度

亮度和饱和度均属于定量型视觉变量。亮度指色彩的深浅程度、明暗程度。饱和度是指色彩的鲜艳程度，也称色彩的纯度。前者用加白加黑来调节，后者则通过灰度成分调节。两者均用于表达渐变的要素符号化渲染，只是相比较而言，饱和度具有更强的对比度。图 10.16 所示为使用亮度和饱和度视觉变量渲染各种类型要素的效果。

3. 选取符号的原则

选择正确的方法表示要素以准确传递正确的消息，这是使地图有效传达信息的关键。例如，如果想要显示不同城市（以点符号表示）的人口规模有何不同，则可以更改用于表示点的符号的大小。符号越大表示量级越大，这就是我们的眼睛

彩图 10.5
基于亮度和饱和度的视觉变量

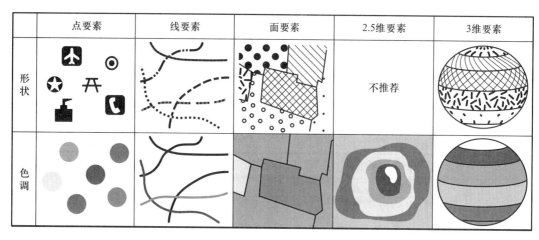

图 10.15　基于形状和色调的视觉变量

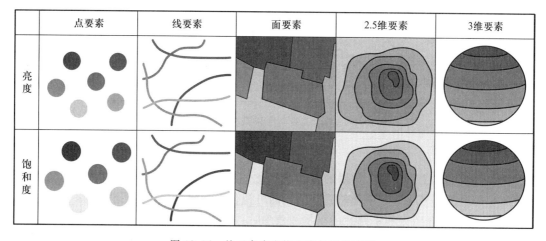

图 10.16　基于亮度和饱和度的视觉变量

和大脑处理相对较大符号含义的过程。再例如,如果要表示铁路和高速公路之间的差异,则更改线的大小(粗细)并不会立即显示出二者之间的差异。但是,制图者可以更改线的形状来显示这两个要素之间的差异。

在通常情况下,为符号赋予含义将确定要显示的是定量差异还是定性差异,即,是大小差异还是类型差异。表 10.2 给出了一些建议方法,可以使用这些方法来修改要素,具体取决于要素类型和需要显示的内容。一些方法优先于其他方法。

表 10.2　地图制图符号选取的建议方法

要素类型	定性	定量
点要素	首选:色调、形状 次选:方向	首选:大小、值、亮度 次选:透视高度
线要素	首选:色调、形状	首选:大小 次选:透视高度、值、亮度

要素类型	定性	定量
面要素	首选:色调、形状 次选:方向	首选:值、亮度、饱和度、大小
2.5 维要素	不推荐	首选:透视高度、亮度、值 次选:饱和度
3 维要素	首选:方向、形状 次选:色调	首选:亮度、值、饱和度 次选:大小

10.3.2　注记运用

每幅地图都需要用一定的文字或者注记来标记制图要素,制图者把字体当作一种地图符号,因为与点状、线状、面状符号一样,字体也有多种类型。运用不同的字体类型表现出悦目、和谐的地图是制图者所面临的一项主要任务。

字体在字样、字形、大小和颜色方面变化多样。字样指的是字体的设计特征,而字形指的是字母形状方面的不同。字形包括了在字体重量或笔画粗细(粗体、常规或细长体)、宽度(窄体或宽体)、直体与斜体(或者罗马字体与斜体)、大写与小写等方面的不同变化。

(1)字体变化:字体变化可以像视觉变量一样在地图符号中起作用。字样、字体颜色、罗马字体或斜体等方面的差异更适合于表现定性数据,而字体大小、字体粗细和大小写等方面的差异则更适合于表现定量数据。例如,在一幅显示城市不同规模的地图上,一般是用大号、粗体和大写字体表示最大的城市,而用小号、细体和小写字体表示最小的城市。

(2)字体类型:在选择字体类型的时候要考虑可读性、协调性和传统习惯。注记的可读性必须与协调性相平衡。注记的功能就是传达地图内容。因此注记必须清晰可读但又不能吸引过多的注意力。通常可以通过在一幅图上只选用1~2种字样,并选用另一些字体变化用于标注不同要素或符号来取得协调美观的效果。例如,在制图对象的主体中较少采用修饰性字体,但在图名和图例等部分习惯用修饰性字体。已经形成的习惯有:水系要素用斜体,行政单元名称用粗体,并且名称按规模大小有字体大小的区分,太多的字体类型会使得图面显示不协调。

(3)字体摆放:地图上文字或标注的摆放与字体变化的选择同样重要。一般遵循以下规则:文字摆放的位置应能显示其所标识空间要素的位置和范围。点状要素的名称应放在其点状符号的右上方;线状要素的名称应以条块状与该要素走向平行;面状要素的名称应放在能指明其面积范围的地方。

GIS 中的标注不是一件容易的事。标注的基本要求是清晰性、可读性、协调性和习惯性,然而制图要素的重叠、位置上的冲突等都使得这些要求难以满足,一般需要进行多次、交互式的、基于思维的反复调整才能最终确定(图 10.17)。图 10.17a 字体变化繁多,使得图面协调被破坏,图 10.17b 是调整后的注记,字体均匀,图面要协调许多。

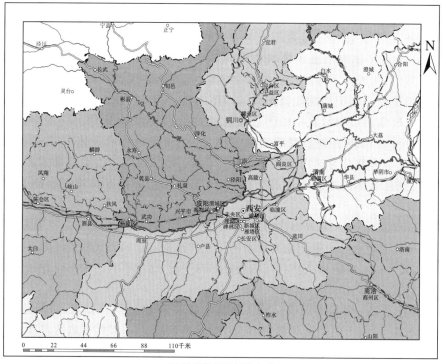

(a) 协调性差的标注方式

(b) 协调性好的标注方式

图 10.17 注记的运用与对比

10.3.3　图面配置

图面配置是指对图面内容的安排。在一幅完整的地图上,图面内容包括图廓、图名、图例、比例尺、指北针、制图时间、坐标系统、主图、副图、符号、注记、颜色、背景等内容。内容丰富而繁杂,在有限的制图区域上如何合理地进行制图内容的安排,并不是一件轻松的事。在一般情况下,图面配置应该主题突出、图面平衡、层次清晰、易于阅读,以求美观和逻辑的协调统一而又不失人性化。

1. 主题突出

制图的目的是通过可视化手段来向人们传递空间信息,因此在整个图面上应该突出所要传递的内容,即地图主体。制图主体的放置应遵循人们的心理感受和习惯,必须有清晰的焦点。为吸引读者的注意力,焦点要素应放置于地图光学中心的附近,即图面几何中心偏上一点,同时在线划、纹理、细节、颜色的对比上要与其他要素有所区别。

图面内容的转移和切换应比较流畅。例如,图例和图名可能是随制图主体之后要看到的内容,因此应将其清楚地摆放在图面上,甚至可以将其用方框或加粗字体突出,以吸引读者的注意力(图 10.18)。

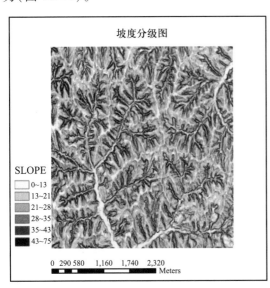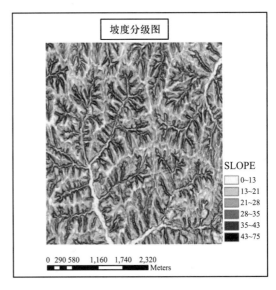

图 10.18　图面内容与图例转换

2. 图面平衡

图面是以整体形式出现的,而图面内容又是由若干要素组成的。图面设计中的平衡,就是要按照一定的方法来确定各种要素的地位,使各个要素显示得更为合理。图面布置得平衡不意味着将各个制图要素机械性地分布在图面的每一个部分,尽管这样可以使各种地图要素的分布达到某种平衡,但这种平衡淡化了地图主体,并且使得各个要素显得无序。图面要素的平衡安排往往无一定之规,需要通过反复试验和调整才能确定。一般不要出现过亮或过暗,偏大或偏小,太长或太短、与图廓挨得太紧密等现象(图 10.19)。

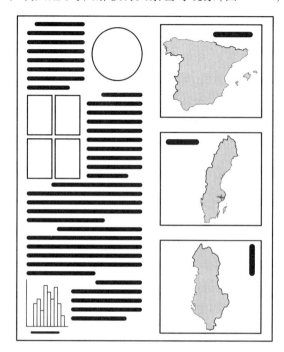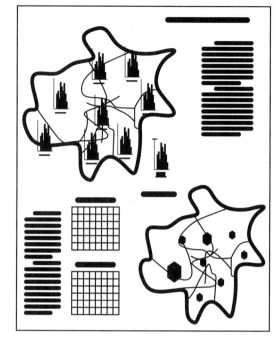

图 10.19　视觉的平衡

3. 图形与背景的关系

图形在视觉上更重要一些,距读者更近一些,有形状,给人以深刻的颜色和具体的含义。背景是图形背景,以衬托和突出图形。合理地利用背景可以突出主体,增加视觉上的影响和对比度,但背景太多会减弱主体的重要性。图形与背景的关系并不是简单地决定应该有多少对象和多少背景,而是要将读者的注意力集中在图面的主体上。例如,如果在图面的内部填充的是和背景一样的颜色,则读者就会分不清陆地和水体(图 10.20)。

(a) 浅色背景,深色主体　　　　　　　　(b) 主体与背景同色

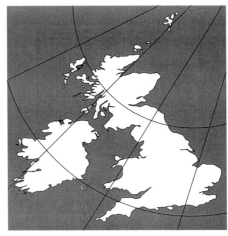

(c) 深色背景，浅色主体　　　　　　　　　(d) 深色的、复杂的背景，浅色主体

图 10.20　图形与背景的关系

　　图形与背景的关系可用它们之间的比值进行衡量,称之为图形-背景比率。提高图形-背景比率的方法是使用人们熟悉的图形,例如,分析陕北黄土高原的地形特点时,可以将陕西省从全国地图的整体中分离开来,使人们立即识别出陕西的形状,并将视者的注意力集中到焦点上。

4. 视觉层次

　　视觉层次是图形与背景的关系的扩展。视觉层次是指将三维效果或深度引入制图的视觉设计与开发过程,它根据各个要素在制图中的作用和重要程度,将制图要素置于不同的视觉层次中。将最重要的要素放在最顶层并且离读者最近,而将较为次要的要素放在底层且距读者比较远,从而突出了制图的主体,增加了层次性、易读性和立体感,使图面更符合人们的视觉生理感受。

　　视觉层次一般可通过插入、再分结构和对比等方式产生。

　　插入是用制图对象的不完整轮廓线使它看起来像位于另一个对象之后。例如,当经线和纬线相交于海岸时,大陆在地图上看起来显得更重要或者在整个视觉层次中占据更高的层次,图名、图例如果位于图廓线以内,无论是否带修饰,看起来都会更突出(图 10.21)。

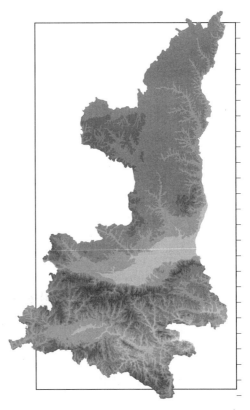

图 10.21　插入法图形配置

　　再分结构是根据视觉层次的原理,将制图符号分为初级和二级符号,每个初级符号赋予不同的颜色,而二级符号之间的区分则基于图案。例如,在土壤类型利用图上,不同土壤类型用不同的颜色表

达,而在同一类型下的不同结构成分则可通过点或线对图案进行区分。再分结构在气候、地质、植被等制图中经常用到。

对比是制图的基本要求,对布局和视觉层次都非常重要。在尺寸宽度上的变化可以使高等级公路看起来比低等级公路、省界比县界、大城市比小城市等更重要,而色彩、纹理的对比则可以将图形从背景中分离出来,如图 10.22 所示。

不论是插入方法还是对比方法,在应用过程中要注意不要滥用。过多地使用插入方法,将会导致图面的费解而破坏平衡性,而过多地使用对比方法则会导致图面和谐性被破坏,如亮红色和亮绿色并排使用就会很刺眼。

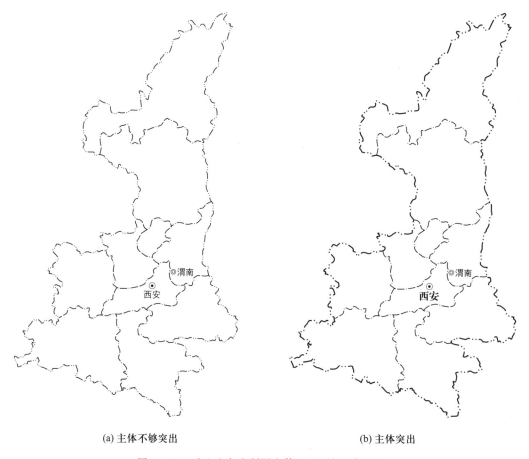

(a) 主体不够突出   (b) 主体突出

图 10.22　对比法突出制图主体和重要性(陕西省)

10.3.4　制图内容的一般安排

1. 主图与副图

主图是地图图幅的主体,应占有突出位置及较大的图面空间。同时,在主图的图面配置中,还应注意以下的问题:

① 在区域空间上,要突出主区与邻区是图形与背景的关系,增强主图区域的视觉对比度。

② 主图的方向一般按惯例定为上北下南。如果没有经纬网格标示,左、右图廓线即指示南北方向。但在一些特殊情况下,如果区域的外形延伸过长,难以配置在正常的制图区域内,就可考虑与正常的南北方向作适当偏离,并配以明确的指向线。

③ 移图。当制图区域的形状、地图比例尺与制图区域的大小难以协调时,可将主图的一部分移到图廓内较为适宜的区域,这就成为移图。移图也是主图的一部分。移图的比例尺可以与主图比例尺相同,但经常也会比主图的比例尺缩小。移图与主图区域关系的表示应当明白无误。假如比例尺及方向有所变化,均应在移图中注明。在一些表示我国完整疆域的地图中,经常在图的右下方放置比例尺小于主图部分的南海诸岛图,就是一种常见的移图形式。

④ 重要地区扩大图。对于主图中专题要素密度过高,难以正常显示专题信息的重要区域,可适当采取扩大图的形式处理。扩大图的表示方法应与主图一致,可根据实际情况适当增加图形数量。扩大图一般不必标注方向及比例尺。

副图是补充说明主图内容不足的地图,如主图位置示意图、内容补充图等。一些区域范围较小的单幅地图,用图者难以明白该区域所处的地理位置,需要在主图的适当位置配上主图位置示意图,它所占幅面不大,但却能简明、突出地表现主图在更大区域范围内的区位状况。内容补充图是把主图上没有表示、但却又是相关或需要的内容,以附图形式表达,如在地貌类型图上配一幅比例尺较小的地势图,在地震震中及震级分布图上配一幅区域活动性地质构造图等。如图10.23所示,整幅地图由一幅主图和两幅副图组成。两幅副图分别标定了中国在世界的区位和研究区域在中国的区位。

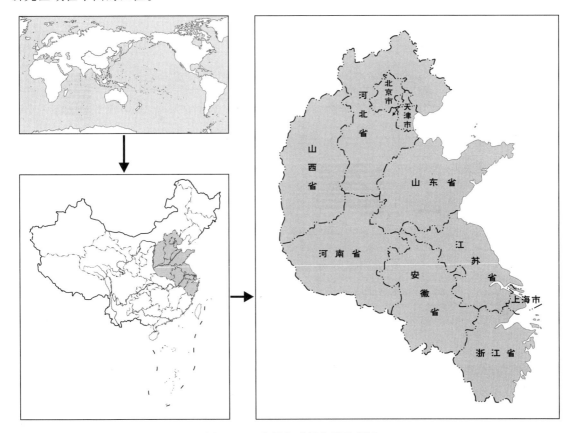

图 10.23　主图与副图布局示意图

2. 图名

图名的主要功能是为读图者提供地图的区域和主题的信息。表示统计内容的地图,还必须提供清晰的时间概念。图名要尽可能简练、确切。组成图名的三个要素(区域、主题、时间)如已经以其他形式做了明确表示,则可以酌情省略其中的某一部分。例如,在区域性地图集中,具体图幅的区域名可以不用。图名是展示地图主题最直观的形式,应当突出、醒目。它作为图面整体设计的组成部分,还可看成一种图形,可以帮助取得更好的整体平衡。一般可放在图廓外的北上方,或图廓内以横排或竖排的形式放在左上、右上的位置。图廓内的图名,可以是嵌入式的,也可以直接压盖在图面上,这时应处理好与下层注记或图形符号的关系(图 10.24)。

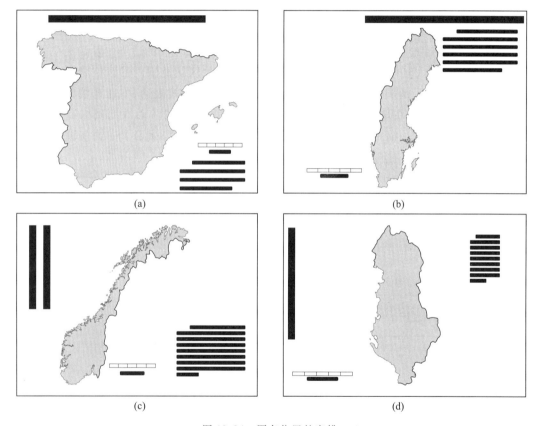

(a)　　　　　　　　　　　　　　(b)

(c)　　　　　　　　　　　　　　(d)

图 10.24　图名位置的安排

3. 图例

图例应尽可能集中在一起。图例虽然经常都被置于图面中不显著的某一角,但这并不降低它的重要性。为避免图例内容与图面内容的混淆,被图例压盖的主图应当镂空。只有当图例符号的数量很大,集中安置会影响主图的表示及整体效果时,才可将图例分成几部分,并按读图习惯,从左到右有序排列。对图例的位置、大小、图例符号的排列方式、密度、注记字体等的调节,还会对图面配置的合理化与平衡效果起到重要作用(图 10.25)。

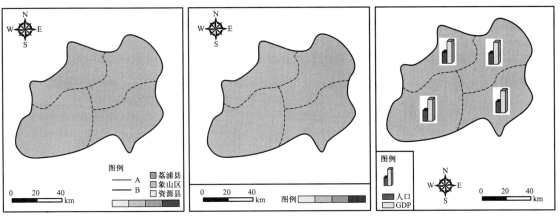

图 10.25　图例位置的安排

4. 比例尺

地图的比例尺一般被安置在图名或图例的下方。地图上的比例尺，以直线比例尺的形式最为有效、实用。但在一些区域范围大、实际的比例尺已经很小的情况下，如一些表示世界或全国地理信息的专题地图，甚至可以将比例尺省略。因为，这时地图所要表达的主要是专题要素的宏观分布规律，各地域的实际距离等已经没有多少价值，更不需要进行什么距离方面的量算。放置了比例尺，反而有可能会得出不切实际的结论。

5. 指北针

地图的指北针用于标识地图的方位。在一般情况下，地图按照"上北下南"的方向布局，推荐的做法是在最终的地图中放置指北针元素。若地图不是以"上北下南"布局时，就必须添加指北针。

6. 统计图表与文字说明

统计图表与文字说明是对主题的概括与补充比较有效的形式。由于其形式（包括外形、大小、色彩）多样，能充实地图主题、活跃版面，因此有利于增强视觉平衡效果。统计图表与文字说明在图面组成中只占次要地位，数量不可过多，所占幅面不宜太大。对单幅地图更应如此。

7. 图廓与参考格网

单幅地图一般都以图框作为制图的区域范围。挂图的外图廓形状比较复杂。桌面用图的图廓都比较简练，有的就以两根内细外粗的平行黑线显示内外图廓。有的在图廓上表示有经纬度分划注记，有的为检索而设置了纵横方格的刻度分划。

常用的参考格网主要是方里格网和经纬网。方里格网是由水平和垂直的线构成的格子，用于定位地图上的位置和区域。经纬网则是由表示地球东西位置的经线和表示地球南北位置的纬线构成。无论哪种形式的参考格网，除了纵横交错的格网线外，还需要添加适当的标注才能有效使用。图 10.26 所示为带有不同类型图廓线的经纬网地图和方里格网地图。

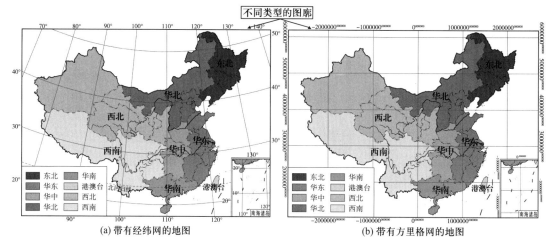

图 10.26　带有不同类型图廓线的地图

(a) 带有经纬网的地图　　　　(b) 带有方里格网的地图

10.4　可视化表现形式

10.4.1　专题地图显示

专题地图是在地理底图上,按照地图主题的要求,突出而完善地表示与主题相关的一种或几种要素,使地图内容专题化、形式各异、用途专门化的地图。专题地图具有下列 3 个特点:① 专题地图只将一种或几种与主题相关联的要素特别完备而详细地显示,而其他要素的显示则较为概略,甚至不予显示。② 专题地图的内容广泛,主题多样。在自然界与人类社会中,除了那些在地表上能见到的和能直接进行测量的自然现象或人文现象外,还有那些往往不能见到的或不能直接测量的自然现象或人文现象,均可以作为专题地图的内容。③ 专题地图不仅可以表示现象的现状及其分布,还能表示现象的动态变化和发展规律。专题地图按照表现方式来分,主要有以下几种(图 10.27):

彩图 10.6
专题地图的
主要类型

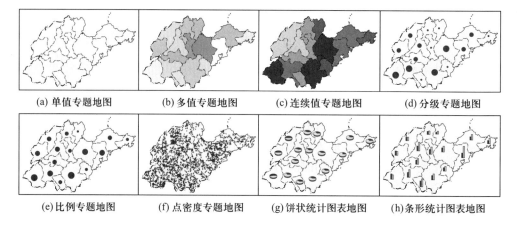

(a) 单值专题地图　　(b) 多值专题地图　　(c) 连续值专题地图　　(d) 分级专题地图

(e) 比例专题地图　　(f) 点密度专题地图　　(g) 饼状统计图表地图　　(h) 条形统计图表地图

图 10.27　山东省专题地图的主要类型

（1）单值专题地图:此地图通过使用统一的单类型色彩渲染地图。可以适用于点、线、面和体等元素。单值专题地图主要用于表现地图的空间位置、空间要素关系和空间要素形态特征。

（2）多值专题地图:此地图通常使用颜色视觉变量标度要素之间某种属性值的差异。一般用于标度类型值而非数量值。例如,制作行政区划图时,根据省份的编号,生成不同颜色的多值行政专题地图。其他的形式如四色专题图也属于多值专题地图。

（3）连续值专题地图:此地图具有数量特征的属性变量,通常使用连续值专题地图表达。例如,含有人口或 GDP 属性变量时可以通过颜色的深浅表示数量的多少（大小）。

（4）分级专题地图:当地图要素的某个属性值具有数量特征且值的分布比较离散时,希望将这些离散值进行分级并按照级别进行专题化地图表达,可以采用分级专题地图表示。在制作分级专题地图之前,首先要按照一定的原则对数据进行等级划分。点要素宜采用尺寸视觉变量实现;线要素一般通过线的粗细表达;而面要素则可以使用颜色视觉变量表达。

彩图 10.7
数量分级和
数量比例专
题地图

（5）比例专题地图:此地图与分级专题地图的应用类似,不同之处在于,比例专题地图并不需要对属性变量进行等级划分,符号的大小是由属性值决定的。符号的尺寸与属性值的大小成一定比例。点、线和面要素的视觉变量选用原则与分级专题地图类似。图 10.28 所示分别为人口分级专题地图和人口比例专题地图。

289

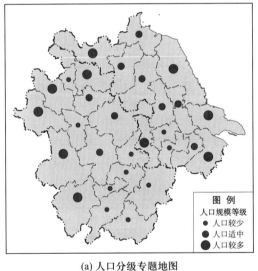

(a) 人口分级专题地图

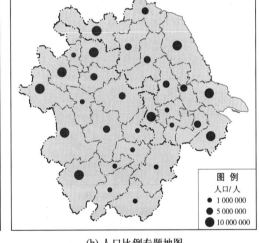

(b) 人口比例专题地图

图 10.28　人口分级和人口比例专题地图

（6）点密度专题地图:在一定大小的区域内,点的数量越多,密度就越大。不同大小的区域内,相同数量的点,区域越小,则密度越大。这便是点密度专题地图的主要特征。点密度专题地图通常用于可视化区域内某种具有数量特征的属性值的空间密度特征。点密度专题地图适用于面要素数量属性值的表达。

（7）统计图表地图:将要素的一个或多个属性值以常规统计图表（如柱状图、饼状图等）的形式表达并嵌入地图的专题地图称之为统计专题地图。此类专题地图既充分利用了传统图表的优势,又将其定位到具体的空间位置或空间区域中,是非空间数据可视化方式同空间数据可视化方式融合的典型应用。

由于专题要素表达的需要,在实际应用中,都是将多种形式的单图层专题地图进行叠加显示,从而达到能够全面系统地显示某类专题信息的目的。常见的专题地图如人口地图、交通地图、旅游地图等。

10.4.2 等值线显示

等值线又称等量线,表示在相当范围内连续分布而且数量逐渐变化的现象的数量特征。用连接各等值点的平滑曲线来表示制图对象的数量差异,如等高线、等深线、等温线、等磁线等。等高线是表示地面起伏形态的一种等值线。它是把地面上高程相等的各相邻点相连所形成的闭合曲线垂直投影在平面上的图形。一组等高线可以显示地面的高低起伏形态和实际高度,根据等高线的疏密和图形,可以判断地形特征和斜坡坡度。

用等高线法表示地形,总体来说立体感还是比较差的。因此对等高线图形的立体显示方法的研究一直在不断地展开,明暗等高线法是其中的一种。明暗等高线法是使每一条等高线因受光位置不同而绘以黑色或白色,以加强其立体感。还有粗细等高线法,它是将背光面的等高线加粗,向光面绘成细线,以增强其立体效果。图 10.29 所示为常见的等高线表达形式。

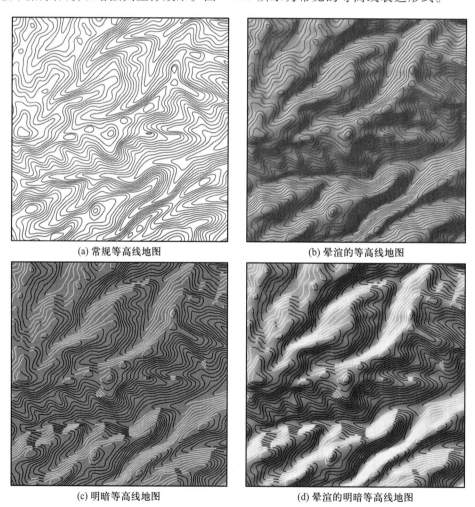

(a) 常规等高线地图　　　　　　　　(b) 晕渲的等高线地图

(c) 明暗等高线地图　　　　　　　　(d) 晕渲的明暗等高线地图

图 10.29　常见的等高线表达形式

等值线的应用相当广泛,除常见的等高线、等温线以外,还可表示制图现象在一定时间内数值变化的等数值变化线(如年磁偏角变化线、地下水位变化线)、等速度变化线、表示现象位置移动的等位移线(如气团位移、海底抬升或下降)、表示现象起止时间的等时间线(如霜期、植物开花期)等。

10.4.3 分层设色显示

分层设色法是在等高线的基础上根据地图的用途、比例尺和区域特征,将等高线划分出一些层级,并在每一层级的区域内绘上不同颜色,以色相、色调的差异表示地势高低的方法。这种方法加强了高程分布的直观印象,更容易让读图者判读地势状况,特别是有了色彩的正确配合,使地图具有了一定的立体感。

分层设色法有单色和多色两种。单色分层设色法是利用色调变化表示地形的高低,现在已经很少采用。多色分层设色法是利用不同色相和色调深浅表示地形的高低。设色时要考虑地形表示的直观性、连续性及自然感等原则。要求每一色层准确地代表一个高程带,各色层之间要有差别,但变化不能过于突然和跳跃,以便反映地表形态的整体感和连续感。选色尽量和地面自然色彩相接近,各色层的颜色组合应能产生一定程度的立体感。色相变化视觉效果显著,用以表示不同的地形类别,每类地形中再以色调的变化来显示内部差异。如平原用绿色,丘陵用黄色,山地用褐色;在平原中又以深绿、绿和浅绿等三种浓淡不同的绿色调显示平原上的高度变化。色相变化也采用相邻色,以避免造成高度突然变化的感觉。

目前普遍采用的色层是绿褐色系。陆地部分由平原到山地依次为:深绿—绿—浅绿—浅黄—黄—深黄—浅褐—褐—深褐;高山(海拔 5 000 m 以上)为白色或紫色;海洋部分采用浅蓝到深蓝,海水愈深,色调愈浓。这种设色使色相、色调相结合,层次丰富,具有一定象征性意义和符合自然界的色彩,效果较好(图 10.30)。

图 10.30 分层设色地形图

彩图 10.8
分层设色地形图

10.4.4 地形晕渲显示

晕渲法也叫阴影法,是用深浅不同的色调表示地形起伏形态,如图 10.31 所示。按光源的位置可分为直照晕渲、斜照晕渲和综合光照晕渲;按色调可分为墨渲和彩色晕渲。

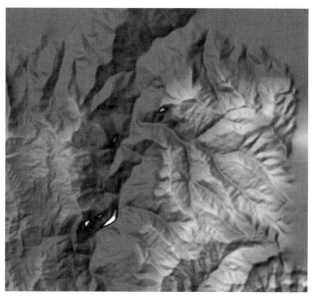

图 10.31　由 DEM 产生的地面晕渲图(图中亮处为湖泊)

　　晕渲法的基本思想是:一切物体只有在光的作用下才能产生阴影,才显现得更清楚,才有立体感。由于光源位置不同,照射到物体上所产生的阴影也不同,其立体效果也就不同。晕渲法通常假定把光源固定在两个方向上,一为西北方向俯角 45°,一为正上方与地面垂直。前者称为斜照晕渲,后者称为直照晕渲。当山脉走向恰与光源照射方向一致时,或其他不利于显示山形立体效果时,则适当地调整光源位置,这种称为综合光照晕渲。它们的光影特点如图10.32 所示。

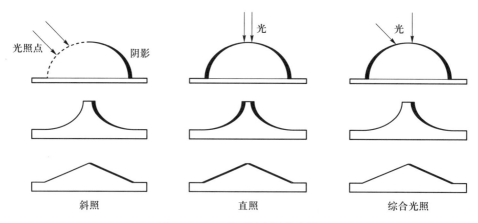

图 10.32　三种不同光源的光影

　　斜照晕渲的立体感很强,明暗对比明显,与日常生活中自然光和灯光照射到物体上所形成的阴影相似。光的斜照使地形各部位分为迎光面、背光面和地平面三部分。

　　在斜照光下,每一地点的明暗又因其坡度与坡向而有所不同,且山体的阴影又互相影响,改变其原有的明暗程度,使阴影有浓淡强弱之分。斜照晕渲的光影变化十分复杂,但也有一定的规律,即:迎光面愈陡愈明,背光面愈陡愈暗,明暗随坡向而改变,平地也有淡影三分。在斜照光下,物体的阴影随其主体与细部不同而不同。主体阴影十分重要,它可以突出山体总的形态和基本走向,使之脉络分明,有利于增强立体效果。

斜照晕渲立体感强,山形结构明显,所以多为各种地图采用。其缺点是无法对比坡度,背光面阴影较重,影响图上其他要素的表示。

直照晕渲又叫坡度晕渲。光线垂直照射地面后,地表的明暗随坡度不同而改变。平地受光量最大,因而最明亮。直照晕渲能明显地反映出地面坡度的变化。其缺点是立体感较差,只适合于表示起伏不大的丘陵地区。

综合光照晕渲是斜照晕渲与直照晕渲的综合运用。或以斜照晕渲为主,或以直照晕渲为主来补充。它具备了两种晕渲的优点,弥补了两者的不足。

墨渲是用黑墨色的浓淡变化来反映光影的明暗。由于墨色层次丰富,复制效果好,应用广泛。印刷时用单一的黑色作晕渲色的很少,印成青灰、棕灰、绿灰者居多。

彩色晕渲又分为双色晕渲、自然色晕渲等。双色晕渲,常见的有阳坡面用明色或暖色系,阴坡面用暗色或寒色系,高地用暖色,低地用寒色,或制图主区用近感色,邻区用远感色等。主要是利用冷暖色对比加强立体感或突出主题。这种方法效果好,常被用在一些精致的地图上。自然色晕渲是模仿大自然表面的色调变化,结合阴影的明暗绘成晕渲图。这种方法主要是把地面色谱的规律与晕渲法的光照规律结合起来,用各种颜色及它们的不同亮度来显示地面起伏。如用绿色调为主晕染开阔的平原,以棕黄色调为主晕染高原和荒漠,山区则有黄、棕、青、灰等色的变化,再加以明暗的区别,可构成色彩十分丰富的图面。

293

10.4.5 剖面显示

剖面是指地面沿某一方向的垂直截面(或断面),它包含地形剖面图和地质剖面图等。地形剖面图是为了直观地表示地面沿某一方向地势的起伏和坡度的陡缓,以等高线地形图为基础转绘成的。它沿等高线地形图某条线下切而显露出地形垂直剖面(图10.33)。从地形剖面图上可以直观地看出地面高低起伏状况。

地质剖面图是用来显示地质构造的一种特殊地形图(图10.34)。

10.4.6 立体透视显示

GIS的立体透视显示可以实现多种地形的三维表达,常用的包括立体等值线模型、三维线框透视模型、三维表面模型,以及各种地形模型与图像数据叠加而形成的地形景观等等。

1. 立体等值线模型

平面等值线图在二维平面上实现了三维地形的表达,但地形起伏需要进行判读,平面等值线图虽具有量测性但不直观。借助于计算机技术,可以实现平面等值线构成的空间图形在平面上的立体体现,即将等值线作为空间直角坐标系中的函数 $H=f(x,y)$ 的空间图形,投影到平面上所获得的立体效果图(图10.35)。

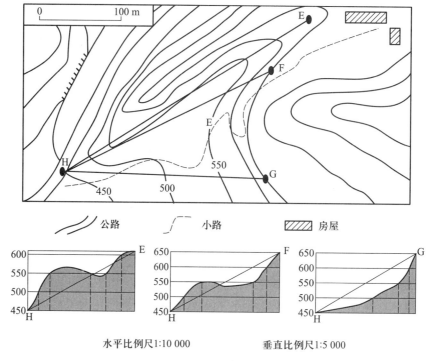

水平比例尺1:10 000　　　　　垂直比例尺1:5 000

图 10.33　地形剖面图

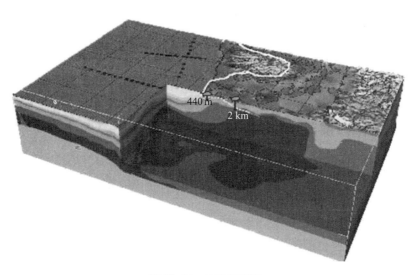

图 10.34　地质剖面图

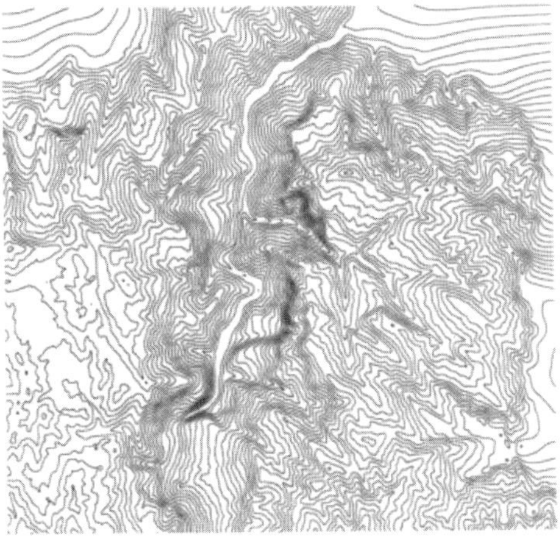

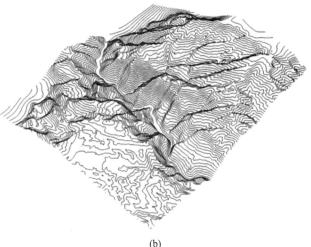

(a)   (b)

图 10.35　平面等值线（a）和立体等值线（b）效果图

2. 三维线框透视模型

三维线框透视模型（wireframe），也称线框透视图，是计算机图形学和 CAD/CAM 领域中较早用来表示三维对象的模型，至今仍广为运用，流行的 CAD 软件、GIS 软件等都支持三维对象的线框透视图建立。三维线框透视模型是三维对象的轮廓描述，用顶点和邻边来表示三维对象，其优点是结构简单、易于理解、数据量少、建模速度快，缺点是线框模型没有面和体的特征、表面轮廓线将随着视线方向的变化而变化，由于不是连续的几何信息因而不能明确地定义给定点与对象之间的关系（如点在形体内、外等）（图 10.36）。

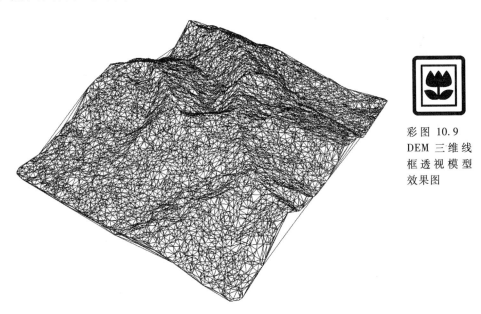

彩图 10.9
DEM 三维线
框透视模型
效果图

图 10.36　DEM 三维线框透视模型效果图

3. 三维表面模型

如前所述,三维线框透视模型是通过顶点和邻边来建立三维对象的立体模型,仅提供可视化效果而无法进行有关的分析。三维表面模型是在三维线框透视模型的基础上,通过增加有关的面、表面特征、边的连接方向等信息,实现对三维表面的以面为基础的定义和描述,从而可满足面面求交、线面消除、明暗色彩图等应用的需求。简言之,三维表面模型是用有向边所围成的面域来定义形体表面,由面的集合来定义形体。

若把数字高程模型的每个单元看作一个面域,则可实现地形表面的三维可视化表达,表达形式可以是不渲染的线框图,也可采用光照模型进行光照模拟,同时也可叠加各种地物信息,以及与遥感影像等数据叠加形成更加逼真的地形三维景观模型。图 10.37a 为地形的三维表面模型,10.37b 为城市建筑等要素的三维表面模型。

彩图 10.10
三维表面模型

(a) 地形的三维表面模型 　　　　　　　　(b) 城市建筑的三维表面模型

图 10.37　三维表面模型

4. 三维热力图

随着大数据技术的兴起,海量数据的可获取能力不断增强。现实世界中,在对地理对象的数字化表达上,相比线要素和面要素,点要素的表达最为广泛。这些点可以是表征基础设施的 POI 数据,可以是某个移动对象的轨迹点数据,也可以是诸如事故、盗窃等事件点。对于海量数据而言,提取并可视化这些数据的宏观汇总模式及其特征显得尤为重要。基于密度的分析及可视化方法,是常用的方法之一。图 10.38 所示为某地区旅游资源 POI 的密度图(又称热力图)。基于这些点数据可以构建二维热力图(图 10.38a)或三维热力图(图 10.38b)。其本质是一种数字场的构建及可视化。对线和面要素进行适当处理,也可以构建此类热力图。

彩图 10.11
热力图

10.4.7　三维景观显示

1. 基于纹理映射技术的地形三维景观

真实地物表面存在丰富的纹理细节,人们正是依据这些纹理细节来区别各种具有相同形状

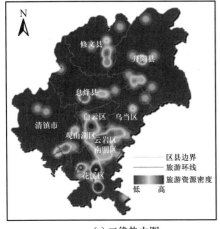

(a) 二维热力图　　　　　　　　　　　　　　　(b) 三维热力图

图 10.38　热力图

的景物。因此,景物表面纹理细节的模拟在真实感图形生成技术中起着非常重要的作用,一般将景物表面纹理细节的模拟称为纹理映射技术。

　　纹理映射技术的本质是:选择与 DEM 同样地区的纹理影像数据,将该纹理"贴"在通过 DEM 所建立的三维地形模型上,从而形成既具有立体感又具有真实性、信息含量丰富的三维立体景观。以扫描数字化地形图作为纹理图像,依据地形图和 DEM 数据建立纹理空间、景物空间和图像空间三者之间的映射关系,可以依据真实感图形绘制的基本理论生成以地形要素地图符号为表面纹理的三维地形景观。

2. 基于遥感影像的地形三维景观

　　各类遥感影像数据(航空、航天、雷达等)记录了地形表面丰富的地物信息,是地形景观模型建立所依赖的主要的纹理库。

　　基于航摄像片生成地形三维景观图的基本原理是:在获取区域内的 DEM 的基础上,在数字化航摄图像上按一定的点位分布要求选取一定数量(通常大于 6 个)的明显特征点,测量其影像坐标的精确值及在地面的精确位置,据此按航摄像片的成像原理和有关公式确定数字航摄图像和相应地面之间的映射关系,解算出变换参数。同时利用生成的三维地形图的透视变换原理,确定纹理图像(航摄像片)与地形立体图之间的映射关系。DEM 数据细分后的每一地面点可依透视变换参数确定其在航摄像片图像中的位置,经重采样后获得其影像灰度,最后经透视变换、消隐、灰度转换等处理,将结果显示在计算机屏幕上,生成一幅以真实影像纹理构成的三维地形景观(图 10.39)。

　　基于航天数据的处理方法与航摄像片的方法基本相同(图 10.40)。不同的是由于不同遥感影像数据获取的传感器不同,其构像方程、内外方位元素也各异,需要针对相应的遥感图像建立相应的投影映射关系。

　　需要说明的是,对大多数工程而言,用于建立地形逼真显示的影像数据只有航空影像最合适,因为一般地面摄影由于各种地物的相互遮挡,影像信息不全,地面重建受视点的严格限制;而卫星影像由于比例尺太小,各种微小起伏和较小的地物影像不清楚,仅适合于小比例尺的地面重

图 10.39　以（航空数据）正射影像和 DEM 为素材模拟得到的三维地形景观

图 10.40　以（航天数据）正射影像和 DEM 为素材模拟得到的三维地形景观

建。航空影像具有精度均匀、信息完备、分辨率适中等特点,因而特别适合于一般大比例尺的地面重建。

3. 基于地物叠加的地形三维景观

　　将图像的纹理叠加在地形的表面,虽然可以增加地形显示的真实性,但若是能够在 DEM 模型上叠加地形表面的各种人工和自然地物,如公路、河流、桥梁、地面建筑等,则更能逼真地反映地表的实际情况,而且对这样生成的地形环境还能进行空间信息查询和管理。

　　对于这些复杂的人工和自然地物的三维造型,可利用现有的许多商用地形可视化系统(如 MultiGen)开发的专门进行三维造型的生成器 Creator,可先由该三维造型生成器生成各种地物,然后再贴在地形的表面;另外还可利用现有的三维造型工具(如 3DMax)来塑造三维实体地物,然后再导入地形可视化系统中;对于简单的建筑物,可以将其多边形先用三角形剖分方法进行剖分,然后将其拉伸到一定的高度,就形成三维实体;而对于河流、道路、湖泊等地表地物,由于存在多边形的拓扑关系,如湖中有岛,这时的三角形剖分过程就要复杂得多。但约束 Delaunay 三角形可以保证在三角形剖分过程中,将河流或湖泊中的岛保留,同时还能保留多边形的边界线,以及保证剖分后的三角形具有良好的数学性质(不出现狭长的三角形)。

10.4.8　时空数据显示

地理事物的空间分布规律和随时间的动态变化过程是地理信息系统研究的核心内容。过去,由于高时间分辨率的历史数据的可获取性较差,地理信息系统所关注的数据主要是长时间间隔的资料,这些时间密度较小的数据并没有给 GIS 分析与可视化技术带来挑战。随着物联网技术的发展,社会数据感知能力的增强,单位时间内产生和获取高时间分辨率的时空大数据变得越来越容易。而可视化作为时空大数据技术的主要内容之一,如何更好地可视化此类海量时空大数据,显得越来越重要。

从宏观模式汇总层面来看,一种常用的可视化方法是按照一定的时间间隔,基于三维密度分析构建时间序列三维密度图谱(图 10.41)。图 10.41 分别显示了某城市从早上 7 时到 10 时,下午 18 时到 21 时乘坐地铁的人流的时空变化过程。

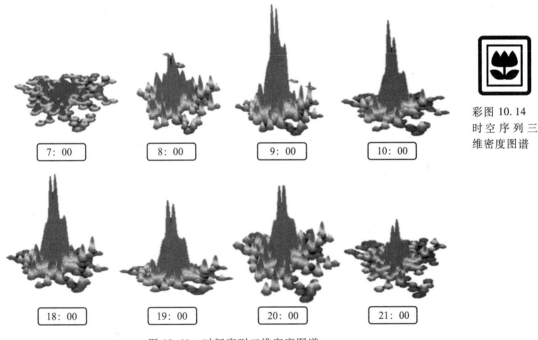

图 10.41　时间序列三维密度图谱

彩图 10.14
时空序列三维密度图谱

时空立方体是一种典型的时空数据挖掘与可视化方法。时空立方体是以二维图形沿着时间维发展变化的过程,表达现实世界中的事物随着时间的演变现象和特征。这样就构成了以 xy 为平面坐标来标定空间位置,以 z 轴作为时间轴来标定时间序列的均质的三维立方体。立方体的大小由用户自己定义,其棱长决定了可表示的最小距离和最小时间间隔。通常,通过颜色视觉变量渲染立方体,表征某个变量随时间和位置的变化特征。图 10.42 所示为某事件段特定区域内出租车轨迹的时空立方体时空热力图(图 10.42a)和局部放大后的时空立方体热力图(图 10.42b)。图

10.42c 为基于空间统计分析的时空立方体模式识别结果。每个方格呈现了在研究时间段内该区域的整体变化模式。

(a) 时空立方体

(c) 时空立方体模式识别结果

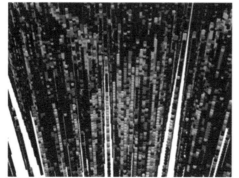

(b) 局部放大后的时空立方体

图 10.42　时空立方体示意图

彩图 10.15
时空立方体
示意图

10.4.9　虚拟现实技术

虚拟现实(virtual reality, VR)是计算机产生的集视觉、听觉、触觉等为一体的三维虚拟环境,用户借助特定装备(如数据手套、头盔等)以自然方式与虚拟环境交互作用、相互影响,从而获得与真实世界等同的感受,以及在现实世界中难以经历的体验。随着三维信息能够被获取和计算机图形学技术的发展,地理信息三维表示不仅追求普通屏幕上通过透视投影展示的真实感图形,而且具有强烈沉浸感的虚拟现实真立体展示日益成为其主流技术之一(图 10.43)。

VR 基本特征包括多感知性(multi-perception)、自主性(autonomy)、交互性(interaction)和临场性(presentation)。自主性指 VR 中的物体应具备根据物理定律动作的能力,如受重力作用的物体下落;交互性指对 VR 内物体的互操作程度和从中得到反馈的程度。用户与虚拟环境相互作用、相互影响,当人的手抓住物体时,则人的手有握住物体的感觉并可感受到物体的重量,而物体应能随着移动的手移动而移动。现在一般把交互性(interaction)、沉浸感(immersion)和想象力(imagination)"3I"作为一个虚拟现实系统的基本特征(图 10.44)。

图 10.43　虚拟现实技术场景图

图 10.44　虚拟现实技术工具

　　生成 VR 的方法技术简称 VR 技术。VR 技术强调身临其境感或沉浸感,其实质在于强调 VR 系统对介入者的刺激在物理上和认知上符合人长期生活所积累的体验和理解。

　　VR 技术正日益成为三维空间数据可视化通用的工具。VR 系统把地理空间数据组织成一组有结构、有组织的具有三维几何空间的有序数据,使得 VR 世界成为一个有坐标、有地方、有三维空间的世界,从而与现实世界中可感知、可触摸的三维世界相对应。

　　VR 建立了真三维景观描述的、可实时交互作用、能进行空间信息分析的空间信息系统。用户可以在三维环境里穿行,观察新规划的建筑物并领会其在地形景观中的变化。VR 技术通过营造拟人化的多维空间,使用户更有效、更充分地运用 GIS 来分析地理信息,开发更高层的 GIS 功能。

　　虚拟现实技术与多维海量空间数据库管理系统结合起来,直接对多维、多源、多尺度的海量空间数据进行虚拟显示,建立具有真三维景观描述的、可实时交互设计、能进行空间分析和查询的虚拟现实系统,是今后虚拟现实系统的一个重要发展方向。虚拟场景与真实场景的真实感融合技术−增强现实技术(augmented reality)也正在日益成为 GIS 与 VR 集成的重要方向。基于 GIS 信息融合技术、GPS 动态定位技术,以及其他实时图像获取与处理技术,便可以有机地将眼前看到的实景与计算机中的虚景融合起来,这将使空间数据的更新方式和服务方式发生革命性的变化。

10.4.10　三维动态漫游

　　三维景观的显示属于静态可视化范畴,在实际工作中,对于一个较大的区域或者一条较长的路线,有时既需要把握局部地形的详细特征,又需要观察较大的范围,以获取地形的全貌。一个较好的解决方案就是使用计算机动画技术,使观察者能够畅游于地形环境中,从而从整体和局部两个方面了解地形环境。

　　为了形成动画,就要事先生成一组连续的图形序列,并将图像存储于计算机中(图 10.45)。将事先生成的一系列图像存储在一个隔离缓冲区,通过翻页技术建立动画;图形阵列动画即组块传送,每幅画面只是全屏幕图像的一个矩形块,显示每幅画面只操作一小部分屏幕,这样较节省内存,可获得较快的运行时间性能。

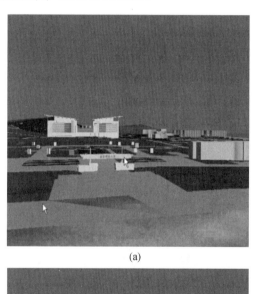

(a)

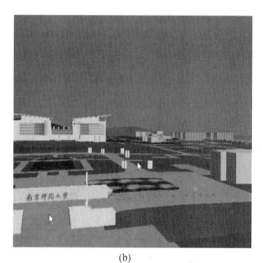

(b)

(c)

(d)

图 10.45　三维校园(四帧图像)

对于地形场景而言,不但有 DEM 数据,还有纹理数据,以及各种地物模型数据,数据量都比较庞大。而目前计算机的存储容量有限,因此为了获得理想的视觉效果和计算机处理速度,使用一定的技术对地形场景的各种模型进行管理和调度就显得非常重要,这类技术主要有单元分割法、细节层次法(LOD)、脱线预计算及内存管理技术等,通过这些技术实现对模型的有效管理,从而保证视觉效果的连续性。

专业术语

信息可视化、地理信息可视化、视觉变量、晕渲图、正射影像地图、等高线、分层设色法、专题地图、立体透视显示、三维表面模型、纹理映射技术、三维景观模型、虚拟现实

复习思考题

一、思考题(基础部分)

1. 简述空间信息可视化的概念与形式。
2. GIS 输出产品有哪些,各自有什么优缺点?
3. 简述地图符号在 GIS 可视化中的作用与意义。
4. 简述地图图面配置的方法与内容。
5. 简述分层设色法的内容和它在地图制图中的应用意义。
6. 在三维可视化方面,比较等值线图、晕渲图和透视立体图的优缺点。
7. 何谓虚拟现实,虚拟现实在空间信息可视化中的意义和作用是什么?
8. 空间信息的三维建模有哪些,各自有何特点?

二、思考题(拓展部分)

1. 运用 ArcGIS 软件编辑一幅市级行政区划地图,运用合适的色彩分级显示各个区县,各种道路与河流。 并对区县政府进行注记。 添加图名、图例、比例尺等要素。
2. 使用 ArcView 制作一个小区域范围 DEM 的明暗等高线地图。

第 11 章　网络 GIS 与地理信息服务

> "网络化"是 GIS 发展的趋势和研究热点。从局域网到城域网和广域网,从有线网络到无线网络,计算机网络及其他通信网络的每一步发展都在改变着 GIS 的应用规模和地理服务方式。本章在简要介绍 GIS 平台网络化和应用服务化发展趋势的基础上,总结了网络地理信息系统发展历程中的客户/服务器(C/S)模式、浏览器服务器(B/S)模式、基于 Web 服务的网络 GIS、移动和嵌入式网络 GIS 和基于网格的 GIS 服务的主要特点,然后阐述了地理信息的网络服务模式和服务内容,主要包括地理数据分发、制图、查询分析决策及基于位置的服务等。

11.1　GIS 的平台网络化与应用服务化

计算机技术的出现促使了地理信息系统的产生与发展。计算机技术的每一次变革,都会对 GIS 技术产生重大的影响。回顾计算机技术所经历的 PC 时代、网络化时代,以及近些年的云计算及其移动互联网时代,会发现 GIS 几乎也经历了从 C/S 架构的桌面 GIS、WebGIS 到云平台与移动 GIS 的相似发展历程。

历经半个多世纪,GIS 已经发展成为由地理信息科学、地理信息技术和地理信息工程组成的科学技术体系,功能日臻完善,应用领域不断扩展。地理信息技术的应用已经渗透到了人们日常生活的方方面面。由于人们从事各项活动几乎都与地理位置相关,随着人类社会朝着信息化、自动化及其智能化的发展,GIS 作为处理、存储、分析和表达地理空间信息的主要支撑技术,在日常生活中扮演越来越重要的角色。

以遥感为核心的对地观测技术,以卫星导航、移动通信等为基础的定位技术已经发展得相当成熟,这些技术极大地增强了人类感知自然环境和社会环境的能力。无处不在、无时不有的各类传感技术及其构建的庞大互联网,产生了各类与空间位置相关的大数据,加之高性能计算和海量数据存储技术的快速发展,使 GIS 的发展目标从信息化时代的数字城市建设转向人工智能时代的智慧城市建设。由于数据资源的传输与共享,必须通过网络实现,因此,网络 GIS 成为整个 GIS 解决方案的基础架构,这又为地理信息的普适化和服务化应用提供了技术支撑。目前,GIS 最为明显的两大特点是:地理信息平台建设网络化和地理信息应用服务化。

1. 地理信息平台建设网络化

物联网技术的发展产生了大量用于监测自然环境和社会活动的时空大数据。除了在传感器网络支持下相对封闭的专业数据采集与处理渠道外,大数据最大的贡献来自大众。人们无时无刻不在积累着各类活动数据,包括消费活动数据、身体活动数据、社交网络数据等。这些数据都是动态实时产生的,传统的非网络 GIS 环境难以接入和处理这些流数据,这就需要一个集强大的实时流数据处理、流数据管理、与流数据特性相匹配的时空大数据分析与可视化为一体的网络化云 GIS 平台。

GIS 是人工智能时代背景下智慧城市建设的核心技术。人们生活中的位置智能,也主要通过桌面终端和移动终端等设备实现,无论是接入时空数据资源,还是获取已有时空信息和知识,都必须实现资源的统一与共享。要实现这一目标就必须通过网络化的私有云或公有云 GIS 平台实现。

2. 地理信息平台应用服务化

在现实生活中,很多自然环境和社会经济问题,就是地理空间及其人地耦合关系问题,GIS 作为空间问题分析与建模的主要手段,应当服务于资源环境管理和大众生活的方方面面,从而实现地理信息的社会化服务,这是 GIS 未来发展的必然趋势。

实际上,地理信息服务已经渗透到了人们日常生活的多个方面。包括服务于人们日常出行的智能交通 GIS,如滴滴打车平台、共享单车软件、高德智能交通平台、腾讯位置大数据平台等;维护人们生命财产安全的警务 GIS,涵盖警情监测、社区安全管理、犯罪分析、突发状况监测等多个方面;其他的还包括生活环境监测、出行旅游规划等。

11.2　网络地理信息系统

计算机网络体系结构与分布式计算技术是网络地理信息系统的重要标识。作为日益发展和壮大的 GIS 技术与应用,网络 GIS 可以是 GIS 发展过程中某一时段的 GIS 产品与应用形式,也可以是所有 GIS 体系下的统称。因此,网络 GIS 有技术的狭义网络 GIS 和宏观的广义网络 GIS 之分。

11.2.1　广义网络地理信息系统

1. 广义的网络 GIS 概念框架

基于对网络 GIS 的全新理解,广义的网络 GIS 包含了以各种网络协议和不同分布式软件体系构建起来的 GIS 应用。实际情况是一个具有一定规模的 GIS 应用,必定包含了不止一种的网络情况。在极特殊的情况下,有些城市级的应用,如城市公安 GIS 系统、城市电力 GIS 系统等,将有可能包含所有的网络情况,而且这些系统也由不同的分布式软件体系构造而成。因此广义的网络 GIS 概念框架可以用图 11.1 表示。

这里给出的广义的网络 GIS 概念框架并不是一种理想模式,很多 GIS 平台厂商在其 GIS 软件平台的开发与部署过程中也是按照这种模式生产自己的软件,以适应不同网络模式下的需求。如 ESRI 公司和超图公司(SuperMap)的 GIS 软件平台体系就是一个广义的网络 GIS 平台。图 11.2 和图 11.3 所示即 ESRI 公司和超图公司的 GIS 平台体系架构。随着云计算、大数据、物联网和通信等技术的进一步发展,GIS 系统趋向于面向服务的架构。数据资源、空间信息资源和 GIS

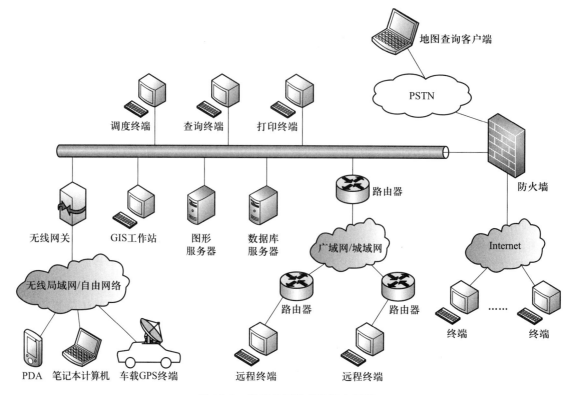

图 11.1　广义的网络 GIS 概念框架

功能资源将在云端进行服务化,而这些服务将在网络环境的支持下,可以在任何端(桌面端、Web 端或移动端)进行访问。这种以网络为中心的 GIS 架构与服务模式,实现了真正意义上的云端和用户端的一体化和智能化。

在图 11.2 中,整个 GIS 平台由用户层、门户层和服务层构成。其中,用户层是平台的入口,用户可以通过桌面端、Web 端和移动端的任何一种 Apps(即应用软件)对平台提供的各种服务资源进行访问,同时也可以输入各类资源。这里的资源,既可以是空间信息资源,也可以是通过平台提供的开发包开发的各种应用功能资源。例如,桌面端的 ArcGIS Pro,ArcGIS Engine 和 City Engine 等均属于桌面类型的终端 Apps,而在 Web 端和移动端,也提供了各种面向应用的终端软件和功能扩展开发包,如用于 Web GIS 开发的 JavaScript SDK,用于野外采集数据的 Collector for ArcGIS 移动端等产品。服务层是平台的重要支撑,提供数据存储管理、分析建模和实时数据接入等服务。可以通过多端访问服务层的所有服务资源。如 ArcGIS Server 提供基础的 GIS 服务资源,ArcGIS Analytics Server 提供矢量和属性大数据的分析能力,ArcGIS Image Server 提供海量影像和栅格数据的处理和应用能力,ArcGIS GeoEvent Server 则是为了适应时空大数据的需求,提供实时空间数据的接入、存储、分析和可视化功能。服务层还包括 ArcGIS Data Store 等用于存储各类空间数据的数据存储服务。门户层是平台的访问控制中枢,通过门户(portal)进行组织和管理。它是用户实现多维内容管理、跨部门跨组织协同分享、精细化访问控制,以及便捷地发现和使用 GIS 资源的渠道。通过门户,可以整合来自不同部门或用户的各类 GIS 资源,门户层是应用端和服务端进行交互的真正实施者。从上面的介绍可以看出,在这样的 GIS 平台体系中,网络是实现一切功能的基础。

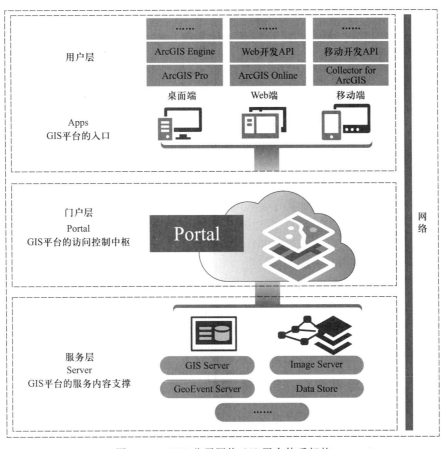

图 11.2 ESRI 公司网络 GIS 平台体系架构

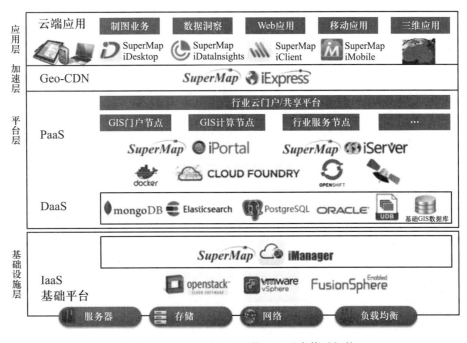

图 11.3 SuperMap 公司网络 GIS 平台体系架构

图 11.3 中,超图的架构与 ESRI 的架构类似。其核心设计理念是以网络为核心,主要包括"云服务"和"端应用",而两者则通过门户(portal)实现。在 SuperMap 平台中,也提供了多个面向应用层的软件和服务产品。如应用层的桌面平台 SuperMap iDesktop、组件式开发平台 SuperMap iObject 等。云服务层则包括多个用于服务存储、分发和管理的服务器。

2. 广义的网络 GIS 软件计算模式协议栈

基于不同的网络结构,软件的计算和应用模式也会有差异。在网络比较稳定的城域网或广域网中一般以传统的分布式计算技术驱动应用,如 Windows 的 DCOM、COM+、MTS 等,而在网络不稳定的 PSTN 或 Internet 中,分布式计算则主要以 HTTP 为主。因此,可以用协议栈的方式描述网络 GIS 的实现和部署的技术和标准的层次体系结构。最底层通过绑定、发送和接收消息实现软件组件的连接。更高层通过发布、发现和绑定机制实现分布式协同,使得软件应用能够透明地以集成和动态方式一起工作。广义的网络 GIS 软件计算模式协议栈如图 11.4 所示。

软件计算模式	HTTP SOAP DCOM CORBA J2EE等
数据表现和编码	ANSI ASCII XML JPEG GIS format等
网络通信协议	TCP/IP HTTP SMTP FTP IIOPt等

图 11.4 广义的网络 GIS 软件计算模式协议栈

广义的网络 GIS 软件计算模式协议栈不仅反映了不同网络通信协议下不同的软件计算模式,同时也具备不同网络通信协议网络 GIS 的相互操作模型。

11.2.2 狭义网络地理信息系统

在一定时期内特定形式的计算机网络和分布式对象技术的融合所形成的 GIS 系统便是狭义的网络 GIS。由此,可以将网络 GIS 分成基于 C/S 模式的网络地理信息系统、基于 B/S 模式的网络地理信息系统、基于 Web 服务的网络地理信息系统、基于移动与嵌入式的网络地理信息系统、基于格网的网络地理信息系统。这几种网络地理信息系统都因其网络结构形式和分布式对象技术的不同而在体系结构、数据存储与访问方法、数据组织与存储策略等方面存在较大差异。

1. 基于 C/S 模式的网络 GIS

C/S(Client/Server,简称 C/S)模式是一种分布式系统结构,它基于简单的请求/应答协议。在 C/S 模式下,服务器只集中管理数据,而计算任务分散在客户机上,客户机和服务器之间通过网络协议来进行通信。基于 C/S 模式的网络地理信息系统是构建于部门局域网络之上的,采用分布式系统架构,主要完成海量空间数据查询统计、地图编辑、空间分析、专题制图、数据转换输出等功能,是对系统的快捷性、安全性、灵活性和高效性等要求较高的应用性地理信息系统。

基于 C/S 模式的网络地理信息系统具有以下显著特点:

① 由于客户机与服务器直接相连,没有中间环节,因此响应速度快。

② 客户机操作界面设计个性化,具有直观、简单、方便的特点,可以满足客户机个性化的操作要求。此外,由于开发是有针对性的,因此,操作界面漂亮、形式多样,可以充分满足客户机自身的个性化要求。

③ 由针对性开发带来的缺少通用性、业务变更或改变不够灵活的缺陷直接导致系统维护和管理的难度上升,进一步业务拓展困难较多。此外,基于 C/S 模式的网络地理信息系统需要专门的客户端安装程序,分布功能弱,不能够实现快速部署安装和配置。再次,其兼容性差,对于不同的开发工具,相互之间很难兼容,具有较大的局限性。若采用不同工具,需要重新改写程序。开发成本较高,需要具有一定专业水准的技术人员才能完成。

2. 基于 B/S 模式的网络 GIS

Web GIS,即互联网地理信息系统,以互联网为环境,以 Web 页面作为 GIS 软件的用户界面,把 Internet 和 GIS 技术结合在一起,为各种地理信息应用提供 GIS 功能。与传统 GIS 相比,具有 B/S 体系结构的网络 GIS 使原来基于单机或局域网的 GIS 扩展到整个因特网,使得地学数据和地学模型在全球范围内共享成为可能。经过合理的组织,Web GIS 可以实现数据和模型操作的透明化,为地球系统科学研究提供一个功能强大而又方便有效的途径。此外,Web GIS 具有以下优点:开发和应用管理成本低,使用简单;能实现真正的信息共享;平台具有很强的独立性;良好的可扩展性;更广泛的访问范围;平衡高效的计算负载等。

3. 基于 Web Service 的网络 GIS

Web Service 可以看作一种可以用标准 Internet 协议来访问的可编程逻辑。从另一个角度来说,Web Service 是有关机器间和应用程序间透明通信的、建立在开放的 Internet 标准上的具体实现。其中的几个关键技术是:SOAP(简单对象访问协议,用于服务的调用)、WSDL(Web 服务描述语言,用于服务的描述)、UDDI(统一描述、发现和集成规范,用于服务的分布和集成)和 WSFL(Web 服务语言,定义工作流),因为 Web Service 彼此是松散耦合的,连接中的任何一方均可更改执行机制,却不影响应用程序的正常运行。Web Service 实际上是在 Java、COM 及 CORBA 等技术间开辟了一个集成的渠道,而这在以前是不存在的。由于这一渠道是构筑在公开标准上的,任何平台都可以实现,因此第一次实现了这个目标:能够让运行在一个任意平台上由任意编程语言编写的功能,简单地被由任意语言编写的、运行在任意平台上的另一个应用程序所调用,这样就使程序员的视野能够超越编程语言而集中到应用的本身。

基于 Web Service 的网络地理信息系统是将地理信息技术和 Web Service 分布式计算技术相结合的产物,将地理信息系统架构在 Web Service 上可以轻松实现地理信息互操作,实现透明的数据和功能跨平台无缝访问。目前,OGC(开放式地理信息系统协会)设立了专门研究如何利用 Web 服务及其相关技术解决地理信息领域互操作问题的研究项目,即 OGC Web 服务启动项目(OGC Web Services Initiative)。该项目提出一个可进化、基于开放地理数据互操作规范的、能够无缝集成各种在线空间处理和位置服务的框架,即 OWS(OGC Web Services)。该框架使得分布式空间处理系统能够通过 XML 和 HTTP 技术进行交互,并为各种在线空间数据资源、来自传感器的信息、空间处理服务和位置服务进行基于 Web 的发现、访问、整合、分析、利用和可视化等操作提供相互操作框架。OWS 框架实际上是 OGC 制定的抽象与实现规范按照 Web Service 架构模型进行的一种松散耦合的分布式部署。该框架中包含了能够被异构地理信息系统平台实现的一系列服务规范,通过服务的共享来实现异构地理信息系统的数据共享与功能互操作。

4. 基于移动与嵌入式的网络 GIS

基于移动与嵌入式的网络 GIS 是 GIS 与嵌入式设备集成的产物,它以应用为中心、以计算机技术为基础,软件硬件可裁剪,适应应用系统对功能、可靠性、成本、体积、功耗严格要求的微型专用计算机系统。基于移动与嵌入式的网络 GIS,即将经过优化后的 GIS 数据以不同的形式显示在移动设备上,占用内存非常小,但具有很强的数据分析和显示表达功能。基于移动与嵌入式的网络 GIS 是 GIS 的一个新兴应用领域。典型的基于移动与嵌入式的网络 GIS 应用由无线网络环境、嵌入式硬件环境和嵌入式软件环境组成。

较之于传统的 GIS,基于移动与嵌入式的网络 GIS 有数据实时性强、使用方便、与定位系统结合紧密等优点,但是由于硬件和网络环境的限制同样也有功能较简单、不便于分析、速度较慢等缺陷。

5. 基于格网的网络 GIS

基于格网的网络 GIS 是指实现广域网络环境中空间信息共享和协同服务的分布式 GIS 软件平台和技术体系。将地理上分布、系统异构的各种计算机、空间数据服务器、大型检索存储系统、地理信息系统、虚拟现实系统等,通过高速互联网络连接并集成起来,形成对用户透明的虚拟的空间信息资源的超级处理环境就是基于格网的网络地理信息系统。

从基于格网的网络 GIS 相对基于 Web Service 的网络 GIS 的特点来讲,有很多人容易把基于格网的网络 GIS 与基于 Web Service 的网络 GIS 的概念混淆,但实际上二者的侧重点不同,主要表现在以下几个方面:

(1) 二者结构不同:基于格网的网络 GIS 是在有格网计算架构的基础上的 GIS 应用,是在网络互联的基础上通过格网节点的普遍资源共享,是一种汇集和共享空间信息资源,进行一体化组织与处理,具有按需服务能力的空间信息基础设施。空间信息格网(SIG)的建立将为空间信息用户对空间数据进行信息获取、共享、访问、分析和处理提供技术支持,为空间信息应用提供一个强大的空间数据管理和信息处理基础设施,即来自任何空间信息源的信息(anyevent)经过处理能在任何时候(anytime)发送并服务于在任何地点(anywhere)、任何有需求而且有相应权限的空间信息用户(anyone),即实现所谓的"4A"目标。而基于 Web Service 的网络 GIS 主要侧重于利用现有网络来实现数据的共享。

(2) 二者功能不同:基于格网的网络 GIS 的思想在于所有资源的普遍共享,包括计算资源、存储资源、信息资源、知识资源等,基于格网的网络 GIS 采用 W3C 标准,是真正的与平台无关的 GIS;不受现有的代理和防火墙的限制,可以利用 HTTP 验证模式,支持安全套接层(secure socket layer,SSL)。而基于 Web Service 的网络 GIS 则强调利用网络实现 GIS 的互联操作;其基于 RMI、CORBA、DCOM 等中间件平台要求服务客户端与系统提供的服务本身之间必须进行紧密结合,无法实现跨平台的数据访问。

(3) 二者的实现目标不同:基于格网的网络 GIS 的基础架构是格网计算,而基于 Web Service 的网络 GIS 的基础是现有网络,实现格网计算的全球互联网则是比现有网络更复杂、功能更强大的"下一代网络",它的实现必须借助众多学科,而其功能也必将更强大。

11.3　地理信息的网络服务

所谓地理信息的网络服务,就是指通过网络环境所提供的地理信息服务。随着网络技术的发展,地理信息的网络服务已逐步拥有了改变 GIS 开发、访问和使用方式的潜力,并且借助普及的网络极大地拓展了 GIS 的应用面。另外,地理信息的网络服务在很大程度上依赖网络技术的发展。

11.3.1　地理信息的网络服务模式

1. 基于 Internet 的地理信息服务模式(Web GIS)

基于 Internet 的地理信息服务模式是网络技术应用于 GIS 开发的产物。从 WWW 的任意一个节点,Internet 用户可以浏览 Web GIS 站点中的空间数据,进行相关信息的查询,制作专题图,以及进行各种空间检索和空间分析,从而使 GIS 进入千家万户。Web GIS 具有以下特点:

(1) 全球化的客户机/服务器应用:全球范围内任意一个 WWW 节点的 Internet 用户都可以访问 Web GIS 服务器提供的各种 GIS 服务,甚至还可以进行全球范围内的 GIS 数据更新。

(2) 真正大众化的 GIS:Internet 的爆炸性发展,促使 Web 服务正在进入千家万户,Web GIS 给更多用户提供了使用 GIS 的机会。Web GIS 可以使用通用浏览器进行浏览、查询,一些插件(Plug-in)、ActiveX 控件和 Java Applet 等,通常也都是免费的,更是降低了终端用户的经济和技术负担,在很大程度上扩大了 GIS 的潜在用户范围。早期的 GIS 由于成本高和技术难度大,往往成为少数专家拥有的专业工具,很难推广。

(3) 良好的可扩展性:Web GIS 很容易跟 Web 中的其他信息服务进行无缝集成,可以建立灵活多变的 GIS 应用。

(4) 跨平台特性:在 Web GIS 以前,尽管一些厂商为不同的操作系统(如 Windows、UNIX、Macintosh)分别提供了相应的 GIS 软件版本,但是没有一个 GIS 软件真正具有跨平台的特性。而基于 Java 的 Web GIS 可以做到一次编程,到处运行(write once,run anywhere),把跨平台的特点发挥得淋漓尽致。

2. 基于无线通信技术的地理信息服务模式

随着无线通信网络及移动终端设备的不断发展,近年来,越来越多的移动通信商家开始结合其他的内容服务(如新闻、游戏等)向用户提供地理信息服务,主要服务内容为基于地图的空间信息查询,如查询行车路线、寻找某地周边设施和位置监控等。由于此种类型的服务是基于无线通信和移动设备的,所以用户可以随时随地享受信息服务。由于移动通信有着广泛的用户群,并且已经具有良好的商业运营模式,所以尽管基于无线通信和移动终端的地理信息服务还处于发展初期,但是相信其未来会以加速度发展。

3. 基于格网的地理信息服务模式

互联网第三次浪潮的实质,就是要将互联网升华为格网。GIS 的发展从诞生开始就与计算机技术紧密相连,基于格网的地理信息服务模式必然成为地理信息网络服务的重要发展方向。

和现阶段的 Web GIS 相比较,基于格网的地理信息服务模式具有以下特点:

① 基于格网的地理信息服务模式是通过格网计算实现的,Web GIS 则是基于广域网提供服务的。

② 基于格网的地理信息服务模式中,基于新的 Pervasive/Grid 体系结构,客户端是各种各样的上网设备,而连在网络上的各种服务器将组成单一的逻辑上的网格。

③ 基于格网的地理信息服务模式中的用户浏览器不被格网的硬件和软件基础结构的细节所打扰。一个用户能真正实现以无缝连接的形式提交他们的应用需求给合适的资源,以便于不同的平台、网络协议和管理界线等物理的不连续性变得完全透明。

④ 基于格网的地理信息服务模式需要存储和管理更大数量的空间信息,并有能力在大量用户同时通过格网对其进行访问时快速响应。

⑤ 基于格网的地理信息服务模式具有更强的地理空间信息共享、地理信息发布、空间分析、模型分析的功能。特别是对涉及大量空间分析计算的问题,基于格网的地理信息服务模式具有并行计算的能力。通过对空间信息格网化和超媒体技术的集成,基于格网的地理信息服务模式提供给用户的信息不仅仅是矢量化的空间信息,还有动态视频、遥感影像、文字说明等多种信息。

⑥ 基于格网的地理信息服务模式,将 GIS 的应用扩展至整个社会的方方面面,甚至是人们日常生活的点点滴滴。基于格网的地理信息服务模式容易和网上其他信息服务融为一体,通过各种信息导航工具,就可在丰富的网络资源里查到所需的地理信息,并使用各种 GIS 功能,如制图、空间查询、空间分析等进行信息的二次加工。

11.3.2　地理信息的网络服务内容

1. 地理数据分发服务

基于网络的空间地理信息分发服务是指按照一定的流程(图 11.5)通过 Internet 实现远程用户对基础地理信息数据、目录及非涉密样本数据的查询检索、产品订购、公开数据下载等功能。目前,测绘行业致力于实现从"以地图生产为主"向"以地理信息服务为主"的转变,成为了地理数据分发服务的主要提供者。近些年来,我国也出台了相关政策法规和标准,开展了相关关键技术研究,成立了一批基础地理信息服务机构,建成了若干基础地理信息分发服务平台,初步实现了基于局域网和国际互联网的多种类、多尺度数据库产品和地图产品的分发服务,以及地理信息技术支持服务。

目前,基于 Web Service 等形式的地理信息分发服务,从政府到企业,从静态到动态,已经涌现出许多应用。例如,在地图数据共享方面,Open Street Map 开放式地图提供了世界各地基础地图数据的下载接口。国内,政府的天地图,企业级地图如高德、百度和腾讯地图等服务商也都提供了用于检索、查询甚至下载某些地理数据(如 POI)的服务接口。实际上,已有的地理信息分发服务远不止这些。一些科研机构或政府服务单位,也提供了许多地理信息数据的获取服务。此外,随着大数据和物联网技术的发展,一些可获取性难,甚至没有发挥价值的空间数据,也变得容易获取并受到人们的关注。如公共交通轨迹与追踪数据,已经成为城市研究和决策的主要数据源。以前没有充分利用的手机信令数据(基于手机的居民定位数据),也在一些生产商的加工处理后提供商业服务,用于人口流动性的预测。

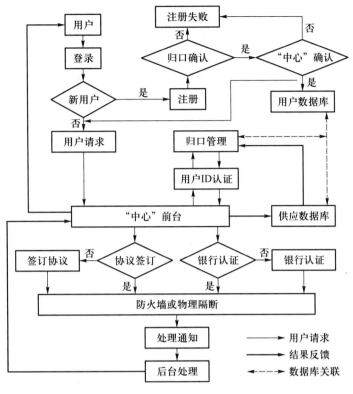

图 11.5　基于网络的空间地理信息分发服务

　　相信,在不久的将来,在大数据、物联网等技术的推动下,随着地理信息产业的进一步发展,将有更多专门提供地理数据服务的企业涌现出来,服务方式也更加灵活、快捷。

2. 制图服务

　　通过制图服务,用户不仅可以通过网络浏览和查询现有地图所表达的有限信息,还可以编辑和制作自己的地图。这里的制图服务概念比较宽泛,可以是国家级制图服务,也可以是政府级制图服务甚至企业级数据整合与可视化。

　　(1)国家级制图服务:通常是国家测绘机构,以其拥有的全国详尽的各个等级数据库为依托,面向大众提供的制图服务,满足调查、探险等不同的要求。以我国国家测绘地理信息局标准地图服务为例,国家测绘地理信息局标准地图服务网站向公众提供中国和世界领土和领海信息,在该网站提供的框架中,用户可以灵活方便地应用在线、权威、大量的地图数据库,定制自己需要的地图(图 11.6)。

　　(2)政府级制图服务:政府级制图服务有别于国家级制图服务,是电子政务的重要环节,既是政府部门正常运转的要求,也是政府部门服务于大众的内容之一。政府部门管理特定的事务,每天都要处理大量的数据,不同的政府部门还需要不时地进行数据交换。图 11.7 是我国测绘地理信息政府部门监制的民政两用在线地图,包括在线地图、综合服务、服务资源和相关部门应用等几个方面,分为民用版本和政务版本两种类型,能够为市民和政府工作人员提供服务。

　　(3)企业级数据整合与可视化:数据的管理是一项积极的、动态的并且不断变化的任务,对于数据的管理要保证安全性和时效性。对于许多大型企业机构而言,管理数据并非易事,不仅要

图 11.6　国家测绘地理信息局标准地图服务

图 11.7　政府级地图服务——天地图

考虑到企业不同级别不同部门间的数据传输存储,还要面对企业外有偿或者无偿的数据服务对象,并且对所有数据的质量及更新等做出必要的监控。GIS 网络服务可以提出必要的解决方案,和因特网门户网站一起使用,GIS 网络服务能够使数据以新颖、高速灵活的方式连接与整合,并且易于分发给数据拥有机构以外的广大用户。例如超图公司开发的在线地图制作与共享平台,是一个典型的在线制图服务。此外,国内的部分地图服务商也提供在线自主制图服务,如百度和高德地图都有免费的自定义地图制图服务。

3. 查询分析与辅助决策服务

随着经济的发展,人们对于快速准确的规划和分析要求越发加强,这不仅体现在选取出行路线等日常生活活动中,在电子商务和电子政务中 GIS 网络服务的作用也逐渐显露出来。

在日常活动中,总免不了要和地理信息打交道,GIS 网络服务可以帮助人们快速准确地选取有用的信息并通过计算辅助决策,目前这类服务已十分普及,并逐步向功能更全面的专业化服务方向发展。图 11.8 是公交线路查询服务。

图 11.8　公交线路查询服务

在电子商务中,企业往往需要向客户(企业或个人)提供销售、配送或服务网点的空间分布等空间信息,同时允许客户在电子地图上标注自己的位置或输入门牌号等信息,这样可以准确定位客户的位置。为了使电子商务得以高效实施,企业往往还配备了相应的信息管理系统,以对客户、销售点、配送中心、服务网点等信息加以管理,并可以实现最近配送点搜索、路径规划、配送车辆监控等功能。电子商务中的地理信息服务是以提高电子商务的效率、增加销售额和降低成本为主要目的。

在电子政务中,往往需要提供各级政府所管辖的行政空间范围,以及所管辖范围内的企业、事业单位甚至个人和家庭的空间分布,所管辖范围内的城市基础设施、功能设施的空间分布等信息。另外,政府各职能部门也需要通过网络与GIS提供其部门独特的行业信息(城市规划、交通管理等)与进一步电子政务中的信息服务(地理信息服务是其中一个重要的组成部分),主要目的是加强政府与企业、政府与公众之间的联系与沟通。

4. 基于位置的服务

近年来兴起的基于位置的服务(location-based service,LBS)成为了地理信息服务的又一个新的领域。LBS指的是在移动计算环境下,利用GIS技术、空间定位技术和网络通信技术,为移动对象提供基于空间地理位置的信息服务。

LBS的基本原理是:当移动终端用户需要信息服务或监控管理中心需要对某移动终端进行移动计算(跟踪监控、导航定位、搜索查询、实时调度等)时,首先移动终端通过内嵌的定位设备如GPS(全球定位系统)获得移动终端本身当前的空间位置数据,并实时地通过无线通信把数据(包括位置坐标、用户需求等)上传到网上的服务管理中心,中心GIS服务器根据终端的地理位置、服务项目或运算要求进行空间分析,分析结果再下传到移动终端或监控中心的计算机上,并在屏幕上可视化地表示出来。

LBS服务目前主要分为查询、监控和导航三类。查询服务相对简单,例如,某人想找一家距离自己所在位置最近而又经济实惠的餐馆,他只要在随身携带的移动终端上输入最短距离及愿意承受的就餐价位,LBS即可根据用户的当前位置、就餐条件找出符合条件的餐馆,并在移动终端上显示出行走路线简图,还可询问用户是否需要更高级的服务(如当出现多目标选择时,为用户提供智能决策等)。在LBS技术的支持下,以及GPS的普及化,监控和导航也成为非常平常的事情,甚至许多科学家将其用以监测野生动物。导航服务也不仅限服务于PDA等智能移动终端,随着手机定位技术的发展,"用手机拨打地图"的服务也已经可以满足相当精度的要求。

专业术语

网络地理信息系统、分布式协同、嵌入式网络GIS、格网、数据分发、辅助决策、云GIS、基于位置的服务

复习思考题

一、思考题(基础部分)

1. 简述生活中的地理信息服务有哪些?
2. Web GIS是什么概念? 它的主要特点是什么? Web GIS的优势在哪里?
3. 简述Web GIS的关键技术。

4. 简述基于 C/S 模式和基于 B/S 模式的网络 GIS 各自的原理和特点，什么叫瘦客户端。

5. 何为基于格网的网络 GIS？ 其特点是什么？

6. 简述 GIS 在移动技术中的应用及其前景。

二、思考题（拓展部分）

1. 什么叫嵌入式网络 GIS？ 结合你的认识，谈谈嵌入式技术的现状和将来的发展趋势。

2. 尝试架构一个市级国土资源局的网络。 画出网络架构图，并标明所使用的网络设备的型号、报价。 拟出一份网络中心架构费用表。

参 考 文 献

[1] 毕硕本,王桥,徐秀华.地理信息系统软件工程的原理与方法[M].北京:科学出版社,2018.

[2] 边馥苓.地理信息系统原理和方法[M].北京:测绘出版社,1996.

[3] 陈慧琳,黄成林,郑冬子.人文地理学[M].3 版.北京:科学出版社,2018.

[4] 陈建国,王铮.基于面向对象的 Voronoi 图生成算法[J].测绘与空间地理信息,2004,27(2).

[5] 陈军,赵仁亮,乔朝飞.基于 Voronoi 图的 GIS 空间分析研究[J].武汉大学学报:信息科学版,2003,28.

[6] 陈俊,宫鹏.实用地理信息系统[M].北京:科学出版社,1998.

[7] 陈述彭,鲁学军,周成虎.地理信息系统导论[M].北京:科学出版社,1999.

[8] 陈晓勇.数学形态学与影像分析[M].北京:测绘出版社,1991.

[9] 陈彦军,吴国平,李敬民.基于 GIS 空间分析的物流配送模型研究及应用[J].南京师范大学学报:工程技术版,2004,4(3).

[10] 陈正江,汤国安,任晓东.地理信息系统设计与开发[M].北京:科学出版社,2005.

[11] 承继成,李琦,林珲,等.数字城市理论、方法与应用[M].北京:科学出版社,2003.

[12] 承继成,林珲,周成虎,等.数字地球导论[M].北京:科学出版社,2018.

[13] 崔铁军.地理空间数据库原理[M].北京:科学出版社,2017.

[14] 崔伟宏.空间数据结构研究[M].北京:中国科学技术出版社,1995.

[15] 董鸿闻,李国智,陈士银,等.地理空间定位基准及其应用[M].北京:测绘出版社,2004.

[16] 范文义,周洪泽.资源与环境地理信息系统[M].北京:科学出版社,2003.

[17] 龚健雅.当代 GIS 的若干理论与技术[M].武汉:武汉测绘科技大学出版社,1999.

[18] 龚健雅.地理信息系统基础[M].北京:科学出版社,2018.

[19] 龚健雅,杜道生,李清泉,等.当代地理信息基础[M].北京:科学出版社,2004.

[20] 郭达志,盛业华,余兆平,等.地理信息系统基础与应用[M].北京:煤炭工业出版社,1997.

[21] 郭庆胜,任晓燕.智能化地理信息处理[M].武汉:武汉大学出版社,2002.

[22] 郭仁忠.空间分析[M].2 版.北京:高等教育出版社,2001.

[23] 何建邦,闾国年,吴平生,等.地理信息共享的原理与方法[M].北京:科学出版社,2004.

[24] 胡敏柜.地图投影[M].北京:测绘出版社,1992.

[25] 胡鹏,黄杏元,华一星.地理信息系统教程[M].武汉:武汉大学出版社,2002.

[26] 华一星.地理信息系统原理与技术[M].北京:解放军出版社,2000.

[27] 黄杏元,马劲松.地理信息系统概论[M].3 版.北京:高等教育出版社,2008.

[28] 江斌,黄波,陆锋.GIS 环境下的空间分析和地学视觉化[M].北京:高等教育出版社,2002.

[29] 蒋捷,韩刚,陈军.导航地理数据库[M].北京:科学出版社,2003.

[30] 柯正谊,何建邦,池天河.数字地面模型[M].北京:中国科学技术出版社,1993.

[31] 兰运超,利光秘,袁征.地理信息系统原理[M].广州:广东省地图出版社,1991.

[32] 李德仁,龚健雅,边馥苓.地理信息系统导论[M].北京:测绘出版社,1993.

[33] 李霖,吴凡.空间数据多尺度表达模型及其可视化[M].北京:科学出版社,2005.

[34] 李满春,任建武,陈刚,等.GIS 设计与实现[M].2 版.北京:科学出版社,2011.

[35] 李琦,曾洲,苗前军,等.空间信息基础设施.[M].北京:科学出版社,2003.

[36] 李天文.GPS 原理及应用[M].3 版.北京:科学出版社,2015.

[37] 李志林,朱庆,谢潇.数字高程模型[M].3 版.北京:科学出版社,2018.

[38] 廖克.现代地图学[M]北京:科学出版社,2003.

[39] 林珲,施迅.地理信息科学前沿[M].北京:高等教育出版社,2017.

[40] 刘光.地理信息系统——基础篇[M].北京:中国电力出版社,2003.

[41] 刘光,贺小飞.地理信息系统实习教程[M].北京:清华大学出版社,2003.

[42] 刘南,刘仁义.地理信息系统[M].北京:高等教育出版社,2002.

[43] 刘湘南,黄平,王平.地球信息科学导论[M].长春:吉林教育出版社,2002.

[44] 刘学军.基于规则格网数字高程模型解译算法误差分析与评价[D].武汉:武汉大学博士论文,2002.

[45] 陆守一,唐小明,王国胜.地理信息系统实用教程[M].2 版.北京:中国林业出版社,2000.

[46] 闾国年,吴平生,周晓波.地理信息科学导论[M].北京:中国科学技术出版社,1999.

[47] 闾国年,张书亮,龚敏霞,等.地理信息系统集成原理与方法[M].北京:科学出版社,2003.

[48] 毛锋,程承旗,孙大路,等.地理信息系统建库技术及其应用[M].北京:科学出版社,1999.

[49] 毛赞猷,朱良,周占鳌,等.新编地图学教程[M].2 版.北京:高等教育出版社,2008.

[50] 梅安新,彭望璟,秦其明,等.遥感导论[M].北京:高等教育出版社,2001.

[51] 彭仪普,刘文熙.Delaunay 三角网与 Voronoi 图在 GIS 中的应用研究[J].测绘工程,2002,11(3).

[52] 秦耀辰,钱乐祥,千怀遂,等.地球信息科学引论[M].北京:科学出版社,2004.

[53] 盛业华.空间数据采集与管理[M].北京:科学出版社,2018.

[54] 史文中.空间数据误差处理的理论与方法[M].北京:科学出版社,1998.

[55] 史文中.空间数据与空间分析不确定性原理[M].2 版.北京:科学出版社,2015.

[56] 汤国安,李发源,杨昕,等.黄土高原数字地形分析探索与实践[M].北京:科学出版社,2015.

[57] 汤国安,刘学军,闾国年.数字高程模型及地学分析的原理与方法[M].北京:科学出版社,2005.

[58] 汤国安,赵牡丹.地理信息系统[M].北京:科学出版社,2000.

[59] 王家耀.空间信息系统原理[M].北京:科学出版社,2001.

[60] 王建.现代自然地理学[M].2 版.北京:高等教育出版社,2010.

[61] 王劲峰.地理信息空间分析的理论体系探讨[J].地理学报,2000,55(1).

[62] 王劲峰,徐成东.地理探测器:原理与展望[J].地理学报,2017,72(1):116-134.

[63] 王静,李山,刘扬.城市与区域管理分析的地计算研究[M].北京:科学出版社,2004.

[64] 王桥,张宏,李旭文,等.环境地理信息系统[M].北京:科学出版社,2004.

[65] 王学军,贾冰嫒.地理信息系统[M].北京:中国环境科学出版社,2005.

[66] 王英杰,袁勘省,余卓渊.多维动态地学信息可视化[M].北京:科学出版社,2003.

[67] 王政权.地统计学及其在生态学中的应用[M].北京:科学出版社,1999.

[68] 韦玉春,陈锁忠,等.地理建模原理与方法[M].北京:科学出版社,1999.

[69] 邬伦,刘瑜,张晶,等.地理信息系统——原理、方法和应用[M].北京:科学出版社,2001.

[70] 邬伦,张晶,赵伟.地理信息系统[M].北京:电子工业出版社,2002.

[71] 毋河海.地图数据库系统[M].北京:测绘出版社,1991.

[72] 吴立新,史文中.地理信息系统原理与算法[M].北京:科学出版社,2003.

[73] 吴信才.地理信息系统设计与实现[M].3 版.北京:电子工业出版社,2015.

[74] 吴信才,徐世武,万波.地理信息系统原理与方法[M].3 版.北京:电子工业出版社,2014.

[75] 伍光和,王乃昂,胡双熙,等.自然地理学[M].4 版.北京:高等教育出版社,2008.

[76] 徐长青.计算机图形学[M].北京:机械工业出版社,2010.

[77] 徐庆荣,杜道生,黄伟,等.计算机地图制图原理[M].武汉:武汉测绘科技大学出版社,1993.

[78] 闫浩文.空间方向关系理论研究[M].成都:成都地图出版社,2003.

319

[79] 袁卫,庞皓,贾俊平,等.统计学[M].北京:高等教育出版社,2014.

[80] 张超.地理信息系统应用教程[M].北京:科学出版社,2007.

[81] 张宏,温永宁,刘爱利.地理信息系统算法基础[M].北京:科学出版社,2006.

[82] 张启锐.地理趋势面分析[M].北京:科学出版社,1990.

[83] 张清浦,刘纪平.政府地理信息系统[M].北京:科学出版社,2003.

[84] 张仁铎.空间变异理论及应用[M].北京:科学出版社,2005.

[85] 张荣群,袁勘省,王英杰.地图学基础[M].北京:中国农业大学出版社,2005.

[86] 张书亮,闾国年,李秀梅,等.网络地理信息系统[M]北京:科学出版社,2005.

[87] 张新长,马林兵,张青年.地理信息数据库[M].北京:科学出版社,2005.

[88] 张祖勋.数字摄影测量学[M].武汉:武汉大学出版社,2012.

[89] 周成虎,裴韬,等.地理信息系统空间分析原理[M].北京:科学出版社,2011.

[90] 周国法.生物地理统计学[M].北京:科学出版社,2018.

[91] 周小平,周瑞忠.基于 Voronoi 图的新型几何插值及其与传统代数插值方法的比较[J].岩石力学与工程学报,2005,24(1).

[92] 朱长清,史文中.空间分析建模与原理[M].北京:科学出版社,2005.

[93] 朱光,季晓燕,戎兵,地理信息系统基本原理及应用[M].北京:测绘出版社,1997.

[94] 祝国瑞.地图学[M].武汉:武汉大学出版社,2004.

[95] 祝国瑞,郭礼珍,尹贡白,等.地图设计与编绘[M].2 版.武汉:武汉大学出版社,2010.

[96] 祝国瑞,张根寿.地图分析[M].北京:测绘出版社,1994.

[97] Chang Kang-tsung.地理信息系统导论[M].陈健飞,译.北京:科学出版社,2003.

[98] Clarkei K C.Getting start with geographic information systems[M].3rd ed.Upper Saddle River:Prentice-Hall,2001.

[99] Crisman N R.Exploring geographic information systems[M].2nd ed.New York:John Wiley & Sons,2002.

[100] Demers M N.Fundamentals of geographic information systems[M].2nd ed.New York:John Wiley & Sons,2000.

[101] Heywood I,Cornelius S,Carver S.An introduction to geographical information systems[M].New York:Oxford University Press,2006.

[102] Jean-Claude T,Suzana D.Geocomputational analysis and modeling of regional systems[M].Cham,Switzerland:Springer International Publishing,2017.

[103] Jensen J R,Jensen R R.地理信息系统原理[M].王淑晴,等译.北京:电子工业出版社,2016.

[104] Laurini R,Thompson D.Fundamentals of spatial information systems[M].London:Academic Press,2006.

[105] Maguire D J,Goodchild M F,Rhind D W.Geographic information systems:principles and applications[M].Harlow,Essex,England:Longman,2001.

[106] Michael N D.地理信息系统基本原理[M].2 版.武法东,付宗堂,王小牛,等译.北京:电子工业出版社,2001.

[107] Narayan P.Computing in geographic information systems[M].Boca Raton:CRC Press,2017.

[108] Longley P A,Goodchild M F,et al.地理信息系统——原理与技术[M].唐中实,黄俊峰,等译.北京:电子工业出版社,2004.

[109] Longley P A,Goodchild M F,et al.Geographic information science and systems[M].4th ed.New York:John Wiley & Sons,2018.

[110] Roger T.地理信息系统规划与实施[M].蒋波涛,译.北京:测绘出版社,2010.

[111] Shekhar S,Chawla S.空间数据库[M].谢昆青,马修军,杨冬青,等译.北京:机械工业出版社,2004.

[112] Tancheva K.Integrating geographic information systems into library services:a guide for academic libraries[J].Journal of Web Librarianship,2009,3(4):380-381.

[113] Tomaszewski B.Geographic information systems(GIS)for disaster management[M].Boca Raton:CRC Press,2017.